建筑的语言

中国建筑学会
建筑科普丛书

〔加〕王其钧
著

木构架的奇迹

奇迹

伟大的中国古建筑

Great Classical
Chinese Architecture

机械工业出版社
CHINA MACHINE PRESS

前言 Preface

　　对于我这样一个在国外生活多年，参观过相当多国外著名建筑的中年人来说，在经历了大半人生之后，坐下来写这本《木构架的奇迹：伟大的中国古建筑》时，仍然按捺不住心底涌起的那股冲动，因为中国古建筑实在太精彩了。

　　中国古建筑是中华民族优秀文化传统中极其灿烂辉煌的组成部分。中国古建筑形成了自己独特的艺术语言，而且这种语言形式十分成熟，语汇完整，谱写了无数璀璨瑰丽的建筑乐章。

　　在中国古建筑语言中，核心的部分是木构架。中国古建筑的木构架形式从一开始就是独立发展起来的，因而在形式多样的世界建筑中，形成了不同于西方建筑的木构架体系。尽管说起来各国的建筑木构架无非都是柱上承梁、最终支撑屋顶的模式，但在实际中，中国古建筑基本采用圆木作为梁柱，而不是西方建筑木构架那样方柱上面支撑断面为纵长方形梁架的方式。中国古建筑发展出一套复杂的斗拱系统，而没有发展出采用简单利用三角形作为框架支撑的结构模式。这说明中国古建筑是与中国人的哲学、美学甚至价值评断融为一体的。看似不好用物理力学结构理论来解释的中国古建筑木构架，在唐山大地震时，留存已过千年的蓟县独乐寺大殿却仍傲然挺立。这就是木构架的奇迹——神秘而又高雅。蕴含在中国古建筑其中的科学技术含量，不是用几句话就能解释清楚的，就更不用说其中的哲学与文化内涵了。构成中国古建筑语言的词汇包括：城市、宫殿、坛庙、陵寝、寺塔、道观、清真寺、庙堂、文庙、衙署、祠堂、学宫、仓廪、城垣、园林、石窟寺、观象台、民居、牌楼、戏台等，其代表形式丰富多样、千姿百态。这其中的每一个词汇中又包含了相当多的内涵，由多重意思构成。在不同的地区，这些建筑词汇又有不同的方言表述形式，其地方词汇所涵盖的形式内容又与其他地区的词汇内涵不尽相同，因而更是包罗万象，博大精深。

中国古建筑非常重视其造型与空间的变化，建筑形式无论从结构、功能、造型、组合、色彩等各个方面都尽量避免单调，就连店铺、作坊、旅舍、工场等旧时等级很低的建筑，在建造时，工匠也力避单调，积极地去发挥自己的想象力，使中国古建筑从功能到形式都达到了完美的境界。

建筑是一种实体的艺术语言，西方人将其列入美术的范畴。中国古代，人们对于建筑文化认识领悟很深，对于建筑的艺术要求更全面、深刻，使得中国古建筑具有浓郁、鲜明的文化特色，将上层建筑和经济基础的关系恰到好处地发挥到了极致：中国古代传统的建筑观念，将物质到精神、精神到物质相互转化、互为影响的理念与形式、构成与内容、抽象与现实这些对立概念之间的关系，体现得彻底、涵盖得广泛。在这种基础上，中国古建筑艺术语言形成虚与实、功能与寓意、结构与装饰、简约与华丽的丰富的语法，组成了众多华美的建筑文化篇章。

中国古建筑之所以能自立于世界艺术之林，是因为中国古建筑有极多独一无二的特点，其中之一便是土木结构。长江、黄河是中华民族的母亲河，生活在这一区域的华夏祖先，利用自然山洞和崖穴居住，其后挖掘穴居，形成土筑；或利用自然的树木枝干搭建巢居，其后支搭楼棚。无论哪种形式，材料主要为黄土或木材，因此中国古建筑中的建筑营造被称为"土木之功","土木"便成为中国古建筑的代用词汇。尽管后来人们掌握了石材、砖瓦、琉璃等新的建筑材料形式,但土木始终是国人最正宗、最喜好的建筑材料,并依此创造出许多不朽之作。

从建筑技术上来说,中国人早在宋代就总结出了"侧脚""生起""举折"等使建筑造型变化的施工法则。这种看似工程词汇,实则将感性的视觉传达与理性的数字原理融合于一体的营造规律,与古希腊的帕提农神庙檐口中部向上凸起有异曲同工之妙。即便是古代欧洲建筑,多数也并不像帕提农神庙那样微妙复杂,用直尺圆规就可以将建筑的立面图表现得精确无误。相比之下,屋面上几乎找不到一根直线的中国古建筑,则更加高深,其技术的难度是相当高的。可见中国的古建筑语言是何等丰富生动,聚精荟粹。

中国古建筑历久而弥新,如翅如飞的屋面、精美华丽的建筑色彩、富丽典雅的装饰构件、高潮跌宕起伏的群组方式等,完全进入了纯艺术的境地,多层次、多角度地阐述了深层次的文化艺术。

中国古建筑的审美实体存在于空间,也存在于时间之中。错落有致的空间结构,绵延醇厚的时间序列,使中国古建筑可观看、可品味,把中国古建筑语言发挥得神韵天成、气势磅礴,永远都充满了鲜活的生命力,散发着熠熠光芒。

中国古建筑集艺术兼技术之大成,与音乐、绘画、诗词等都相互契合,尤其是中国的园林建筑语言,如流动的音乐旋律,或婉转低回,或高亢激昂,或淡泊傲视,跃然出现在人们面前,让人们探寻不止,余味不尽,联想深远。中国古建筑艺术语言如一幅幅浓墨的写意山水画,传神富有神韵,虚实互相结合,勾勒出超然不凡的建筑形式,让你去想象、领悟、会意、思而再思。中国古建筑空间形象具有无声的诗情之美，无数文人墨客有感于建筑所固有的诗情画意，写下了流传千古的文学作品，如《滕王阁序》《醉翁亭记》《阿房宫赋》等，其蕴含的深刻哲理和审美情趣，情真意切，隽永高远。中国古建筑灵活多变的语言词汇在文学中从来都不曾丧失，檐牙高琢，雕梁画栋，琼楼玉宇……建筑形式鬼斧神工，各具形态，交相辉映，共同构成了古建筑文学之路。

意境是中国古建筑语言不可忽视的一个词语。王昌龄认为有三境之说，即客观的"物境"，进入主观的"情境"，再引发出抽象的"意境"。中国古建筑追求的是寄情于景、情景交融的境界，通过外在的形象和深厚的文化内涵，激发人们去想象，营造出建筑语言的艺术空间，这种"意以象尽，得意而忘象"的境界，达到了物我同一的境界，升华了人心迹的物化。

徜徉在中国古建筑语言里，让这些跳动的旋律带领我们去重拾文化片段，深深地感悟中国古建筑的流风遗韵，在蓦然回首间，领略那一抹不曾泯灭的霞光。

王其钧

目录 Contents

01

中国建筑语言的特点

单体造型是中国古建筑语言的基本词汇

中国古建筑语言的最基本词汇就是它的单体造型，也就是一座单体建筑在形式上的全部语言，包括它的平面、基础、木架结构、围护、屋顶形式，以及色彩、装饰和整体造型等。

中国古代单体建筑大多是木结构，木结构是中国古代单体建筑的主要结构语言。中国原始社会的单体木结构建筑是巢居形式，巢居形式的木结构非常简单，并且没有围护结构，只是简单的木构架架在树上，有如鸟巢一般。随着社会与建筑技术的不断发展，木构架越来越完善，在汉代时已基本出现了中国古代木构架的几种主要形式，即抬梁式构架、穿斗式构架、干栏式构架、井干式构架（图1-1-1）。

各种木构架形式，都可以构成建筑。建筑平面的基本形式是横长方形，分为左右对称的不同开间。建筑小者一开间、三开间，大者五开间、七开间、九开间，甚至十一开间。从开间大小上来看，一般是中央开间最大，两侧开间逐渐缩小，并呈左右对称式建置。在基本的长方形平面之外，中国单体建筑的平面还有很多其他形式，如三角形、五角形、六角形、八角形、正方形、圆形、扇形等。长方形平面的建筑大多作为殿堂、厅堂，而其他比较特别的平面形式的建筑大多是作为堂的附属建筑，像亭、阁、榭等。

仅有木构架并不是完善的建筑形式，为了更好地延长木构架的寿命，木构架的外围还要有墙体作为围护。墙体是木构架的围护结构语言。木结构本身容易腐朽，如果没有围护直接暴露在空气中，长期受到风雨的侵袭与烈日的灼晒，木料就会腐朽得更快，这无疑会大大地缩短建筑的寿命。因此，中国古代单体木结构建筑，除了原始社会的巢居外，其后各代基本都有墙体作为围护。当然，因为社会发展的程度不同，墙体材料的使用也有所不同。最初的墙体材料大多是土，也就是土筑墙，也有部分石筑墙。后来，随着生产技术的不断发展，出现了砖材料，甚至还出现了极富装饰性、高等级的琉璃材料。不过，琉璃只是作为墙面的贴饰材料。不管是哪一种材料，有了墙体的围护之后，木构架的寿命明显地延长，建筑的寿命自然也就会加长。

墙体对建筑寿命的延长有着非常重要的作

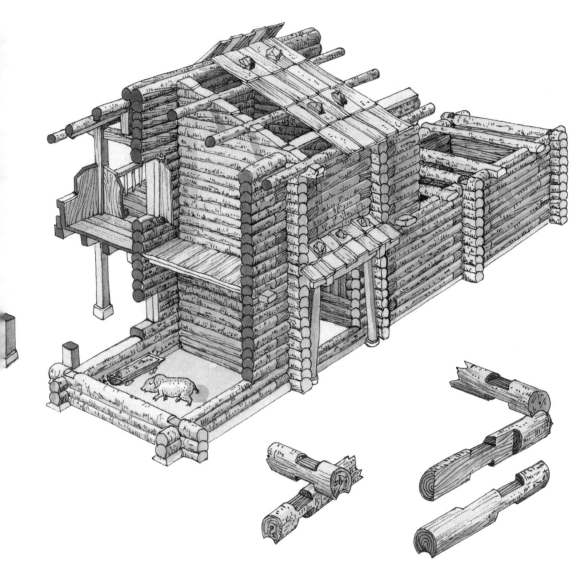

图1-1-1 **井干式构架** 井干式构架在中国的传统木结构建筑中，虽然远远没有抬梁式构架和穿斗式构架运用得那样普遍，但却是一种非常特别的构架形式。它全部是由原木搭建而成，非常简单，但是很费木料，所以只在一些"产木"较多的地区被使用

用，基础同样不可或缺。单体建筑的基础语言，简单地说就是建筑下部的台基，但它实际上包括露出地面的基座和隐于地下的基础两个部分。隐于地下的部分是稳定一座建筑的最基本的根基，但可视的、位于地面以上的台基是最富有特色的基础语言。一般的民居建筑的台基非常低矮，大多只是作为木构架的防潮设施而建，不影响建筑的外观形象。而等级较高的建筑，尤其是皇家宫殿类建筑，往往筑有高大的台基，能极好地增加建筑的气势，同时，这

类的台基还有各色精美的装饰，其中最精彩者莫过于须弥座式台基（图1-1-2）。

构架、基础、墙体对于一座建筑来说，都是不可缺少的语言形式，但要说最富特色、最吸引人的单体建筑语言，则要数建筑的屋顶。中国古建筑屋顶早在汉代时已出现了多种形式，主要有庑殿顶、歇山顶、悬山顶、攒尖顶、盝顶，还有屋顶的重檐形式。同时，远在原始社会新石器时期就出现的梯形屋顶，汉代时仍然被当时的西南少数民族使用。

汉代之后，历经三国、两晋、南北朝、隋、唐、宋、元，至封建社会的末期，也是中国传统建筑的收尾期和成熟期的明清两代，屋顶的发展与形式变化就更为丰富多样，除了保有汉代就已出现的庑殿顶、歇山顶、悬山顶、攒尖顶、盝顶之外，又出现了硬山顶、盝顶、盔顶、十字顶、拱顶、圆顶、单坡顶、扇面顶、卍字顶、勾连搭顶等多种顶式，以及它们的变化形式或组合形式，或简单，或复杂，或平实，或奇特，令人眼花缭乱，也让人不由为之心动与赞叹（图1-1-3）。

图1-1-2 须弥座式台基 须弥座式台基最大特点是在台基的中段有一圈陷进去的凹痕，被称为"束腰"。在台基的束腰处雕有大瓣的仰俯莲花，同时台基底层边缘也雕有俯莲花瓣。束腰下面的台基壁面和台基的中部雕有形象生动的花草。台基的上缘则设有望柱栏杆，以对台上的人们起到一定的安全保护作用，也是台基上的一种重要的装饰件。整个台基用色华丽，雕刻精美，是只有皇家宫殿或是寺庙中重要的殿宇才可以使用的形式

单体建筑还有一个吸引人的地方，就是它的装饰语言。装饰是人工赋予建筑的一种美妙语言，雕刻、镶嵌、彩绘，甚至粉刷，都属于建筑装饰语言的一种，是增添建筑风采的手段。其实，除了人工另行加饰在建筑上的各种大小构件外，建筑本身的每一种构成语言也是它的一种装饰，如灰色或黄色的瓦、红色或绿色的柱、白色的墙等，其不同的色彩就是不同的装饰语言。

图1-1-3　勾连搭式屋顶　中国古建筑的屋顶形式非常丰富而有变化，勾连搭即是众多屋顶形式中的一种，它是由两个或两个以上屋顶相互搭连起来的屋顶形式，其中以两个屋顶相互搭连的情况最为常见。两个屋顶相连的勾连搭式屋顶，一般都是一卷棚，一人字形两面坡，一刚一柔。北京四合院垂花门就是两个屋顶相互勾连搭的形式，不过它的两个屋顶大小相仿，而不是像本图中这样两个屋顶是一大一小。这样一大一小的形式有明显的主次感

群体组合是中国古建筑语言的基本语法

中国单体建筑语言，具有显著的特色，这不论是从它的平面、基础、木架结构、墙体围护、屋顶形式，还是它的装饰、色彩等方面，都可以理解出语言的形式。那么，由这些富有特色的单体建筑语言组合而成的群体中国古建筑语言，必然更为特别，更富有自己复杂与综合的特色。

在群体组合的中国古建筑语言中，单体建筑的各个特色语言就成了群体组合中的一个小小的要素，成为一个复合句型中的一个小小的从句，单体建筑的一些语言特点已不是在宏观欣赏组群建筑时能够感受到的，也不是在群体组合建筑的语言中谈论的主体。在群体组合的中国古建筑语言中所要谈的语言，是单体语言组合之后所产生的群体复合型语言。

中国古建筑的群体组合主要以院落的形式出现，平民有平民小院（图1-2-1），贵族有深宅大院，皇家有禁宫内院，庙宇寺观也有庙宇寺观的围墙。有些建筑组合即使没有明显的院墙围合，但建筑组群本身自有一种完整性、统一性、围合性、内向性。

中国古建筑组群的院落，从大体布局上来看主要是合院，合院是中国群体组合建筑语言的基本语法。合院的基本语言形式是三合院和四合院。三合院是以一座单体建筑为主，确定建筑位置之后，在其前部两侧相对各建一座次要建筑，三者的平面组合为"凹"字形。三者之间可以各自的墙体相连，也可以有距离而

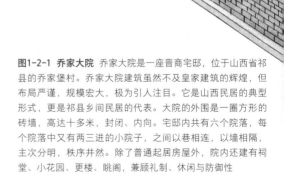

图1-2-1 乔家大院 乔家大院是一座晋商宅邸，位于山西省祁县的乔家堡村。乔家大院建筑虽然不及皇家建筑的辉煌，但布局严谨，规模宏大，极为引人注目。它是山西民居的典型形式，更是祁县乡间民居的代表。大院的外围是一圈方形的砖墙，高达十多米，封闭、内向。宅邸内共有六个院落，每个院落中又有两三进的小院子，之间以巷相连，以墙相隔，主次分明，秩序井然。除了普通起居房屋外，院内还建有祠堂、小花园、更楼、眺阁，兼顾礼制、休闲与防御性

以廊或墙相连。三者的前方另设置一道围墙，将两座次要建筑相连，至此才形成一座围合的、封闭的三合院。三合院的出入口，往往开在前部围墙上，或是正中，或是一端，依各自需要而定。

四合院与三合院的不同之处在于，三合院的前方是一道墙，而四合院的前方则是一座房屋建筑。这座房屋的正面向着院落内，也就是对着后部的主体房屋，呈倒座形式，所以有的地方就称它为"倒座房"。四合院的四面房屋之间，大多并不相连，而是有空档和一定的距离，如果要产生围合的效果，也就是形成真正的四合院，则必须将四者的空档连接起来。这里的连接常是使用游廊，并且多是抄手游廊。

当一个三合院或是一个四合院不能满足使用需要时，可以采取向左右或前后扩展的方式，构成多种变化的组合形式，形成不同的群体建筑语法。

在合院的扩展组合语法中，常见的是采用

前后扩展的形式，形成两个合院、三个合院，乃至多个合院的群体建筑语法，简言之，即二进院落、三进院落、多进院落等，一个组群中以一个院落为主。北京四合院（图1-2-2）大多采用这种组合语法形式。皖南民居（图1-2-3）中的合院组合语法，则是一个三合院和一个四合院、两个三合院、两个四合院等语法形式。

向左右扩展也就是向原有合院的两侧扩展。一般来说，向左右扩展都是在纵向扩展的基础上进行的。也就是说，纵向扩展的合院形式是合院扩展的常见语法。当纵向扩展无法满足使用需要时，可以横向扩展。横向扩展是在原有庭院的左右再建一组或多组纵向的院落。增建者有在两侧各添一组的形式，也有在两侧各添两组的形式，还有仅在一侧添一组的形式，根据具体需要而定。不过，不论这些左右增添的院落组是哪一种，都与原有院落并列。

对于需要多次纵、横扩展的建筑院落组合

图1-2-2 北京四合院　北京四合院与皖南等地民居一样，也是院落围合的形式，但北京四合院的各个院落大小不及皖南天井院各院落大小那样相近，而是以中心院落为主，面积最大，前后院落或两侧院落空间相对小一些。图1-2-2是一座三进院落的北京四合院形式。中心院落空间最大，平面较为方正。前后两进院落空间较小，并且呈狭长形状。其中的建筑由前至后分别是倒座房、垂花门、正房、后罩房

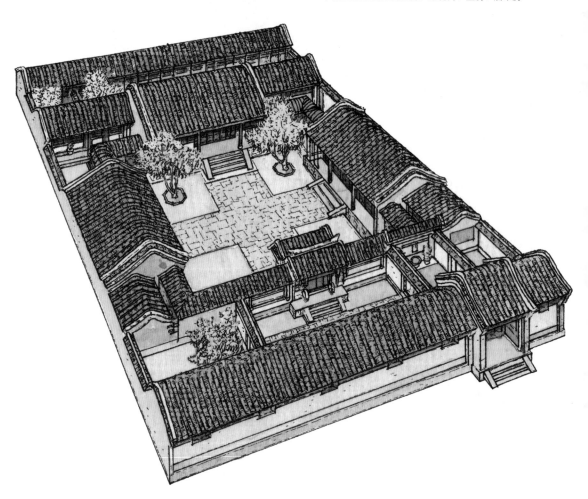

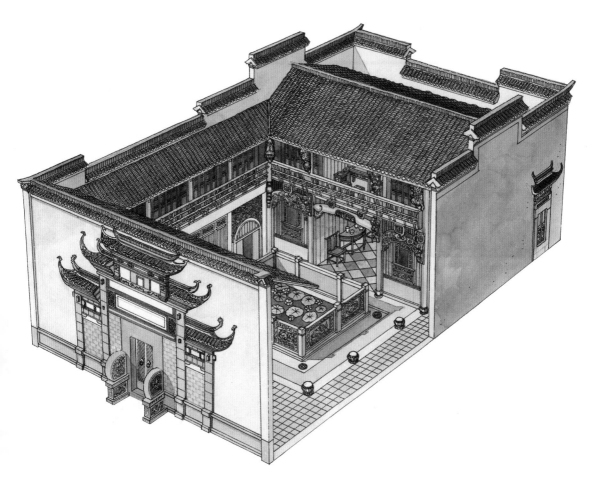

图1-2-3 **皖南民居** 皖南民居与山西祁县民居一样多是商人宅邸。腰缠万贯的徽商所建的宅邸自然精美非凡。从民居的外面看，只是粉墙黛瓦，非常清雅素朴。实际上民居内部装饰却极精彩，木雕的隔扇、门、窗、月梁，石雕的抱鼓石等，可谓雕梁画栋。皖南民居是合院形式有三合院、四合院、两个三合院组合、两个四合院组合等多种。高墙围护，内向宁静

形式，实际上只适用于皇家的宫殿建筑群，就是有部分规模类似的大型寺庙宫观，也都是皇家出资增修扩建而成，基本等同皇家建筑。现存最有代表性的采用纵、横扩展语言形式的皇家宫殿建筑群，要数明清紫禁城，也就是现在的北京故宫。由午门开始，至太和门，至太和殿、中和殿、保和殿，达乾清门，至乾清宫、交泰殿、坤宁宫，再至御花园，直到神武门结束，多达七、八重院落。在这条中轴线的两侧，又横向扩展出多重院落。太和殿、中和殿、保和殿这前部三大殿的两侧，主要有文华殿、武英殿、慈宁宫花园、慈庆宫（清代改建为南三所）；乾清宫、交泰殿、坤宁宫这后三宫的两侧，横向扩展的院落更多、更密集，有东六宫、西六宫、奉先殿、养心殿、慈宁宫等，相互对应，各成院落（图1-2-4）。

除了整体的组合形式为院落外，中国建筑组群在院落组合上还表现出很多相应的特点。最主要的就是其内向性。围合式的院落，自然具有明显的对外封闭性语言特点，因为一道围墙的阻隔，让院墙内的空间变得独立、宁静、封闭，自成一个独立的小世界。在这个对外封

闭的小世界中，其内部的各个部分却是相互融合，联系紧密，也就是说这种封闭的独立空间对内极富有亲和力。也可以说，恰是对外的封闭更让其内在的联系变得紧密、亲切。

中国古建筑的语言特征很多，也很明显。对称、均衡是合院这个中国组群建筑基本语法的一个基本语言。中国古建筑组群中，大到皇家宫殿，小到民间住宅，只要是院落围合形式，都采取对称、均衡的布局。这其中有一部分是完全的对称，左边是什么，右边也是什么，左右建筑的大小、高低、宽窄，乃至装饰等"细件"都一样。而另外一部分则是不完全对称，但也是近似的对称，也就是均衡，左右建筑虽然在大小上不是完全相同，但其比重相差不多，气势上也相仿，相互呈对应之势。

关于中国古建筑组群的对称与均衡语言，

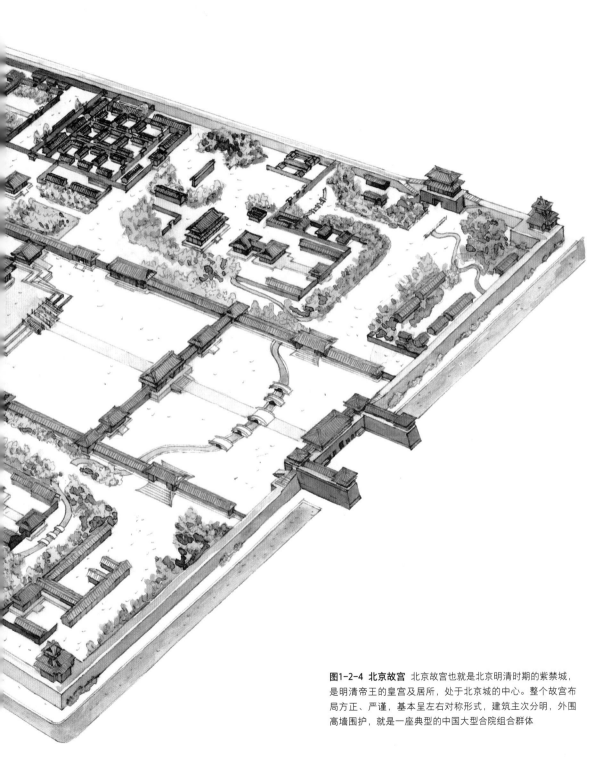

图1-2-4 北京故宫 北京故宫也就是北京明清时期的紫禁城，是明清帝王的皇宫及居所，处于北京城的中心。整个故宫布局方正、严谨，基本呈左右对称形式，建筑主次分明，外围高墙围护，就是一座典型的中国大型合院组合群体

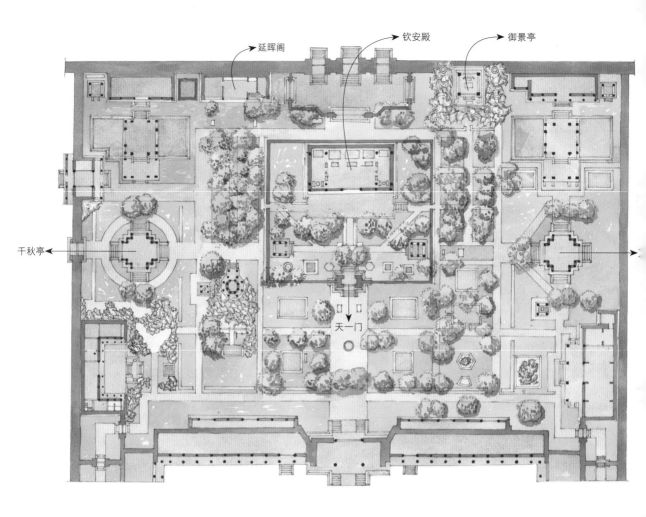

延晖阁　钦安殿　御景亭

千秋亭

天一门

我们还可以北京故宫为例。在北京故宫的轴线北端，是一座内廷花园，即故宫御花园。在这座御花园中，居中是大殿钦安殿，大殿两侧对应排列着多座亭台殿阁。其中分别位于左、右路中部的千秋亭和万春亭，无论是在建筑大小、形状、色彩还是装饰上都相同，所以为对称式。而居于御花园左右两路北端的延晖阁和御景亭，则是取气势相仿、位置相对，建筑形象则并不完全相同。因为一座是建在平地上的楼阁，一座是建在假山上的小亭，这样的建筑语言形式称为"均衡"（图1-2-5）。

中国古建筑组群，虽然在布局上采用均衡、对称形式，但是并不因此没有主次、高低

图1-2-5　故宫御花园　故宫御花园属于北京故宫的一部分，位于北京故宫内中轴线的北端，是皇家闲时游玩和欣赏景致的地方。虽然它是一座御苑，但却不像一般的苑囿那样布局随意，而是平面比较方正，其中的建筑也大多对称或均衡，是对其前方的主体宫殿布局的一种延续。御花园内以居于中轴线偏北位置的钦安殿为中心，前设天一门，两侧则分列万春亭、千秋亭等相对应的多座建筑

之别，而是主次分明、主体突出，清晰明朗。北京故宫是多院落和对称布局的建筑组群典型形式，也是主次分明的建筑组群。太和殿、保和殿、中和殿是外朝三大殿，也是故宫中最为主要的三座殿堂，在故宫中的地位最高。其主体的地位在整个建筑组群中表现得就很明显。首先，三大殿居于中轴线上，而且是在中

轴线上的中部；其次，三大殿建筑本身的体量非常宏伟，整个故宫的其他建筑在尺度上没有超过它们的，三者下面又使用相连的三层须弥座式台基；再者，三大殿所在空间，疏朗开阔，更显出三大殿傲世独立、睥睨一切的特点与王者气势。

中国古建筑的材料语言

任何建筑都是凭借材料而存在的，没有材料也就没有建筑，中国古建筑当然也是如此。这些用来构筑建筑的材料，就是建筑的材料语言。中国古建筑的材料语言，从建筑出现的原始社会开始就相应地产生了。其后，随着社会的发展、经济的增长、科学与建筑技术等的进步，中国古建筑的材料语言也经过不断的发展演变和增加，种类、式样都变得更为丰富，同样成为中国古建筑的一个精彩语言类别。

原始社会的建筑只有两个基本形态，即巢居和穴居。巢居是原始人类受到鸟类等动物在树上搭窝建巢的启发，根据巢窝形象建筑而成的一种原始住房形态。它是原始人类利用树干、竹枝等，在大树上搭建出的简单的栖身之所。巢居这种原始住房形态的产生与由来传说，在韩非的《韩非子·五蠹》中有所记载："上古之世，人民少而禽兽众，人民不胜禽兽虫蛇。有圣人作，构木为巢以避群害，而民悦之，使王天下，号之曰'有巢氏'"（图1-3-1）。

穴居其名与巢居一样，都是非常形象的语

法。穴居就是开挖的洞穴式原始住房。根据穴居可开挖的位置不同，穴居有不同的形式。开挖在断崖上、顺着崖面向里掏挖、穴道基本与地面平行的穴居形式，叫作"横穴"。在缓坡地段向内掏挖的穴居，叫作"半横穴"。在平地上立着向下掏挖的小口的穴居形式，叫作"袋形竖穴"。

虽然巢居和穴居还不能算是真正的建筑，但它们却明显表现出原始人类开始有了主动建造房屋的意识，这无疑是后世建筑发展的先

图1-3-1 原始巢居想象图 在原始社会，由于生产力不发达，人们过着非常简单的生活，其居所也不过是巢居、土穴。巢居，顾名思义就是建在树上有如鸟巢一般的居住形式，它是原始人对于鸟类在树上搭巢建窝的一种模仿，是人类最初形态的住宿形式，但比照风餐露宿、无处栖身的生活已是一大进步。图1-3-1是对原始巢居的一个想象图

河，或者至少说它们是对后世建筑营造的一个启迪。如，当可以筑造巢居的树木不够使用后，或是人们找寻到了更适合居住的环境，却没有适合筑造巢居的树木时，人们便开始在地面上仿照树上巢居搭建类似的住房。这种地面搭建的房屋，无疑比树上巢居更进一步，自然给了后世地面建筑以更多的影响。其实，巢居和穴居最终都发展出了地面建筑形式。

更为重要的是，从中国古建筑的材料语言上来说，巢居和穴居分别使用了中国古建筑中最为常见的两种材料语言，即木和土。尤其是木材料，在中国几千年的建筑史中，一直占有非常重要的地位，是中国古建筑中最为重要的、使用最久的一种材料语言（图1-3-2）。

巢居的发展一直是以木为建筑材料，直到它的成熟形态——干栏式民居依然如此。而穴居的发展则是渐渐由土材料变为土、木混合材料，因为在穴居发展为地面建筑之后，土墙围护的房屋内需要以木柱作为屋顶和倾斜的墙体的支撑。因此可以说，穴居是后来中国几千年使用的木构架、土围护建筑形态的真正的源头。

在原始社会的建筑发展中，土、木材料语言之后，还出现了一种土坯砖材料语言。土坯砖是经过压制、切割的土材料，并不是经过烧制的砖。因此，它与后世出现的砖材料相比，坚固度还差很远，但是比照当时一般的土墙来说，已结实很多，在中国古建筑的发展史上是一大进步。同时，这也使得中国古建筑的材料语言变得更为丰富。

不同于土坯砖的真正的砖，也就是经过烧制的陶土砖，出现时间大约在春秋时期。目

图1-3-2 原始穴居小房子 原始社会的穴居是和巢居并列而存的一种居住性建筑形态。不同的是，巢居材料主要用的是草和树枝等，而穴居主要是使用生土材料。由图1-3-2中这幅原始土穴式的小房子就可以看出，其使用的材料是生土。不过，这已是经过一定发展之后的穴居了，土穴内部已经有木柱作为支撑，而不再纯粹是从山崖上或地面上掏挖出最原始的土洞

前，已有考古发掘出土的春秋时期的砖实物。不过，这还只是一种只能用来铺地或包镶墙根的薄砖。战国时期又出现了一种大型的空心砖，主要用来铺砌台阶和建造墓室。东汉时出现了用于承重的条砖，也就是在建筑中，砖至东汉时才作为承重材料，这一时期还出现了砖拱券结构的墓室。

目前，汉代的砖中最受关注的、最为闻名的是画像砖。画像砖，简而言之，就是在砖的表面刻画有图案或图像，这种带有图像的砖让原本质朴的砖材料语言平添了一种风姿与情

韵，带有了一种文化与艺术的美，同时也丰富了砖语言形式。这种汉代的画像砖，不但影响了其后砖材料语言的本身发展与形式变化，也启发了其他建筑材料语言的形式发展与变化。或者说，各种建筑材料语言在其发展过程中，本就是相互影响与促进，甚至是相互融合变化的，这才是建筑材料语言发展的真正途径。如此，再借着生产技术的发展，材料语言的发展进步就实现了（图1-3-3）。

瓦对于建筑来说，也是极为重要的材料语言。瓦的出现比砖要早约四、五百年，比如，《博物志》中就有关于瓦的起源的传说记载"桀作瓦"。《本草纲目·土部·乌古瓦》记载"夏桀始以泥坯烧作瓦"之说。瓦最初是用陶土烧制而成，称为"陶瓦"，并且它的作用也主要是防雨水，而不注重它的装饰性，不及后世强调其功能性与装饰性的兼备。

目前发掘最早的陶瓦实物，出现于西周时期的宫殿遗址。不过，西周早期的瓦没有筒瓦、板瓦之别，只是一种简单的弧形瓦。西周中期后，出现了筒瓦、板瓦（图1-3-4），还出现了瓦当，瓦材料语言逐渐丰富。

西周之后，瓦的发展不仅仅在形状上有变化，而且还分出了特定的使用位置，有用于屋面的、屋檐的，还有用于屋脊的。瓦的自身材料种类也渐渐增多，除陶瓦外，又发展出石板瓦、铁瓦、铜瓦、明瓦、银瓦、琉璃瓦，甚至还有木瓦。《营造法式》一书中，所记载的瓦的种类已多达一百多种。

瓦的造型与材料的发展与丰富，让瓦的功能性更为健全，在建筑上使用时更为方便、契合。同时，不同造型、不同材料、不同色彩的

图1-3-3 汉代画像砖 汉代的画像砖是中国砖材料发展中的一个特殊的类别，砖面上刻有各种图案，或是宫殿，或是宅院，或是楼阁，或是门阙，极好地反映了汉代建筑特点，是后人研究汉代建筑的重要的形象资料。因为砖面带有各式图案，增加了砖的艺术性，这也是它区别于一般建筑用砖的最特殊和最引人注目的地方。图1-3-3即是一幅画在汉代画像砖上的门阙图

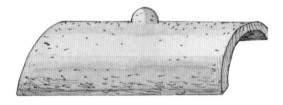

图1-3-4 板瓦 瓦是建筑中非常重要的一种材料，用于铺设屋面。瓦在发展过程中，产生了很多种形式，有板瓦、筒瓦、琉璃瓦、瓦当等。图1-3-4是一块不挂琉璃釉的板瓦。板瓦也就是断面弧度小于半圆的瓦，相对于筒瓦来说，板瓦铺设的屋面比较平而不见明显的楞。这种不挂琉璃的板瓦在瓦家族中属于地位比较低的一种，一般多用于普通的民居建筑

瓦，使用于建筑上，自然地丰富与美化了建筑的整体形象，这就是瓦在建筑中起到的装饰性作用的一面。那么，后世所谓同时注重瓦的功能性与装饰性，其实是既有人为的、主观的因素，又是瓦材料语言发展、丰富后的必然现象。

在瓦材料语言中，突出者有两位，一位是瓦当（图1-3-5），一位是琉璃瓦。

瓦当是处在屋檐处的瓦，确切地说，它是屋面铺瓦顶端的第一瓦，是套在筒瓦上的瓦头。瓦当本身也是筒瓦，只是头端有盖子。瓦当的端头形状大部分为圆形或半圆形，也有少部分呈大半圆形或新月形。瓦当既有普通的筒瓦瓦当，也有琉璃瓦当和金属材料制作的瓦当。琉璃瓦当一般只能用于皇家建筑中。

瓦当的主要功能是保护屋檐，同时也对屋檐具有美化作用，是一种独特的建筑艺术品，是一种经过艺术化的建筑构件语言，因为瓦当的表面饰有各种美妙的纹样或图案，花草、树木、动物、人物、龙，还有文字，有着极好的艺术性与装饰性。

琉璃瓦是表面挂琉璃釉的陶瓦。琉璃瓦最早出现在汉代的墓葬明器上，而正式用在宫殿等建筑上，则是在南北朝的北魏时期。唐宋以后琉璃瓦开始流行，明清留存的宫殿、庙宇类建筑中非常常见。琉璃瓦有黄、绿、蓝、黑等几种颜色，以黄琉璃瓦最为尊贵。但不论是哪种颜色，琉璃瓦在封建社会的等级制度与规定中，只能用于宫殿和庙宇。

自从元代建都北京后，明、清两朝又相继以北京为都城，中国封建社会后期的这三个王

图1-3-5　瓦当　瓦当是瓦材料中的一种，也是瓦家族中比较特殊的一类。确切地说，瓦当并不是用来铺设屋面的瓦，而是用于屋面最下部边缘处的瓦头。因为其正面正对着建筑前方，是向建筑接近的人们视线易于直视的地方，所以其表面大多绘有花纹。花纹的内容丰富多彩，并且各朝代有各朝代的特色，又随着不断地发展而越发多样。瓦当只用在有筒瓦覆盖的屋面中，形状有圆形和半圆形两种

海马　　天马

行什（猴）　　斗牛（牛）

朝都定都北京，而只能用于皇家或寺庙建筑的高等级的琉璃瓦，自然集中在北京使用，北京也因此产生了专门制作琉璃的琉璃厂。

中国古建筑中的琉璃，也就是砖瓦的釉面，并非只用于琉璃瓦一种，还会用于琉璃砖、琉璃贴件和琉璃兽（图1-3-6）。因此，琉璃本身也是中国古建筑语言中的一个类别，往往与土、木、砖等材料语言并列。只是它的使用不及一般材料语言那样广泛，而是大多只能用在皇家建筑中和一些大型寺庙建筑中。单就皇家建筑而言，使用琉璃材料的建筑很多，这也是皇家建筑有别于一般建筑的重要特点之一。

中国古建筑的艺术语言

建筑的艺术语言包括很多方面，就中国古建筑来说，建筑的艺术语言主要有建筑群体的艺术语言，有建筑单体

图1-3-6 琉璃兽　在中国古代的宫殿和一些寺庙建筑的屋顶上，常使用一些琉璃制的神兽。有黄琉璃、绿琉璃、蓝琉璃等多种色彩形式。它们是这些建筑上重要的装饰件，同时也是区分建筑等级的一个标志。如在清代时，关于建筑上神兽的使用，就规定走兽的数量应为单数，按三、五、七、九排列设置。其中高等级的建筑，琉璃兽的使用可以达到九个：分别是龙、凤、狮子、天马、海马、狻猊、押鱼、獬豸、斗牛，外加一个骑凤仙人。不过，北京故宫的太和殿垂脊上却有十个琉璃兽，显示出了它非一般的地位

图1-4-1 **影壁** 在中国古代建筑中，不论是寺庙、道观，还是普通民居，门前或门内常常设有一面影壁作为建筑前方的一道屏障，起着遮挡外人视线的作用，同时又兼具避邪作用，也是建筑前方的一个景观。因此，可以将它看作是障景设置。在四川成都的杜甫草堂大门前也立着一座影壁，壁体为横长方形、砖砌，壁面中心刷上白石灰，与四边青灰的砖砌形成对比。在石灰抹面的壁面中心还雕有一条龙，看起来很特别

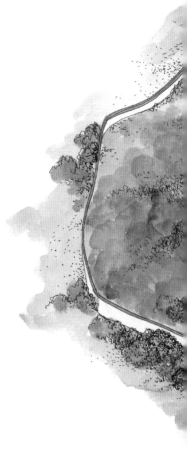

的艺术语言，也有建筑的细部装饰等方面的语言。细分起来，极为丰富多彩。这些词汇丰富、语法灵活的中国古建筑艺术语言，是经过长期的发展逐渐积累形成的，是古代劳动人民智慧的结晶。

中国古建筑的群体艺术语言，就是它的组群处理方法。从总的方面来说，组群的布局及所构成的形式是它的艺术语言，从具体处理上来说，设置一个特别的建筑来作为主体的衬托或是组群的亮点，也是建筑组群的艺术语言（图1-4-1）。

中国古建筑组群的合院式布局、它的对称性与均衡性、它的内向性与独立性，都或多或少地体现出组群的艺术性，因为这是中国古建筑组群的重要特点。

中国古建筑的形式就如同当时的宗法制度一样，有尊卑之别，有高低贵贱，其等级分明。在一组建筑中，人们往往能一眼判断出谁是主体，谁居其次，谁是附属，谁是陪衬，谁仅仅是点缀。在轴线分明的建筑组群中，居于轴线上又居于轴线中部位置的建筑，绝对是主体建筑，位列第一。即使在轴线不那么分明的建筑群中，主体建筑也会被安排在一个中心或相对中心的位置。主体建筑两侧的建筑等级略低，为次要建筑。而次要建筑之间又安排的一些建筑和距离主体较远的建筑，往往只是附属与陪衬。剩下的建筑则大多仅作为建筑群中的点缀。这是中国建筑群在位置安排上的艺术处理手法（图1-4-2）。

在具体营造时，建筑的主次关系还自然地通过体量的大小和气势来区别。体量大、气势强的建筑是主体，体量小、气势弱的建筑当然

是附属或陪衬。这种观看时自然的大小安排，实际上也是人为的一种艺术处理：设置小型的建筑是为了对大型建筑予以衬托，在这种衬托中形成一种对比，对比之后主次自然分明，一目了然。

此外，还有一些组群安排与艺术处理手法，是以部分衬托总体以增加整体的气势，而不是衬托某一个个体。山东的曲阜孔庙就是一个极好的例子。曲阜孔庙的前半部分有连续递进的几重门，由仰圣门开

图1-4-2 普陀宗乘之庙 普陀宗乘之庙是清代所建的承德外八庙中的一座，并且是其中规模最大的一座，竣工于乾隆三十六年（1771年）。它是为皇帝乾隆的六十寿辰和皇太后的八十大寿庆典而建。庙宇的名称"普陀宗乘"与"布达拉"语出同源，而庙宇的建筑形式也是模仿西藏的布达拉宫。寺庙从前向后分别设置山门、碑亭、五塔门和琉璃牌楼，后部就是主体大红台及台上的殿堂。在寺庙轴线的两侧散布着一些白台等建筑

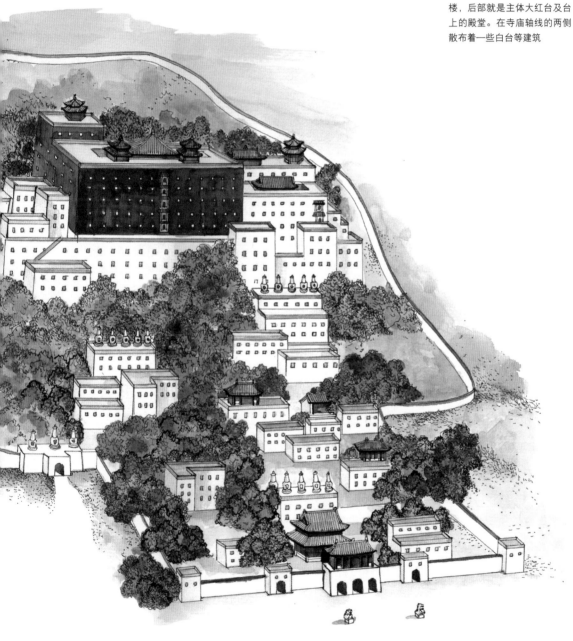

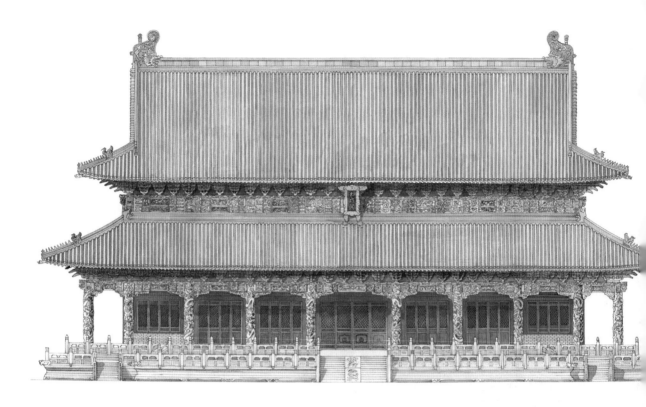

始，中轴线上建有棂星门、圣时门、弘道门、大中门、同文门，直至奎文阁，这一段门和门之间的院落，只是整个庙宇的一个引导部分。由奎文阁过了十三御碑亭，才到全庙的主体大成殿建筑群（图1-4-3）。

虽然前面的这几道门只是引导，但其纵向的长度却比后部的大成殿建筑群的纵向长度还要长，前面的引导部分要占据将近三分之二。如此长的一段距离，只有门和院落，别无其他重要建筑，明显地是为了增加全庙整体的气势。同时，这也是古代设计师的大胆设计，几乎可以说是独一无二的，这也从另一个方面反映了曲阜孔庙的非凡气势与崇高的地位。

在这部分引导门之间的院落中，种植有一些古柏苍松，并在甬道两旁设置有一些碑刻，它们极好地渲染了孔庙肃穆、庄重的气氛。

图1-4-3 孔庙大成殿 中国有很多祭祀孔子的孔庙，孔庙的主殿名为大成殿。在众多的孔庙中，以山东曲阜孔庙规模最大，其中的大成殿也是其他各地孔庙大成殿无法相比的。这座曲阜孔庙大成殿为重檐歇山顶形式，屋面满覆黄色琉璃瓦，正脊两端立有琉璃正吻。大殿面阔七开间，并且四周带回廊，廊下立有雕刻精美、形象立体生动的粗大龙柱，令人叹为观止。加上额枋彩画、朱红隔扇、汉白玉的台基栏杆，辉煌宏伟可比皇家宫殿

中国古代单体建筑的艺术语言，主要是在造型、结构等方面表现出来的艺术特点。中国古代单体建筑，无论从平面、基础、木架结构、围护，还是屋顶形式等方面，都表现出中国建筑特有的艺术性与特色。尤其是它多变的屋顶形式，是最为人称道的部分。

中国古代单体建筑以对称形式为主。一座房屋的总开间不论多少，都是奇数，一、三、五、七、九、十一等，并且以中央开间为最大，居中。两侧开间逐渐缩小，同时以

中央开间为中心作对称建置。这是中国古代单体建筑的最基本的一个艺术特点。单体建筑所表现出的其他的艺术语言形式，都是依着这一基本艺术语言生发、变化而出（图1-4-4）。

在具体的单体建筑中，不同等级的建筑其具体的艺术语言表现也有所不同，宫殿有宫殿的特点，寺庙有寺庙的特点，民居有民居的特点，官府建筑和私人大宅等也都各有各的特点，甚至不同地理环境中的同等建筑也会表现出不同的特色来。

在开间数量上，宫殿最多，寺庙次之，官府、私人大宅又次之，民居最少。在色彩上，宫殿建筑可以采用黄色、蓝色、绿色、黑色、灰色等各色的瓦，以及朱红色门、窗、隔扇和柱子，普通民居只能使用灰瓦。在装饰上，宫殿建筑可以使用龙、凤等高等级纹样，纹样可以贴金，其他饰件也可以用鎏金、琉璃等，而这些在普通民居中都是不准使用的。

图1-4-4 故宫午门、内金水河、太和门广场
在北京故宫午门之内、广场的后方，有一座门殿名为太和门，它是故宫前三殿的大门。太和门面阔九开间，前带廊，重檐歇山顶，屋面覆盖黄色琉璃瓦。门殿之下为高大的汉白玉石基，正中有三道台阶。阶前两侧设置有石狮、香炉，倍添门殿的气势。在中国古建筑中，太和门无论从等级、气势、体量等任何一方面来看，都已经处于门类建筑的顶端

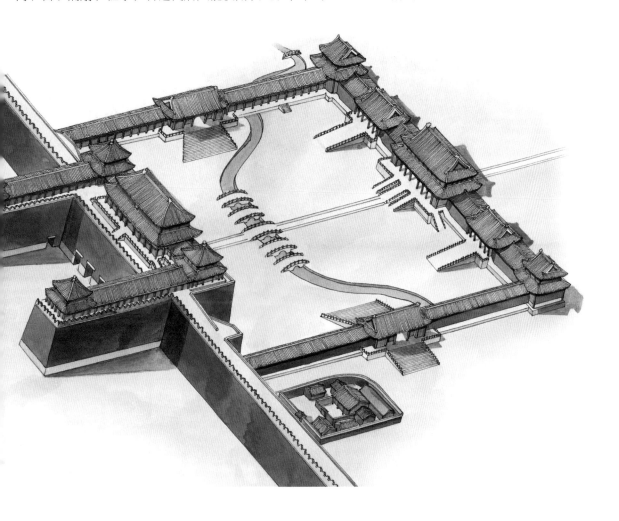

不过，民居虽然在体量上、色彩上、材料上，乃至装饰上，都没有皇家宫殿等建筑的绚丽辉煌和高等级，但也自有其丰富多彩的内容和美妙、特色的一面，尤其是在细部构造与细件装饰上。中国民族众多，各地民居都有各地的特色，并且特色都非常显著，多民族的特色汇聚自然缤纷多彩。北京四合院、皖南民居、晋中商人宅院等典型的合院式民居，山西、陕西、河南等地的窑洞民居，浙江、江苏等地的水乡民居，云南傣族、广西侗族等少数民族使用的干栏式民居，蒙古等游牧民族居住的毡包民居，以防御著称的藏族碉房、开平碉楼、梅县围拢屋、赣南围子、福建土楼土堡，还有色彩上与众不同的福建泉州红砖民居等。

福建的泉州民居就是艺术语言丰富而又极富地方特色的一种民居形式。中国传统民居大多使用青砖青瓦，而泉州民居却使用红砖红瓦，主要原因在于那一区域的黏土中二氧化铁的含量很高，因而用黏土烧制而成的砖瓦呈现出漂亮的红色。也因为这个原因，当地人就没有再把红色砖瓦加工成青色砖瓦。泉州民居虽然使用类似西方建筑的红砖红瓦，但建筑的单体造型和组合全都是中国传统的建筑形式，单体建筑开间奇数、左右对称，群体组合采用合院式（图1-4-5）。

在细部构件与装饰上，泉州民居更富特

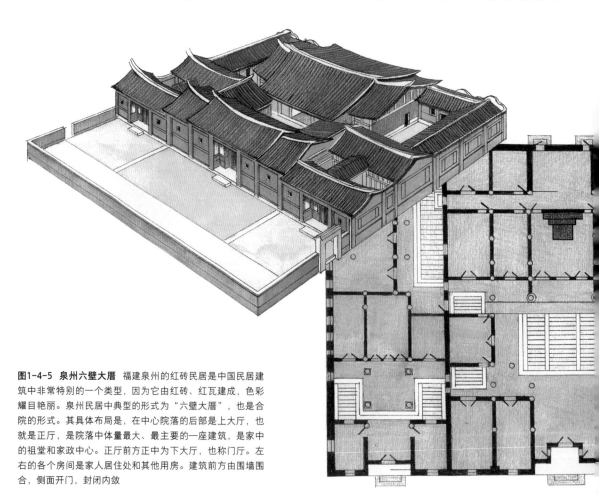

图1-4-5 泉州六壁大厝 福建泉州的红砖民居是中国民居建筑中非常特别的一个类型，因为它由红砖、红瓦建成，色彩耀目艳丽。泉州民居中典型的形式为"六壁大厝"，也是合院的形式。其具体布局是，在中心院落的后部是上大厅，也就是正厅，是院落中体量最大、最主要的一座建筑，是家中的祖堂和家政中心。正厅前方正中为下大厅，也称门厅。左右的各个房间是家人居住处和其他用房。建筑前方由围墙围合，侧面开门，封闭内敛

色。这主要都表现在建筑的外观上，最突出的是屋脊。泉州民居的屋脊形式主要有两大类，一是燕尾脊，一是五行山墙。

燕尾脊就是屋脊两端高高翘起，末端有如小燕子的尾巴一样分开如剪刀形式。燕尾脊的脊端下面往往设有雕刻，或是动物，或是人物，或是花纹。而整个屋脊，因为两端有高高翘起的燕尾，所以整体看来呈凹陷的弧形，非常优美，灵动欲飞。脊的前后立面上，也多施彩色泥塑或雕刻，立体感很强，雕塑形象生动，表现出匠人精湛的技艺。

五行山墙则是根据金、木、水、火、土五行而设计的五种山墙形式，或是曲线，或是折线，或柔或刚，而具体的造型在似与不似之间，兼具写实与艺术之美（图1-4-6）。

图1-4-6 红砖民居的山墙与装饰 福建泉州红砖民居的特别之处，除了红砖、红瓦之外，其山墙、山墙装饰与屋脊也与众不同。图1-4-6即是红砖民居中山墙的一种，山墙上部为高耸、翘立的燕尾脊，脊下的山墙砖面上雕绘有非常精致的图案，在折线组成的边框中，绘有卷轴、绶带、如意等，题材雅致、吉祥，色彩明丽，风格清爽

02

中国古建筑的结构语言

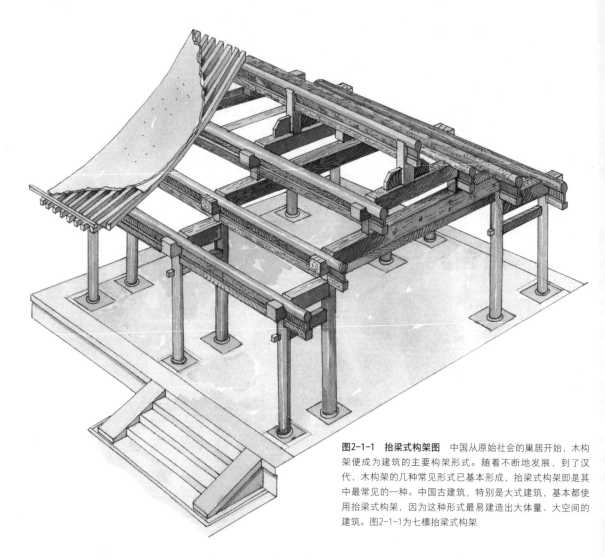

图2-1-1　抬梁式构架图　中国从原始社会的巢居开始，木构架便成为建筑的主要构架形式。随着不断地发展，到了汉代，木构架的几种常见形式已基本形成，抬梁式构架即是其中最常见的一种。中国古建筑，特别是大式建筑，基本都使用抬梁式构架，因为这种形式最易建造出大体量、大空间的建筑。图2-1-1为七檩抬梁式构架

▌南北朝及其以前的木结构语言

先秦至西汉时期的木结构语言

尽管在以巢居和穴居为主要居住形式的原始社会中，土和木都是建筑的主要材料语言，但纵观整个中国古建筑史，中国古建筑的主流语言是木结构。

在历史悠久的中华民族，每一种事物的发展也都有一个漫长的历史。同样，木质结构的

发展也不例外。木结构随着年代的发展可以划分为不同的时期与阶段，主要有：①原始巢居；②以高台建筑为主流的夏朝到汉朝；③东汉到南北朝时的木质结构高楼；④隋唐到五代的木构殿堂；⑤产生减柱、移柱等新的木构造方式的宋辽金时代；⑥木构架成熟多样的明清时期。纵观中国整个木构架建筑的发展史，在各种木构架语言中，以抬梁式最普遍（图2-1-1）。

建筑语言的发展是由建筑词汇的扩展而随之产生。在中国早期的木构建筑语言中，作为

重要的新的词汇的出现，主要体现在战国到西汉时期的榫卯的出现，以及西汉末期楼阁建筑中柱头上的斗拱的出现。

榫卯木构件的精细和复杂可以从出土的战国木椁中看到。从企口到复杂的凹凸的构件的咬合以及木榫的穿插，都能知道当时的木工匠已经对木结构语言使用得非常娴熟。而斗拱在建筑中的使用，使得建筑的屋面可以出挑，并且使原本简单的木构架产生了艺术性与文化色彩。

奴隶社会末期出现了高台建筑，使中国的古建筑产生了大体量的形式，它是用夯土与木结构技术结合形成一种土木混合结构的建筑形式，也就是将若干的较小木构件的建筑单位都围绕集合或建筑在一个夯土台上，从而构筑成一个体积庞大的建筑群。也就是说，一幢高大的建筑，其中心的主体部分是夯土台，而夯土台的四周和其上才是木结构建筑的空间。

直到西汉末，这种高台建筑在历史上一直占据着重要的地位。这也从另一个侧面说明，早期的中国古代社会的木构技术语言还不成熟。封建社会的初期，随着社会的发展和经济的兴盛，对于一些承载重荷和跨度较大的结构提出了新的要求，但不是所有的建筑形式都可以利用夯土的体量和承重的要求，于是就产生了木结构的框架。比如斗拱的形式和桥梁的排架挑梁等（图2-1-2）。

高台建筑在战国时期尤其盛行，语言形式的夸张功能决定其结构形式，如魏国的文台、楚国的章华台等。这些体量恢宏的建筑都是统治阶级用以标榜自己的地位和权力而建造。随着工匠对高台建筑技术的不断摸索，这种外观

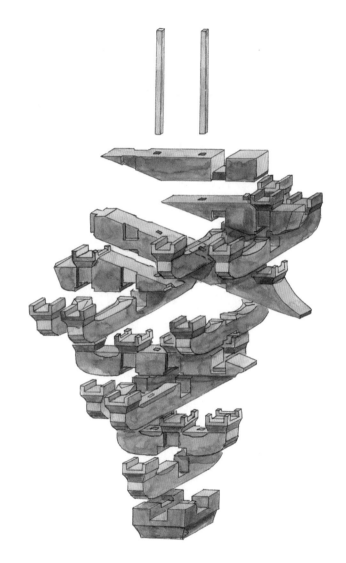

图2-1-2 斗拱分件图 斗拱是中国古建筑中重要的构件，也是中国古建筑中独有的构件。斗拱主要用在建筑的柱头上、梁枋下。早期的时候，斗拱具有承托梁檩的实用功能，随着建筑构架的不断发展，到明清时，它已转变成为一种建筑装饰构件，而没有了承重作用。图2-1-2为斗拱的分件示意图，从中可以看到斗拱主要由斗、拱、昂等几种细件组成

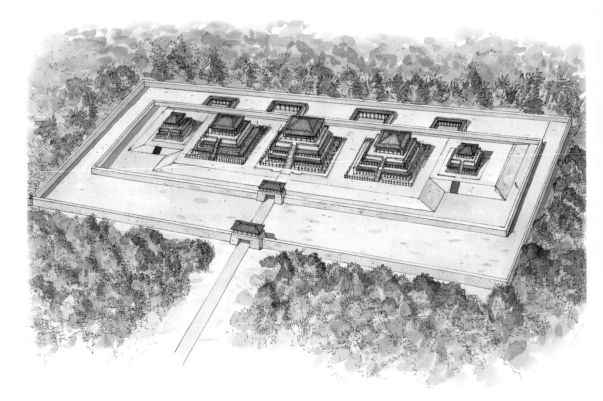

看起来像是纯木构架形式的模式得到了更进一步的发展。到秦代时高台建筑发展成为一种新的建筑形式，此后，关于高台的记载渐少，而宫室建筑的记载渐多。但从出土的文物中可以较明显地看到，那一时期的许多重要建筑都是建造在高台上的，只是它已经不再被称为"高台建筑"，或者已不再是原有的高台建筑，而是高台建筑的发展新形式，即宫室建筑。

这种貌似高台全木结构的宫室建筑，建筑在一片大面积的土地上。它采用独特的划分手法，巧妙地将木构架的空间结构部分分为若干小面积，以便使木构架跨度小，简单结构的构架很好地得到发挥。同时，营造者也要处理好中心部位的通风和采光的问题，使位于建筑中心部分的梯形的夯土台高于外围的部分，将一般的穿斗、梁柱的构架稍加改进，这样搭建起来的框架就是高台建筑的外形。外部包裹的木

图2-1-3 战国中山王陵 战国中山王陵是战国时期高台建筑的重要代表。高台建筑在战国、秦汉时期最为普遍，这座中山王陵园的建筑形象是参照傅熹年先生的推断复原图改绘的，建筑下面就使用了高大的土台。台上中部并列三座体量较大的建筑，当是享堂。其两侧各有一座稍小的享堂。这五座享堂是陵墓的主体。四面高墙环绕。整体规划秩序井然，气势也很庞大

构架对中心的高土台也是一种保护，防止了雨水的冲刷（图2-1-3）。

上述方法只是推测，也许是沿建筑的外围柱头上用纵架，上面加上横梁，还在其他重要的部位利用夯土台承担重荷使整个建筑更稳定。最后再在夯土台的上部覆盖主要建筑，将夯土台完全保护并遮盖起来。总之高台建筑或是从高台发展而来的秦代宫室建筑，是土木混合的结构。从建筑的造型上来说，秦代的时候已经出现了阁，有些阁的结构技术上还应用了栈道桥梁的技术。不过，这还只是木结构建筑语言在这方面的最早应用。

东汉时期的木结构语言

到了东汉时期，建筑的结构有了重大的发展变化，中国古建筑中大型的厅堂构架形式在这一时期已经出现，而依靠夯土台基作为建筑中心部分的高台建筑语言形式已经消失。中国古建筑两种主要的语言形式梁柱式或穿斗式已形成。所谓梁柱式，在宋代时期，叫作柱梁作。它是廊屋及一般住宅、店铺等小型建筑使用的木构架形式。这种木构架的主要特点是不用斗拱，在柱子上面直接承托梁和檩。在清代时称这种构造形式为"小式"建筑。而梁柱式的高级形式为抬梁构架。这是中国古建筑中最为普遍的一种木构架语言形式。构成方式是在柱子上放梁，梁上再放短柱，短柱之上再设置短梁。因此，形成层层叠落，越来越窄的木架

形式，一直到屋脊，各个梁头上再分别架檩条，上面再以90°垂直的调转方式承搭屋椽。

梁柱式的木结构形式复杂，要求严格才能对位，因此要加工细致。梁柱式木构架结构牢固，经久耐用，建筑的内部有较大的使用空间，完全不像之前的高台式建筑那样内部被土台所占据。从此，中国古建筑就可以做出更加美观的造型和更加阔大的空间，自然也就产生了恢宏的气势。建筑的语法形式被大大地丰富了（图2-1-4）。

图2-1-4 抬梁式构架的坚固性 在中国古代木构架中，抬梁式构架相比于穿斗式构架，需要使用粗大的木料，因而稳固性较好。图2-1-4展示的这个抬梁式的木构架，于梁下使用榫卯，以加强木件之间的连接，从而达到更能稳定构架整体性的作用。柱头上设置斗拱，以减少梁柱之间的跨度，减轻梁柱的承重，提高梁枋的抗剪力，也是增强木构架整体稳固性的好方法

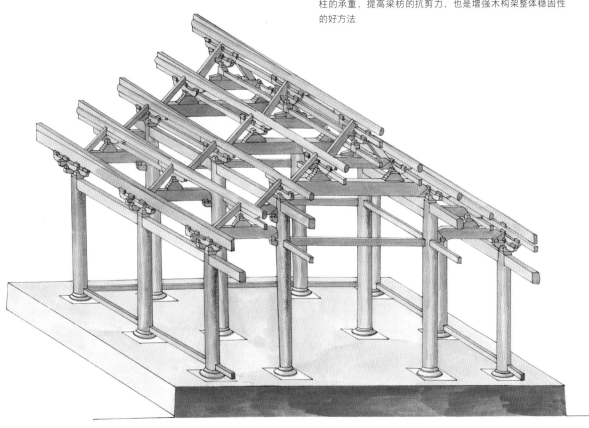

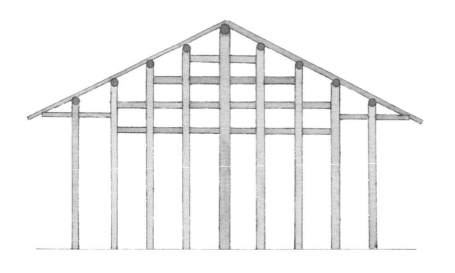

图2-1-5 穿斗式构架 穿斗式
构架也是中国古代木构架形式
之一，它是由一些细而密的柱
子构成，柱子与柱子之间用木
串穿接，连成一个整体，每
根柱子上顶着一根檩条，柱子
直接承受檩的重量，而不用架
空的抬梁。穿斗式构架的优点
是能用较细小的木料，建筑体
形较大的房屋，结构也非常牢
固。但是这种构架构筑而成的
建筑内，因为柱、枋太多，不
能像抬梁式构架一样形成连通
的大空间

穿斗式与抬梁式相比，其柱子较细，因为
要承托较重的负荷，就要将柱子排列得较为紧
密一些。柱子的上部之间用木串穿接，使之形
成一个榀架，檩条直接放在每根柱子的顶端。
穿斗式构架最大的优点是能用较细的木料做柱
子，利用增加柱子的数量构成进深较大的屋。
从平面上看柱子排列如网，因而建筑结构也很
牢固。不过这种语言形式也有明显的缺点，就
是室内的柱多枋多，房间与房间之间被榀架
一一相隔，不能形成一个开放通畅的大空间
（图2-1-5）。为了得到大空间、又能节约大
木料，便出现了把梁柱式与穿斗式进行结合而
成的梁架形式。具体用法是：两头山墙的部分
用穿斗式榀架，而中间用抬梁式，以形成室内
的开敞连通的大空间（图2-1-6）。

图2-1-6 穿斗式与抬梁式结
合的空间 穿斗式的优点是不
需要大的木料，抬梁式的缺点
是要大木料来做梁柱。但是穿
斗式无法提供开敞的开间，于
是，中间的开间使用抬梁式便
能解决这个问题

一般房屋的外围柱子中部多加入一条横
枋，使梁柱式或穿斗式的结构加强了屋架间的
连接效果，使纵向梁柱和大额枋组成一个整体
的框架，显然这样结构更稳定。还可以更改横
放的梁架，使之产生更加丰富的空间与造型
模式。

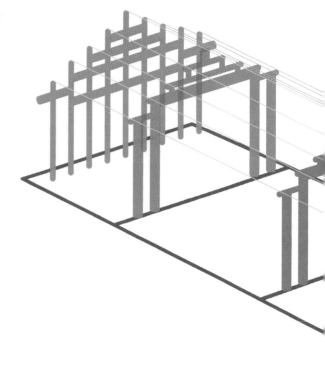

在一些重要的建筑中，斗拱已经普遍应用。这一时期的木构架除继承前期用的斗作为梁柱间的承托的构件外，还利用了挑梁和斗拱作为出檐或平座的支撑。这一时期建筑语言的另一特点是高层木结构建筑大量出现，标志着木构架已经取得了新的成就。这时期的高层木构架建筑，可以从汉画像石、汉画像砖以及大量的明器陶屋上得到证实。如出土的东汉时期五层高的陶楼，它是用了逐层立柱、收进、出檐的手法，这些技术语言的发展为以后更高层的木构架建筑打下了基础。到南北朝时，木构架的语言更丰富了，如柱头、飞椽、梭柱、束竹柱等已经出现，为以后形成中国独特的木结构体系建筑的发展奠定了重要的基础（图2-1-7）。

从出土的一个东汉陶楼的形式上来分析，当时房屋结构山面构架跨度为二或四椽，中间一层采用了挑梁或拱挑出屋檐的结构。最上面一层的四椽梁上用两个大的短柱承托上面的平梁，平梁上面没有蜀柱承托屋脊，可能使用的是三角架。这样的房间室内已经有了较大的开敞空间，二楼和三楼的外围已经有了平座，从规模较大的建筑可看出，这一时期房屋使用的是穿斗、梁柱、三角架和挑梁相结合的形式。具体呈现有以下几种词汇：在柱子上用斗拱承载檐枋及横梁，做到了柱、拱、架、枋的结合；还有在柱头上用栌斗承托连接的纵架。从这个出土的汉代的

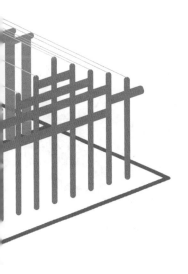

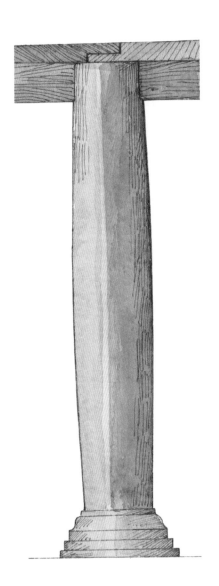

图2-1-7 梭柱 梭柱就是两端细、中间粗、形如织布用的梭子似的柱子。它是将一根直柱子的两头或一头做削减处理。如果只将柱子的上段做梭杀，就叫作"上梭柱"；如果上下两段都做梭杀，则叫作"上下梭"。图2-1-7即为上下梭。梭柱是宋代之前较为常见的一种柱式

陶屋，可看出在这幢房屋的檐枋上刻枋或梁头，反映当时有的建筑的内部是用较小的截面材料做成密度较大的横梁或横架或是枋木，因而形成更加复杂的构架结构（图2-1-8）。

现在我们去探寻早期中国古典建筑的木构语言是相当不容易的。除了明器外，石阙是另一种可以让我们更多地了解汉代以前木构建筑的文物形式。中国已发现有近三十处东汉石阙，这些石阙虽是石雕，但其形式却尽力去模仿木构。因此，从石阙的造型上我们可以直接得到相当多的古代木构建筑语汇。

阙是设置在古代宫殿、祠庙和陵墓前方的建筑物，大多是成对出现，左右各一。阙可以建成高台形式，在高台上再起楼观。

阙在周代就有记载，《左传·庄公·庄公二十一年》："郑伯享王于阙西辟。"古代宫阙及墓门立双柱的叫作"阙"，其上连有飞檐罘罳（屋檐下繁复的木构件）的叫

图2-1-8 汉代陶楼 这是汉代陵墓出土的陶楼，也就是陶制小楼。楼高三层，中部带出檐、带平座，上部有屋顶，四面采用透空手法制成各种花纹，生动细致而又整洁对称，具有较高的艺术性。陶楼是汉代陵墓中明器的一种，它与汉代陵墓出土的画像石、画像砖一样，极好地反映了汉代建筑的某些特征，是后人研究汉代建筑的重要资料

作"连阙"。但当时的文字没有对其材料形式进行详细的介绍。到汉代时，阙频繁地出现，在当时还是一种重要的高层建筑。譬如汉武帝建立的建章宫，东面的凤阙高为七丈五尺（《水经注》记载）。其特点是柱子上用纵横相叠的枋木，搭建成一个门的形式。柱子已有显著的侧角。这样在造型上形成了明显的稳定感（图2-1-9）。

现存四川渠县的冯焕石阙，石刻表现为两层高的建筑，下面一段的正立面上为三根柱子，侧面有两柱，柱头上有额枋，柱角有地栿，柱头用栌斗承托三层的枋木，每一层枋木都逐层向外挑，上面的一层沿着周边各有一条枋木，在这些枋木之上，是一块厚石板，雕着几何图案，推测这是用来象征一层较矮的楼

图2-1-9 汉阙 汉代的建筑中，除了宫殿、陵墓、民居等之外，还有一种特别的建筑名为"阙"。它有如牌坊一样，是立在门、墓等前方的一种标志建筑。阙在周代即有出现，但现存汉代实物最多。除了实物之外，在汉代陵墓出土的画像砖中也有很多阙的形象，图2-1-9即是画像砖上的阙，并且是一座城门门式的门阙

阁。上面用挑梁和斗拱挑出最上面是单檐四阿屋顶。

这种造型的石阙还有四川省雅安市的高颐墓阙（图2-1-10）。这座墓阙所表现的重檐屋顶的层次高达四层，可是用枋木层层叠叠铺垫的结构依然没有变，层叠的枋木之上再放置斗拱。如敦煌石窟中北魏时期的壁画及泥制的阙中表现的当时的木结构形式。

魏、晋、南北朝时期的木结构语言

魏晋南北朝时期，佛教的发展达到鼎盛，佛教类的建筑也随之得到了长足的发展。从这些佛教建筑中可以看到或了解当时的木结构语言的发展状况。

佛塔是随着佛教的传入而在中国盛行的一种宗教建筑形式。佛塔在历史上有相当多的木构实例。但是，除了一些仿木结构的塔之外，真正的木塔能留存至今的却是少之又少，特别是较早时期的木塔，我们现在不可能看到其形象，只能从文字描述中推测。但通过其他方式，我们目前可以间接知道一些当时的木塔结

构情况。

北魏时期的云冈石窟第21窟柱塔，为五层高的石雕方塔，但表现的却是一个木结构的佛塔形象。这座塔每层为五间，逐层的高度递减，每面有六根方柱，上面的三层柱头有栌斗，下两层没有。栌斗上都设有跳拱，直接承托大额枋，枋上和柱头的位置中间用人字拱，角柱上每面只用半只拱，上面便是檐枋、椽子。每层廊下设有平座，每一层都是在下一层的屋脊上雕出一层柱子。从这个石雕的仿木结构可推断出木塔结构的特点：檐下枋、拱结构应为纵架形式，塔的最上一层是在纵横架上用

图2-1-11 石窟塔柱　在南北朝时期，因为佛教的繁荣与发展，出现了很多佛教类的建筑，石窟即是其中比较突出的一类。南北朝距今已有1500多年，当时的木结构建筑都已不存。但是石窟及石窟中的仿木结构建筑却是了解当时木结构建筑的重要资料。石窟中的塔柱即是其一。图2-1-11这根塔柱就是南北朝时所凿石窟中的塔柱之一，上段呈倒钵形，下部是两层方正的台基，整个柱体中部四面都雕刻有佛像和与佛教相关的动物形象，色彩鲜明

图2-1-10 高颐墓阙　高颐墓阙是现存汉代著名的石阙之一，位于四川省雅安市姚桥村。高颐墓阙是单檐双出阙形式，有东西两阙，两阙相距约13米。不过目前仅有西阙保存较好，而东阙仅存母阙。图2-1-10即为西阙，现存母阙形体高约6米，子阙高3米多。石阙全体由顶、身、基三部分组成。顶部有屋檐，檐下雕有仿木斗拱，斗拱上部的枋面和斗拱下部的阙身上部，都雕有人物场景图。母阙阙身主体雕有铭文

横梁承屋面，其他的每层是在纵架上用纵横相叠的枋木承上一层柱子，再在上面铺设地板，塔的每两层之间做屋面，上面的柱子必须比下面的柱子收进较多，便于安装椽子，所以上层的柱子采用又立于层叠的枋木上的形式，这一木构造方法后来成为传统的做法（图2-1-11）。

虽然已毁而不存，但作为北魏最具有代表性的木构佛塔，洛阳永宁寺塔非常值得一提（图2-1-12）。这座塔的营造继承了前一时期木构建筑的风格特色与技术语言，同时又体现了它本身木构营造语言技术的高超。这座塔是北魏孝明帝熙平元年（516年）太后胡氏出资营造。塔高为九层，从一些历史的记载可推测出，它的规模和木结构在中国建筑中是极具代表性的。北魏杨衒之《洛阳伽蓝记》中记载，永宁寺"中有九层浮图（屠）一所，架木为之，举高九十丈，上有金刹，复高十丈，合去地一千尺。去京师百里，以遥见之。刹上有金宝瓶，容二十五斛，宝瓶下有承露金盘三十重，周匝皆垂金铎，复有铁锁四道，引刹向浮图（屠）"。从所知的资料来看，这座名贯古今的高层木结构建筑达到了中国古建筑的高度之最。

王贵祥先生在《略论中国古代高层木结构建筑的发展》一文说道：建造高层木结构建筑，需要用极大的人力物力，施工亦极其困难，而这些毕其功于一役而建造的高层木结构建筑由于当时还没有科学的避雷措施，往往更容易招致雷火的袭击而毁损，使动用无数财力、物力、人力建造而成的建筑一夕之间付之一炬。历史

上一些著名的高层木构建筑，都是在建造后不久即被焚毁的。如，汉元鼎二年（前115年）建造的柏梁台，毁于太初元年（前104年），仅存在了十二年。北魏熙平元年（516年）建造的洛阳永宁寺塔，毁于永熙三年（534年），仅存在了十九年。过于频繁的自然灾害对于高层木构建筑不断造成的破坏，无疑是促使其走向衰落的一个重要原因，也让后世的研究更为艰难，也因此，得以留存的古建筑也就越发显得珍贵无比。

南北朝之前的中国建筑木结构语言尽管还处于雏形的阶段，发展并不完善，但这却是中国传统木结构建筑体系建立的开始。这一特定的历史时期的木结构建筑词汇，如枋、柱、斗拱等的出现和使用，为木结构建筑语言的成熟奠定了基础，对以后木结构建筑的发展产生了深远的影响。

图2-1-12 洛阳永宁寺塔 洛阳永宁寺塔建于北魏时期，具体时间根据记载是在北魏的熙平元年（516年）。不论是从已知的资料记载还是从现存实物看，洛阳这座永宁寺塔都是中国古塔中最高的一座。郦道元在他的《水经注》中就对永宁寺塔有相关记述："……永宁寺，熙平中始创也，作九层浮图（屠）。浮图（屠）下基，方一十四丈，自金露盘下至地四十九丈。取法代南七级而又高广之。虽二京之盛，五都之富，利刹灵图，未有若斯之构。"有许多学者都对此塔的形象进行过推测，这幅图是参照傅熹年先生的推断复原图改绘的

隋、唐、五代建筑的木结构语言

隋、唐时期的木结构建筑语言

隋朝统一了全国，结束了中国长达近二百年的南北分裂局面，在经济上有了新的发展。中国古代的开国帝王，不仅在政治上有魄力，而且在建筑营造上也颇有雄心。隋文帝登基的第二年，就下令建新首都大兴城，这就是后来著名的唐代长安城的前身。而隋文帝之子隋炀帝即位当年，就下令建东都，也就是后来的唐代洛阳城的前身。在两座新城和大量建筑营造的实践中，隋代的建筑技术也有了新的发展。

除此之外，隋代与秦代一样，皇帝好大喜功，尤其是隋炀帝，为了自己享乐大肆挥霍，不顾百姓死活。隋代虽然只有短短的三十七年历史，但是筑城建宫却非常多，如，在今陕西凤翔的岐州建仁寿宫，在今河南新安的皂涧营建显仁宫，在今江苏扬州的江都营建江都宫。这些宫殿的规模巨大，装修奢侈，外观华丽。在这些大型工程的设计施工中，像宇文恺等建筑师、工程师自然得到发挥自己才华的机会。同时，木结构建筑的语言也自然得到丰富与发展。但就整体看来，隋到唐初的木结构建筑的整体模式还保留着南北朝时期的风格，从一些著名的初唐时期的宫殿，如含元殿、麟德殿等唐初宫殿遗址来推测，在木构件上仍与其后的建筑结构形式有一些不同（图2-2-1）。

明堂是古代天子宣明政教的地方，凡朝会及祭祀、选士、养老、教学等大典，都在明堂

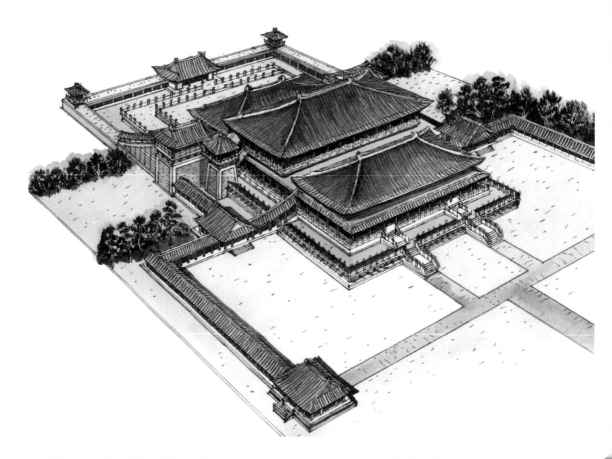

中举行。古乐府《木兰诗》中就有"归来见天子，天子坐明堂"的描写。据记载，明堂在汉代和南朝的梁时还有。但是在隋代初年，皇家决定再建明堂时，却因为前朝明堂已经被毁，没有实物形象可以作为参考了。因此，明堂的形象如何，谁也不能确定。大臣们有些说是这样，有些说是那样，有些干脆就是不知道，莫衷一是，不知所以。后来，隋文帝便决定让富有建筑与设计经验的宇文恺来负责明堂建筑工程，让其规划设计任务。宇文恺为了丰富自己的参考素材，特地到江南的建康，也就是被推翻的南朝政权的首都去考察。南朝梁的明堂建筑当时已在政权倒台时被毁掉，仅存遗址。南朝萧梁朝廷的明堂事实上是前朝，也就是南朝刘宋朝廷的太极殿，但萧梁朝廷对这一建筑进

图2-2-1 麟德殿 麟德殿是唐代时唐都城长安大明宫内殿宇之一。它位于大明宫后部太液池西面的高地上，是一座由三座殿堂相连而成的大殿。三殿按前、中、后排列，共建在一座两层的台基上。其中，前殿面阔十一间，进深四间；中殿面阔十一间，进深五间；后殿面阔九间，进深五间。各自之间的差别不是很大。但是三殿的体量都很大，组合后形成了一个庞大的整体，非常有气势。图2-2-1是参照傅熹年先生的想象复原图改绘的

行了搬迁，并作为明堂使用。

隋文帝要建明堂，而明堂的建筑形式没有参考，身负皇命的宇文恺只能将留存遗址的前朝明堂作为参考对象。但既然是遗址，建筑无存，那么，宇文恺所能有的收获只

能是仔细研究其明堂的基座，确切地说，也就是遗址中留存的部分。在这次调查与研究中，宇文恺得到了部分信息，这在《北史·宇文恺传》中有所记述："平陈之后，臣得目观，遂量步数，记其尺丈，犹见焚烧残柱，毁斫之余，入地一丈，俨然如旧。柱下以樟木为跗，长丈余，阔四尺许，两两相并。"（图2-2-2）

从这里的记载中可以了解南北朝时的部分木构架形式，或者更准确地说，可以较清楚地了解南北朝时木构架中的部分柱式。更为重要的是，通过这种研究与记载，再对比唐代时一些宫殿柱式的做法，可以明显地看到前后的继承性与延续性，那么，也就让我们更多地了解了隋代和唐初的建筑木构架语言。如，在唐代大明宫的含元殿和麟

图2-2-2 汉代明堂 明堂是古代天子宣明政教的地方，早在传说中的三皇五帝时代即有。汉代这座明堂作用与其他各代明堂一样，也是天子所建所用。明堂的外围是高大的围墙，墙体中部建有两层的门楼，墙内拐角紧贴墙体建有曲尺形的附属建筑。而明堂建筑的主体位于中心部位，其外围是圆形，其内建有亚字形的方台基，外圆内方喻义天圆地方。方台基上即是主体大殿，重檐庑殿顶，体量巨大。大殿四角各有一座亭式开敞小楼，如星拱月。图2-2-2中的建筑形象是参照王世仁先生的想象复原图改绘的

德殿遗址中，仍然可以看到宇文恺所勘查出的南朝梁武帝明堂中的栽柱入地做法。

含元殿是大明宫的正殿，平面凹字形，前有长长的龙尾道。大殿下面是高达10米的高台。据遗址来看，大殿的殿身柱网布置近似于宋式的双槽，分为三跨。前后跨也就是外槽深各一间，中跨也就是内槽深两间。大殿的殿身后檐和两山处没有柱础痕迹，而仅用夯土墙来承受，对于这座面阔十一间、进深四间的雄伟大殿来说真是非常特别（图2-2-3）。

麟德殿是一座复杂的组合体建筑，两翼还有对称的楼台、亭等夯土基址，四周还有围廊、门等。建筑的前殿与中殿的面阔十一间，进深则是中殿五间、前殿四间，而后殿的面阔

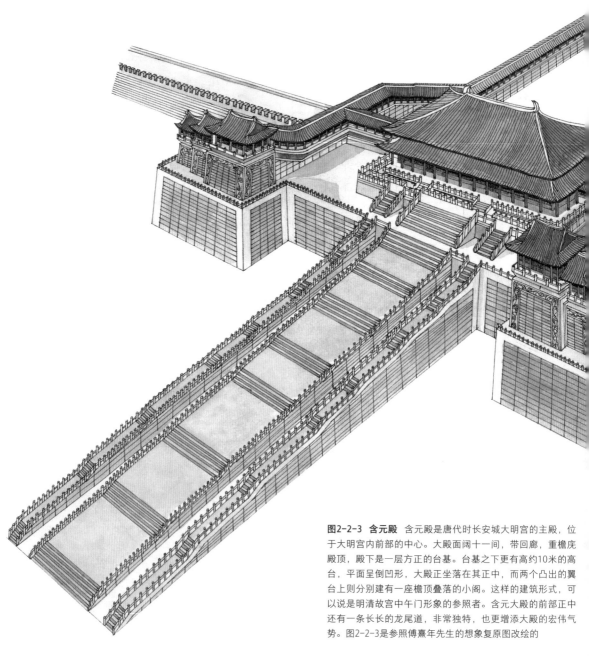

图2-2-3 含元殿 含元殿是唐代时长安城大明宫的主殿，位于大明宫内前部的中心。大殿面阔十一间，带回廊，重檐庑殿顶，殿下是一层正方的台基。台基之下更有高约10米的高台，平面呈倒凹形，大殿正坐落在其正中，而两个凸出的翼台上则分别建有一座檐顶叠落的小阁。这样的建筑形式，可以说是明清故宫中午门形象的参照者。含元大殿的前部正中还有一条长长的龙尾道，非常独特，也更增添大殿的宏伟气势。图2-2-3是参照傅熹年先生的想象复原图改绘的

是九间、进深五间。据考证，其面积约五千平方米，可见其规模的宏伟。麟德殿的前、中、后三殿柱网布置有所区别：前殿柱网布置是类似宋式的金箱斗底槽，内槽深两间，外槽深一间；中殿和后殿是满堂柱形式。

在宋代以前，建筑内的柱网布置主要有四种形式，即身内单槽、身内双槽、分心槽、金箱斗底槽。身内单槽最为简单，即建筑的柱网只有一圈。身内双槽是除了外圈柱，圈内还有两排柱子，将建筑分为内外两槽，前后跨为外槽，中跨为内槽。前面所说的大明宫含元殿就是身内双槽柱网形式（图2-2-4）。分心槽是在外圈柱之内，多加一排柱子。金箱斗底槽柱网相对复杂，它是在一圈柱子内又有一圈或多圈柱子。金箱斗底槽的复杂还表现在墙体的砌筑位置上，当墙体砌在由外数第二圈柱间时，柱网的最外圈柱子就围成了建筑外围的一圈回廊，也就是宋代所谓的"副阶周匝"。

其实，在以上四种柱网之外，还有一种满堂柱式，也就是上面提到的麟德殿后两殿的柱网形式。满堂柱柱网的柱间没有疏密之别，分布比较均匀。柱子相对来说要比前四类柱网显得密集。

除了柱网之外，据探测发现，含元殿和麟德殿的殿内都有很厚的墙，这说明南北朝以来的北方土木混合结构，在唐代仍有所延续和影响。同时，含元殿内的墙还是作为承重墙使用，而比含元殿稍晚建筑的麟德殿的墙则不再作为承重墙，这又说明在唐代木框架结构正日益成为主导。

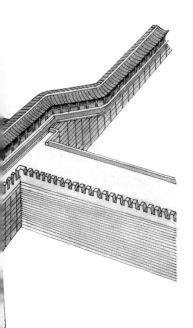

图2-2-4 身内双槽 身内双槽是中国古建筑中所使用的柱网布置形式之一。身内双槽就是除了外圈柱，圈内还有两排柱子，将建筑分为内外两槽，前后跨为外槽，中跨为内槽。使用身内双槽柱网布置形式的建筑并不少见，唐代长安城的大明宫含元殿就是身内双槽柱网形式

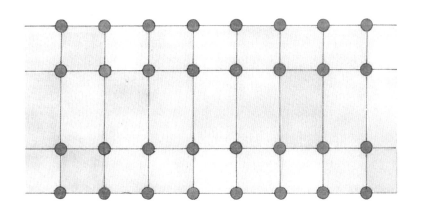

唐初还出现了一些体量高大宏伟的楼阁类木构架建筑。如，滕王阁、黄鹤楼等，虽然唐代的建筑实物现已不存，但在宋画中还可以看到。它们的形体与结构非常复杂。楼体的下面有木构平座，平座也就是楼阁上的出檐廊，类似于今天所说的阳台。平座起于台基之上，因此平座铺于地栿，而平座上檐的支撑是朵朵堆叠的木质斗拱。斗拱的形态清晰，体量巨大，正是唐宋时的斗拱特色。平座的上面围绕着一圈重台的勾栏。重台勾栏本就形象优美，加上突出的平座就更显奇特不凡。平座又起于台基之上，登上平座台面的台阶采用曲折形状，更丰富了建筑的外观形态（图2-2-5）。

从外观上来说，突出的平座改变与丰富了建筑的外观形态。从内部来说，平座是木楼阁明层之间暗层斜向支撑的上部突出的部分。这个空间层被称为"暗层"，也就是外表看没有出檐，好像没有楼层，但实际上里面是与上下出檐楼层一样的一层空间。平座的下方是下面一个明层的屋顶。这是唐代时较常用的楼阁构架形式，宋辽时仍然有，其后逐渐消失。

五代时期，遗留的木结构的建筑较少，它们的规模也较小。五代建筑一般是沿用唐代的建筑风格，

图2-2-5 宋画滕王阁　滕王阁是中国一座著名景观楼阁，创建于唐代初年，现在依然存世，不过建筑早已不是唐代原物。图2-2-5是宋代画家所绘的滕王阁，描绘的是宋代或宋代以前的滕王阁的形象。从图中可以看出，它与今天的滕王阁的形象相去还是比较远的。画中楼阁依水而建，树木葱郁，阁中有人物相聚、游赏、观景

因为五代处于分裂局面，历史又相对短。

在唐代，木结构的主要构件梁、柱和斗拱的细分构件等的种类和形式大致已稳定，在较长的一段时间内变化不大。这里重点介绍昂的作用和功能，因为昂的用途在唐代得到了充分的发挥。

作为斗拱构件之一的昂，在隋唐时期的用途最为广泛。甚至因此有人认为它是斗拱中出现于中唐以后的一个构件。其实不然，因为我们从一些汉代的文学作品中就已能看到"昂"，如，汉代何晏的《景福殿赋》中就有"飞昂鸟踊"之句。昂有上昂、下昂之分。下昂是悬跳承重的构件，但和一般的梁有着根本区别。斗拱中不是水平放置而是斜向放置的构件叫作下昂，其功能相当于檐下的短梁，用以支撑出檐（图2-2-6），上昂最早见于

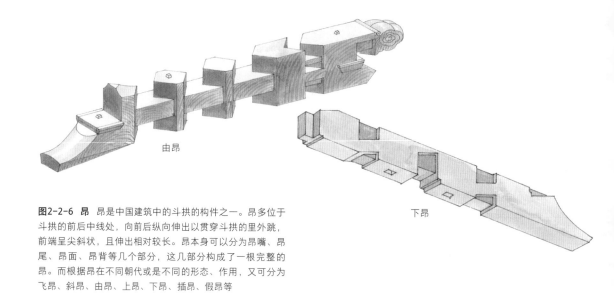

由昂

下昂

图2-2-6 昂 昂是中国建筑中的斗拱的构件之一。昂多位于斗拱的前后中线处，向前后纵向伸出以贯穿斗拱的里外跳，前端呈尖斜状，且伸出相对较长。昂本身可以分为昂嘴、昂尾、昂面、昂背等几个部分，这几部分构成了一根完整的昂。而根据昂在不同朝代或是不同的形态、作用，又可分为飞昂、斜昂、由昂、上昂、下昂、插昂、假昂等

斜撑式的出跳结构，使用昂的优点是用一件斜撑代替若干层叠的水平构件，可以节省材料，但它的斜角不大，即外伸长度不大。

昂的主要作用是调整檐的高度，古代木结构房屋中一般有较深的檐，是为保护木结构本身和夯筑的土墙，所以建筑的高度增加，出檐也便要随之增加。建筑的出檐加深，那么檐下的斗拱的出跳级数必然要增加。在这期间，如果要达到各方面的比例协调，在不改变不便调整的建筑高度和出檐深度的情况下，自然是改变斗拱的构件形式，这时就出现了昂。昂就是弥补斗拱出跳多而不增加建筑身高的方法（图2-2-7）。

在《营造法式》里记载："凡屋宇之高深，各物之短长，曲直举折之势，规矩绳墨之宜，皆以所用材之分以为制度焉。"从中可看出材分制度的出现，即材料是分等级的，分值是用料尺度的基础，拱的横断面是由分值规定

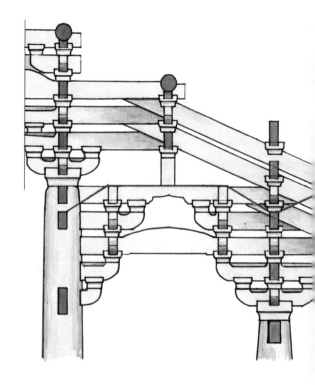

图2-2-7 斗拱 斗拱是中国建筑中特有的构件，是屋顶与屋身立面的过渡，也是中国古代木构或仿木构建筑中最有特点的部分。斗拱是封建社会森严等级制度的表现形式之一和重要的建筑尺度衡量标准，用在高级的官式建筑和皇家建筑中。斗拱主要由水平放置的斗、升和矩形的拱及斜放的昂等构件组成

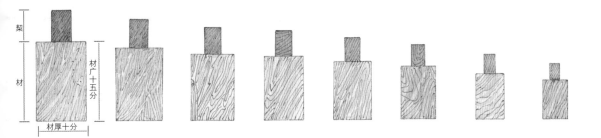

的，高与厚的比一般为3∶2，这样的分值一般不占重要的位置，但在拱与梁、耍头、梁头之间的高度和尺寸上必须配合。由此得出，材分制度首先产生于构件在叠接时高度方向相互配合的需要，其他草架构件则对高度和尺度的相互配合要求不高，只需要满足屋面承载和举折之自然圆满的要求就可以了（所谓"草架"，是指有天花的屋顶中、被天花遮挡的上部屋顶架构）。在事实上，建筑的进深，以椽的跨度为标准，开间与檩或桁等有一定的关联，而这些和斗拱的高度无直接的联系，它们是由尺寸转化为简单的计量单位，以"分"为分值。所以可以推断出：材分制度产生于斗拱和梁架的尺寸的配合，尤其是露明部分拱枋在高度方向上的配合，这一点已经在唐代建筑中体现出来（图2-2-8）。

图2-2-8 材分 在中国古建筑中，为了区分不同等级的建筑所使用的材料大小、高低，特别规定了材分制度。图2-2-8即是宋代《营造法式》中所规定的材分制，它将"材"分为八等，根据所建屋宇的大小来使用不同等的材。材广分为十五分，材厚分为十分。如果材上加契，则为足材

　　木加工的技术，除了榫卯的发展外，还有一个明显的标志是柱身的加工。自西汉开始，建筑用柱多为方柱，东汉时以矩形柱为主，南北朝时多用八棱柱或四方柱。圆柱、梭柱使用于高级殿宇，约始于南北朝。不过，直到隋唐时它们才成为主要的殿宇柱子常用形式。不论是圆柱还是方柱都需要经过一定的加工，最容易加工的是方柱，其次是多棱柱。圆柱和梭柱

的加工难度则较大，因为它们的形体必须加工得圆滑丰满。

　　唐代的木结构技术，从尺度规模、柱列形式、材分制度等的表现来看，其发展已趋于成熟。木结构建筑语言也更为丰富，更显进步性。

佛光寺东大殿的木构件

　　唐代遗存的木结构建筑实例很少，现存较为完整的只有山西省五台县的南禅寺大殿和佛光寺东大殿等。

寺光佛

图2-2-9 佛光寺全景 佛光寺位于山西省五台县南台西麓的山中，始建于北魏孝文帝时期（471～499年），唐大中十一年（857年）重建。佛光寺的主要轴向为东西方向，依地形依次建造三个平台。图2-2-9上方为东大殿，是唐代建筑；左侧的大殿为文殊殿，是金代建筑；其余的均为明清时期的建筑

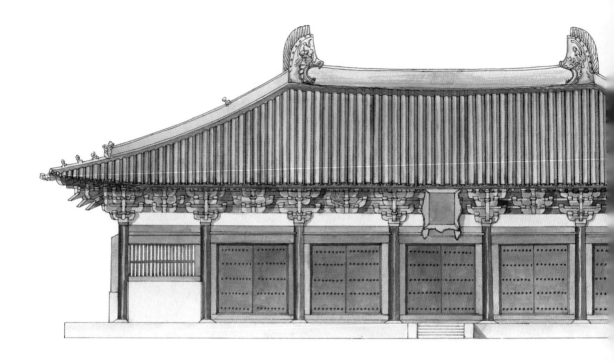

佛光寺（图2-2-9）始建于北魏孝文帝时期（471～499年）。唐会昌五年（845年）唐武宗李炎颁布敕令，推行一系列"灭佛"政策，佛光寺内建筑几乎全部被毁，仅存一座祖师塔。唐大中十一年（857年），唐宣宗李忱继位，佛教再兴，佛光寺得以重建。现存的东大殿就是这次重建后遗留下来的木构建筑。佛光寺东大殿虽然只是一座体量中等的大殿，但是因为它是难得的幸存者，所以具有代表性和影响性，具有重要的研究价值。佛光寺东大殿本是一座七间的重层高阁，会昌灭法时被拆毁，后来经过重修，并改阁为殿。大殿面阔七间，其中，明间阔5米，次间、稍间略小于5米，尽间约4.5米，通面阔34米。大殿的进深为八椽，每椽的水平长度约2.2米，通进深18米左右（图2-2-10）。

这座大殿的柱高为5米，与每间的面宽相仿，这也就是后来宋代所谓的"柱高不逾间

图2-2-10 **佛光寺东大殿** 佛光寺东大殿是山西五台山佛光寺现存主殿，也是佛光寺中所存唯一的唐代殿堂建筑。大殿面阔七间，中央五间安装朱红板门，门板上钉着金钉，有如皇家宫殿等级。大殿屋面覆盖灰色筒瓦，单檐庑殿顶。殿顶正脊两端各立一只鸱吻，具有显著的唐宋鸱吻特色。大殿从正立面看，形体方正、左右对称，显得非常稳重。但是同时也表现出一定的飘逸与秀美特色来，这主要由大殿的屋檐体现出来，大殿的屋檐因为柱子使用了生起手法，所以屋檐接近两端处有微微的起翘，整体线条柔美

之广"，这里的"间"指的是明间。大殿的柱网布置与隋代和唐初一般的佛寺柱网布置相仿，也就是接近于"身内金箱斗底槽"的做法。

从佛光寺大殿所表现出来的"身内金箱斗底槽"的结构可看出，内槽柱形成一组完整的矩形柱列，柱上端用枋连接，外槽柱包围在其外部，也形成一个柱列，在柱端用枋连接。两组矩形的柱列之间，相对的柱端用明乳栿连接，柱角上用角乳栿连接，就形成了一个内外两圈柱列及其间联系构件所组成

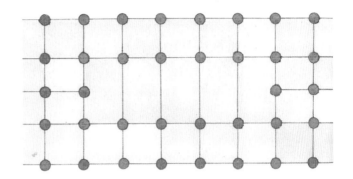

金箱斗底槽是中国古代建筑柱网布置形式之一。这种柱网形式相对复杂，它是在一圈柱子内又有一圈或多圈柱子。金箱斗底槽的复杂还表现在墙体的砌筑位置上，当墙体砌在由外数第二圈柱间时，柱网的最外圈柱子就围成了建筑外围的一圈回廊，也就是宋代所谓的"副阶周匝"

的空间结构体。在上面安置了建筑的上层结构。

佛光寺东大殿采用的这种柱网布置形式，是为了获得较大且宽敞的内部空间，可以更好地作为举行重大仪式活动的场所（图2-2-11）。在那一时期正适合于封建礼仪、宗教活动及宫廷的生活。佛光寺东大殿的内柱等高，上部结构叠起，使内外一致，构造较简单。在内外的权衡上，内柱的斗拱较大，出跳较远，对平棋和藻井的布置产生了一定的影响。佛光寺东大殿的列柱上层的结构分为露明部和草架部。唐代的一般建筑很少有雕饰，但并不完全抛弃雕刻花纹之类的装饰。佛光寺东大殿的列柱上层的露明构件，其表面就经过一定的加工，不

但整洁，而且用卷杀线脚等技术处理，达到了较好的视觉效果。

佛光寺东大殿露明部分形成完整的室内空间，并且有主次之分，使内槽围绕的中心部分成为重心，既高敞又华丽。露明部分不直接承受屋顶重荷，不过它为草架部分提供了基座。同时，露明部分要承受本身自重及平闇和中心藻井的重量。草架部分的构件，是视线看不到的地方，在平闇上，因此构件的做工粗糙，形式和布置只是由结构的需要决定。所形成的屋顶结构直接承受屋面的重量，它的支点在柱轴的上方，而露明部分的构件只在柱上方起到垫木的作用。

佛光寺东大殿的屋顶举势平缓，草架部分高度不大，纵向连接只靠槫、枋等。屋顶的两侧各用三道丁栿作为上端角梁的支点，上部构架和下部的柱列布局的尺度是相呼应的。少有附加的构件。唐代无正脊增出和推山的做法。佛光寺大殿的檐柱有明显的生起，脊等用木头生起，整个屋顶线条曲折优美。

佛光寺东大殿的明乳栿高度和出跳的华拱相近。露明

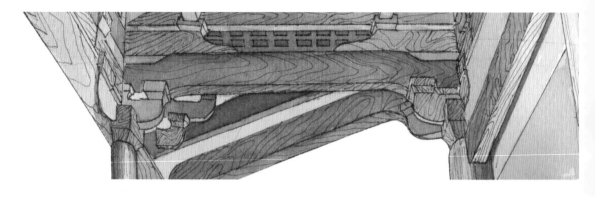

图2-2-12 栿 栿是宋代称呼，指的就是梁。根据栿所用的具体位置和长短大小，可以将之分为乳栿、三椽栿、四椽栿、五椽栿，乃至八椽栿，还有丁栿、檐栿等。图2-2-12所示横向的栿名为乳栿。乳栿也就是短小的栿，相当于清代的双步梁。同时，图2-2-12这根栿的两头还用卷杀手法做成弯曲状，所以也可称为"月梁"

部分各构件以华拱为基数。明乳栿和华拱的材料一样，且都不承托物件。外出为华拱，内转为乳栿，因此乳栿和华拱等都是同样的木材所用的不同形状和用在不同的位置。华拱的用材是其他构件的对应尺度。佛光寺大殿只是中等的大殿，而用的木材却是一等的，而唐代的一级大殿如含元殿等也都是一级的木材，和佛光寺相似。究其原因可作推断：大殿的用材等级和唐代一级建筑的等级相同或差不多，或者是唐代木结构用材的等级，可选择的幅度较大，没有严格的限制。佛光寺建筑的用材可能是建造者为了炫耀自己的地位或财富，而不是简单地出于建筑用材结构的考虑。用材只是来体现建筑的威严和建造者不一般的身份（图2-2-12）。

佛光寺大殿属于殿阁级的建筑，上部构架分为露明和草架两部分，这样的建筑内围柱列选择的形式是受到局限的。而无草架与露明（即彻上露明）之间的木构架的形式要比它灵活多变。彻上露明建筑的数量较多，因此，仅就内围柱列形式而言，佛光寺东大殿并不能囊括当时各种建筑的内围柱列的形式。

宋、辽、金建筑的木结构语言

宋代建筑的木结构语言

宋代的建筑在木结构技术发展中占有重要的地位，尤其是对木结构中模数的确定，对以后的建筑实践产生了较深远的影响。关于"模数"等可以从宋代的《营造法式》中清晰地看到。而且后世对于宋代建筑的了解与研究，除了少部分留存的建筑实例外，主要是得益于宋代官方编纂的《营造法式》一书。

唐代的木结构建筑中以"材"为单位的模式基本形成，斗拱构件的用材比例和范围的应用也较灵活。宋、辽、金时期也出现了很多规模较大的建筑。在一些重要的木构件建筑中，

图2-3-1 隆兴寺鸟瞰图 河北省正定县的隆兴寺是现在研究宋代佛教寺院建筑的重要实例。隆兴寺主要建筑分布在一条南北中轴线及两侧，其中，摩尼殿、转轮藏（殿）等为宋代建筑。寺内还有很多大型宋代佛像等珍贵文物

图2-3-2 隆兴寺摩尼殿剖视
图 摩尼殿是河北隆兴寺内前
部的主殿，建于宋代皇祐四年
（1052年），是现存最早的宋
代木结构建筑之一。大殿面阔
七间，平面十字形，上为绿琉
璃剪边屋面。殿体坐落在1米
多高的台基上。摩尼殿最富特
色之处，就是四面正中皆出抱
厦，并且抱厦大小不一。抱厦
歇山朝前，抱厦正面檐下就是
殿的出入口。整个大殿结构立
体而富于变化，这样的造型在
宋代以前和宋代都不多见

一般梁柱式结构体系的殿堂和厅堂较为多见。比隋唐时期有很大的改进。宋代出现了一些十字歇山顶的楼阁建筑，正面和侧面都加有抱厦，配以各种雕花的隔扇及彩画，使建筑的造型更富有变化，更优美，建筑的装饰也更令人称道。

平面柱网的布置

宋代时期柱网结构的布置，比隋唐时有所发展。其中，重要的建筑一般都是纵横成行的整齐排列，这是继承了隋唐时期的柱网做法。如，河北正定县隆兴寺（图2-3-1）的摩尼殿，殿身由三层柱圈组成，内圈二层为上檐柱，外圈一层为下檐柱。建筑面阔七间，进深七间，四面有抱厦，重檐歇山顶（图2-3-2）。

宋代建筑柱网的排列虽然很整齐，但与隋唐时期相比还是有了一些发展与变化，最主要的就是建筑木构架的开间比隋唐时要大，即构成每间的柱子间的距离增大。同时，各开间的面宽比例也有所变

化。宋代时的建筑开间，一般是中央开间最大，两侧的各开间依次减小。

除了排列整齐的柱网形式外，宋代还有一种不规则的柱网布局形式。

在宋代现存的木结构建筑中，多数都是三开间的小型建筑。其平面柱网的形式，除了周围的檐柱外，一般都采用了"减去前面的金柱"的形式，为了增大室内的空间，而保留了后面的两根金柱，并在其间砌以扇面墙。这样使室内没有四面凌空的柱子，达到了让小殿内产生较宽敞的空间的目的。还有一些建筑的造型采用了移动金柱的方式。如，河北省正定县隆兴寺转轮藏（殿）。它是一座重楼建筑，在楼内底层放置有一座转轮藏，也就是中心有可以转动的大木轴的藏经橱。因为转轮藏的直径长达7米，所以转动起来时与室内纵横成行的柱子中的四根金柱会发生冲撞，也就是原本的

图2-3-3 转轮藏（殿）与慈氏阁 隆兴寺内大悲阁前左右对立着两座楼阁，一名转轮藏，一名慈氏阁，都是两层楼阁，屋顶都是歇山式。在上下层楼体之间，突出有一层平座，围绕着一圈红色的栏杆，方便人们登楼观景，当然也是丰富楼阁外观造型的一个重要因素。在内部结构上，两阁稍有不同，慈氏阁采用的是减柱造、永定柱造，而转轮藏（殿）则采用的是移柱造、叉柱造，这些结构都是宋代建筑中较为罕见的做法

四根金柱之间的空间太过狭窄，不能让转轮藏自由转动。为了避免这种冲撞，设计者就将底层的四根金柱向外侧移动。其中，后金柱移动较少，前金柱移动较多，以适当地空出转轮藏前部的空间，那么，整座建筑的柱网与空间设计看起来就更为和谐、自然（图2-3-3）。

宋代木构架的主要类型

宋代的木结构建筑呈现多样性的变化，当时的木构架大致上有三类，即殿堂式、厅堂式和梁柱式的结构。这在宋代的《营造法式》一书中有记录。

《营造法式》中所记录和绘制的殿堂式建筑，都属于体量较大、构架雄伟的大型建筑，木构架的主要组成部分有柱、斗拱和柱与斗拱上的梁架。在现存较完整的宋代这类殿堂式建筑中，隆兴寺摩尼殿等就非常具有代表性。

以隆兴寺摩尼殿为例，摩尼殿的木构架为"八架椽屋，前后乳栿用四柱，副阶周匝"。大殿的墙体

图2-3-4 华拱 华拱是中国古建筑中所使用的斗拱构件之一，它属于斗拱中的拱类构件，大体的形状与一般的拱一样略呈船形，而细微处有所变化。华拱虽然是斗拱构件之一，但并不是一个各朝各代通用的名称，而只是宋代斗拱中拱的一个构件名称，相当于清代斗拱中的翘。华拱是宋代斗拱中唯一纵向放置的拱

不是砌在老檐柱间，而是砌在周围廊的檐柱间，这样自然扩大了殿内的空间。殿身的木构架由两圈柱网组成。老檐柱与内柱上的斗拱都是五铺作，但是老檐柱斗拱为单抄单昂，正心枋三层，而内柱斗拱为双抄，正心枋二层。

抄是斗拱中的一个构件。在《营造法式》一书中，华拱又被称为"抄拱"，因此抄也就是指的华拱。华拱的出跳就叫作"出抄"，

"单抄"即华拱出一跳的意思，"双抄"即华拱出两跳的意思（图2-3-4）。

厅堂式的建筑，与殿堂式建筑的最大区别是：内柱比檐柱高出一步架或两步架；檐头的乳栿或扎牵后尾插入内柱，施工时不能水平装卸。

扎牵是宋式建筑中起联系作用的短梁，长一椽架，也就是清式建筑中所说的一步架。扎牵就相当于清式建

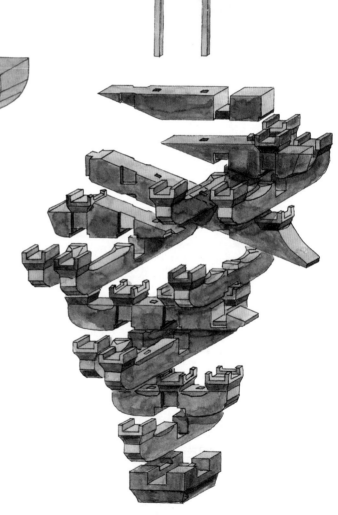

图2-3-5 铺作 铺作是宋代对斗拱的叫法。位于柱子顶端的叫作"柱头铺作"，位于两个柱子顶端之间的叫作"补间铺作"，位于建筑拐角处的叫作"转角铺作"

筑中的单步梁。乳栿也是宋代建筑中的一种短梁，相当于清式建筑中的双步架。

从《营造法式》中的记录来看，厅堂式木构架大多用于中小型建筑。这种木构架形式，我们可以浙江省宁波市的保国寺大殿为例说明。保国寺大殿的木构架为："八架椽屋，前三椽栿后乳栿用四柱。"前内柱比檐柱高两步架，一直延伸到平梁下，后内柱比檐柱高一步架，乳栿、扎牵后尾都插入内柱。外檐斗拱是七铺作，双抄双下昂。

铺作，是宋代对每朵斗拱的称呼（图2-3-5）。如，立在柱头上的斗拱就称为"柱头铺作"、柱与柱之间的斗拱就称为"补间铺作"等。铺作，也可以指斗拱构件的堆叠层次，如，出一跳谓之四铺作、出五跳谓之八铺作等，即，斗拱中由底层的栌斗开始算，每增加一层构件为一铺作。

梁柱式的木构架，一般都用在一些普通住宅、店铺、廊屋等较小型的建筑中。宋代的这种梁柱式木构架建筑，其最大的特点是不用斗拱构件，而是直接以柱承托上面的梁架，相当于清代的小式建筑。

梁柱式建筑一般都为悬山顶形式。有些这类建筑的顶檐四下还加有引檐，也就是可以遮风挡雨的雨搭。雨搭实际上并不能算是建筑的结构件，只是一种功能设置，但它却是建筑中很有特色的一个部分，我们在著名画家张择端所做的那卷传颂千古的《清明上河图》中，就

图2-3-6 《清明上河图》局部 这是《清明上河图》中的一段，描绘的是北宋东京汴梁汴河漕运的情景，河中漕船云集，来往穿梭。河边店铺林立，民宅相连，灰瓦素雅，隔扇轻盈，两面坡的屋顶和木构架朴实、简单。店铺中有人饮酒吃饭，楼内有人相偕观景，景象生动、真切，形象地再现了当时繁华的城市生活景象，也再次呈现了当时一些建筑的形象

能看到很多这样的带雨搭的店铺和住宅（图2-3-6）。

此外，宋代还有一些木结构的建筑，并不明显属于以上三式中的任何一类，而是采用了其中的一类或两类式样的特色加以变化的样式，其中以介于殿堂式和厅堂式之间的类型最多。之所以说介于殿堂式和厅堂式之间，是因为在这种建筑的梁架中，采用乳栿与四椽栿在内柱柱头斗拱上对接的方法，内外柱子基本同高，方便施工时的水平装卸；同时，这种木构架中的内柱可随意地加减，位置上也可以前后较随意地移动，也就是说，这样的建筑柱网设置较为灵活，有很大的创造与发挥空间。

木构架技术语言的发展

宋代的木构架的技术语言的发展比隋唐更趋于完善。

宋代木构架技术语言的完善，其一是表现在木构架的坚固程度的增加上。宋代之前的木构架，比如隋唐时期，柱头上连着阑额或是阑额加由额，阑额、由额的端头都是直接扞在柱内，即使是略经加工，依然属于"半榫"形式，角柱也不出头。这种构架如果遇到强劲的外力，比如，大风或地震等，就容易倾斜或脱榫，自然影响到建筑的寿命。到了宋代，这样的框架就少用了，而是出现了更为坚固的结构形式，或者说是匠师们通过对前人经验的总结与自己的实践，对以前的木构架进行调整、增、改。在具体的改造方法中，主要有增加普拍枋、采用对卯、强调侧脚与生起、采用拼合柱、细致的加工等。

普拍枋的主要作用是用来承托斗拱。普拍枋的位置在阑额和柱头上，而柱头斗拱则置于普拍枋之上，这样一来自然加固了柱子与阑额的连接。斗拱在不断的发展中，在建筑中的运用逐渐增多，特别是补间铺作的增

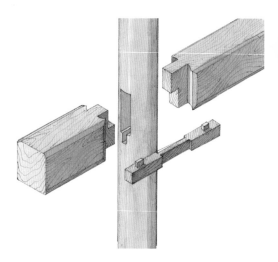

图2-3-7 榫卯 中国古代的每一座木构建筑，不论是皇家殿堂，还是百姓房屋，都由大大小小不同的构件组合而成，少也有数十上百件。这些构件中的大部分都是通过榫卯相互连接起来的，有了榫卯的连接，建筑构架会更为稳定。图2-3-7即是榫卯构件中的一种，为半榫。半榫主要用于梁和柱的交点处，也较常用于由戗和雷公柱，以及瓜柱和梁背相交处

加，让阑额的负荷增大，因为补间铺作不用蜀柱、人字拱之类，而用大斗，相对较窄而薄的阑额不宜承坐大斗，使用"普拍枋"就非常合适。有了普拍枋，柱头、斗拱与普拍枋相互穿插，几者连成不能轻易移动的坚固的整体，整个木架结构的稳固性自然增加。

相对于以前的半榫形式，宋代出现了梁柱对卯形式，柱、额相交更为结实（图2-3-7）。此外，阑额在建筑转角处伸出角柱之外，以半榫相交，这比起隋唐时至角柱处不出头的做法，坚固度也大大增加。也就是说，宋代木构架柱梁处，不论是立面还是转角都相应地做了加固调整。

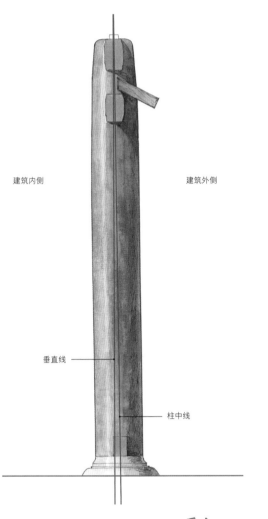

建筑内侧　　　　　　　　　　　建筑外侧

垂直线

柱中线

图2-3-8　**柱子侧脚**　从南北朝时期开始，就有建筑侧脚的处理方法，但到了明清时期，侧脚处理就很不明显了。按照《营造法式》规定：檐柱上端向内倾斜千分之十，山柱上端向内倾斜千分之八，而角柱的上端则向内45°的方向倾斜。《营造法式》还规定："截柱脚柱首，各令平正。"也就是说，柱子是斜的，但柱子两端依情况斜切，适应上下各自的水平角度。侧脚的特点是使建筑产生上小下大的稳定感。尤其是元代，侧脚的处理最为夸张，超过了《营造法式》规定的尺度

图2-3-9　**生起**　建筑立面的檐柱中间低、两端逐渐升高，叫作"生起"。生起的做法使建筑的檐口形成一条缓缓的曲线。其具体做法为：中心开间为水平，向两侧次间外侧的柱子升高两寸，稍间外侧的柱子再升高两寸，尽间外侧的柱子又升高两寸。也就是说，七开间的建筑两端生起各六寸。南北朝时期还没有这种做法，宋、辽时期应用非常广泛，但明清时期又少见了

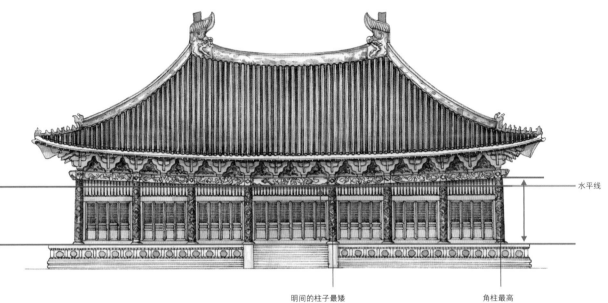

水平线

明间的柱子最矮　　　　　　　　角柱最高

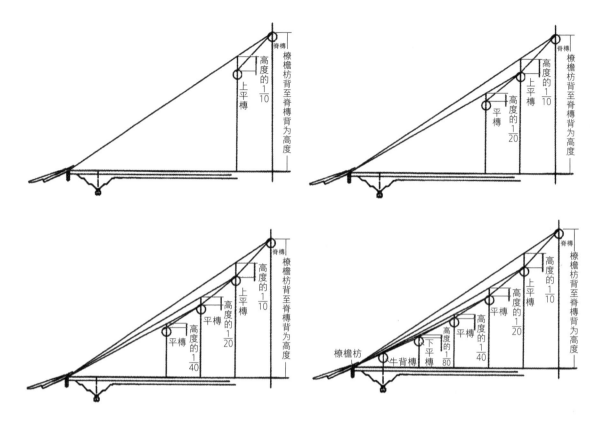

图2-3-10 举折 按照举折的比值所建成的屋顶，除屋脊处的下凹较为明显以外，下部的屋顶坡度逐渐平缓

宋代建筑普遍强调侧脚和生起的作用。为了加强建筑的稳固性，隋唐五代时已出现侧脚、生起做法，但是并不普遍。侧脚就是建筑中的柱子，特别是外檐柱略微向里倾斜，那么，建筑周围的柱子都向内倾斜，使建筑的重心向内，自然加强了整体构架的稳定性（图2-3-8）。生起是建筑中的柱子由明间开始向外逐渐升高，直到角柱，这样一来，明间柱最低、角柱最高，当建筑建成以后，一样是重心向内（图2-3-9）。

宋代建筑有三个特征，除了侧脚、生起以外，还有一个重要特征就是举折（图2-3-10）。举折是屋架的举高与建筑跨度的比值，形成屋

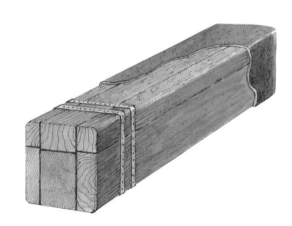

图2-3-11 拼合柱梁 拼合柱就是由多根小柱子拼合而成的一根大柱子，拼合梁则是由多根小木料拼成的一个大的梁。拼合柱和拼合梁都是在缺少大木料和整木料的情况下所使用的拼合方法，这样能得到更大更适合的木料。拼合梁和拼合柱在明清时期使用较多。图2-3-11即是一根清代建筑中的拼合梁，主要由六根柱子拼合而成，用铁箍和铁钉等固定，其最外层还有披麻捉灰，以保护木料，同时又使柱子看起来完整

顶坡度的形式。举折是按照从屋顶到屋檐的顺序，使各槫从上到下的举高高度按照1/10、1/20、1/40、1/80的固定比例递减。这个比例所参考的基准线是从底层第一槫分别到各槫顶点的连线。由于这个基准线是变化的，导致举高高度不断降低，而比例不断加大。由于各槫高度的变化较小，因此宋代建筑的屋顶斜线总体上较为平缓。

在木构架的发展上，宋代还有一项重大的创新，即拼合构件的出现。宋代的拼合构件形式主要有拼合梁和拼合柱两种。

拼合梁是指梁木材的拼合，它一般是在大梁上加一根补救大梁断面不足的梁，以减轻和分担大梁的负荷，两根梁之间用楔连贴。拼合柱是柱子的拼合，它是在原有柱体的一边或两边、三边、四边另拼一柱、二柱、三柱，甚至是多柱的做法。或者说，拼合柱是两根或两根以上的柱子合拼成一根整柱的形式，各块木料之间用暗卯或楔连接，合缝可以用铁锔，表面上也可以再加卯盖（图2-3-11）。

宋代木构架技术语言的发展，还表现在对大木构件的技术加工上。这时的木件加工比前朝各代更为精细。尤其是对柱子的工艺水平的处理加工。在对柱子的艺术加工处理中，最为突出的是"卷杀"手法。柱子的卷杀在宋代主要是指制作梭柱的方法。梭柱其实就是两头尖、中部凸的如梭形的柱子，是采用卷杀手法制作后呈现的柱子形态。

除了梭柱之外，在露明的梁架构件中，对梁、枋、斗拱等也经常会用到卷杀手法，采用卷杀手法处理后，各构件会更加华丽、精致，形态更显优美。形式会显得变化多端，这也是构件会变得更优美的原因。具体来说，在斗拱中所用的卷杀，主要是指将斗拱中的"拱"两头削成曲线形；在梁中所用的卷杀突出者，是将梁做成月梁的形式，尤其精美而效果突出。原本是个粗笨的大木构件，在将两端砍薄、削细后，中间拱起，两头缓缓降低，产生一条自然优美的弧线。这样一来，不仅梁的外形变得美观了，而且表面也相当地光滑（图2-3-12）。

除了这些比较突出者，我们在其他的一些木构件中也可以看到宋代建筑木构件艺术语言的发展情况，确是相当有水平的。

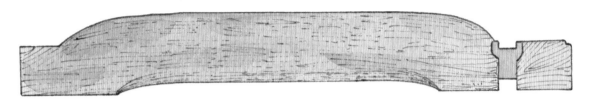

图2-3-12 月梁 月梁就是接近新月形的梁，月梁的这种形状主要是通过卷杀手法制成。梁的上部略鼓、下部略凹，梁头的上部削制成弧形，整体的形状非常优美、柔和。有些月梁的表面还雕刻或绘制有各种装饰图案。所以，月梁可谓是功能性与装饰性俱佳的一种建筑木构件

高层建筑的木构架

在宋代，高层建筑中的木构架技术语言与其他殿堂类木构架技术语言一样，也有了更大的提高与发展。从一些资料中可看出，中国楼层建筑的立柱方法主要有两种形式：叉柱造和永定柱造。宋代对这两种立柱方法的具体造型、结构，甚至是抗外力性能方面，都有了一套较为成熟的经验与技术。

叉柱造的结构是自下而上的形式，下面一层是柱，柱上设斗拱，而上层的柱根叉于下层斗拱的大斗之上，这种结构不但在宋代，在宋代以前及与宋同时的辽代建筑中都经常使用（图2-3-13）。不过，宋代建筑中使用的叉柱造

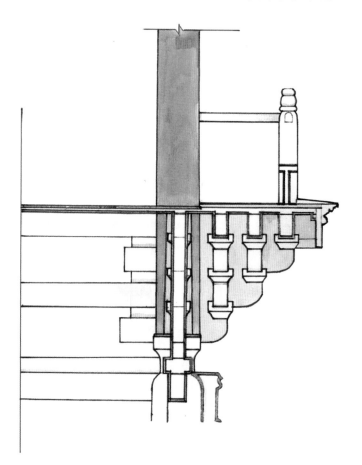

图2-3-13 叉柱造　叉柱造是古代高层建筑如塔、楼阁等柱子上下续接的一种处理方法。在上层柱子的下端开一个十字形平面的口，仅留四个叉脚在柱子下方，插入下一楼层上方的斗拱中心，使这个开十字口的柱子下方一直穿过整个斗拱，架在斗拱下方的大栌枓上。这样，上层的木柱就与下部的建筑稳固地结合在一起了

和宋代以前的隋唐等时期的又有些不同。以现存宋代建造的河北省正定县隆兴寺的转轮藏（殿）为例。

宋代建造的这座转轮藏（殿），是一座带有平座的两层楼阁，内部木结构的建造形式属于叉柱造。其平座的外檐柱的柱根叉立于下檐柱柱头的斗拱上，但是它的内柱则是由底层直到二层的楼板下。外檐维持早期的构造做法，由下檐柱、下檐斗拱、平座柱、平座斗拱等层组成，内檐只有内柱和柱头的斗拱层组成，显然是发展变化形式。此外，在这座转轮藏（殿）建筑中，因为内部中间有大型的可转动的经橱，所以结构需要变化与调整，结果是在叉柱造的高层结构中常见的平座暗层被淘汰了，这在宋代以前是不多见的。

那么，我们在这座转轮藏（殿）中所见到的内柱贯通底层和平座层的做法，可以说是叉柱造向明清高层建筑使用通柱做法的过渡。

永定柱造的特点是：其二层平座柱子直接从地面上起，并且与下层檐柱相距很近。河北省正定县隆兴寺的慈氏阁，是目前所知永定柱造的唯一实例（图2-3-14）。

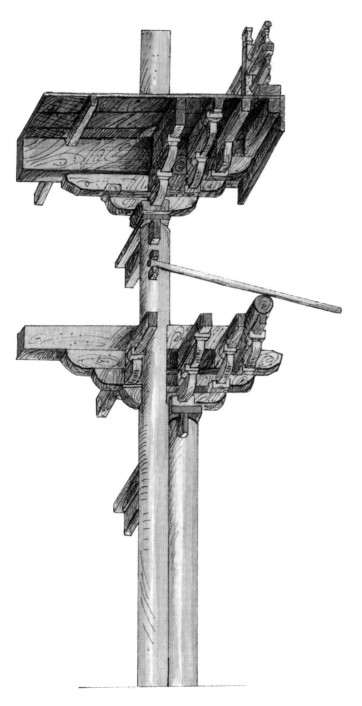

宋代时，在高层木构建筑中为了增加建筑的抗寒、抗震等能力，在整体结构上也使用了一些新的做法。如前面所说的在柱头上增添普拍枋即是其中之一，这种有利于加强构架稳定性的方法对于高层的楼阁尤其需要。此外，在高层楼阁中，使建筑的平面自下而上逐渐向内收进，可以极好地增加建筑的稳定性，这与殿堂等建筑中使用侧脚有异曲同工之妙。在转轮藏（殿）建筑中，楼阁分层处收进较多，使平座柱头与上层柱根处于一个结构层。

斗拱的发展变化

宋代斗拱的发展基本上是承袭了唐代斗拱的结构和样式，因为斗拱的构件在唐代已基本完善。不过，宋代斗拱在具体的使用上有一些新的变化。

首先是斗拱结构在整体木构架中所占的比例逐渐减小。更确切地说，宋代的斗拱在体量上比唐时要小。唐代的斗拱呈现出斗拱体量雄

《营造法式》中还记载有另外一种木构架建造法，名为"缠柱造"。缠柱造的特点是：上层柱根立在下层斗拱后尾的梁上，同时，还要使用补间斗拱遮住上层的柱根，这样的做法增加了构架的美观度。不过，这样的构架造型实例目前还没有发现，因此仅仅限于书面记载。

图2-3-15 宋辽斗拱 图2-3-15是山西应县释迦塔塔檐下的柱头斗拱。这座木塔建于宋辽时期，其斗拱也是宋辽时期的斗拱。这里的斗拱很好地表现了宋辽斗拱的特色。如，使用偷心造和批竹昂。偷心造是指一朵斗拱中只有出跳的拱、昂，跳头上不安横拱的做法。批竹昂是宋代昂嘴的做法之一，即将昂嘴做成有如竹子劈开后的尖形

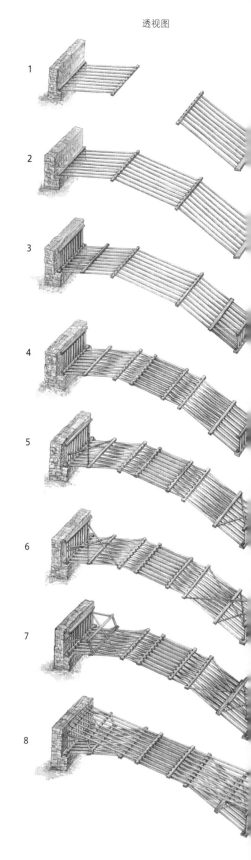

大的形态，在这样的建筑立面构图中，斗拱高度所占比例较大，出檐也大，屋顶就显得大，而柱身部分比例就显得小，就造成了建筑头大身短的不协调感。这种形式在北宋初期的一些建筑中还依然存在，比如，一座三间的小殿却使用七铺作的斗拱。北宋中期的建筑才渐渐改善了这种现象。

其次是宋代斗拱的装饰性逐渐增强，而相应的功能性逐渐减弱。最主要的表现是宋代斗拱改变了唐代建筑中柱头斗拱大、补间斗拱小甚至是不用补间斗拱的做法，而变成了柱头斗拱和补间斗拱一样大小的形式。此外，还有一点值得注意，就是这一时期建筑中已经开始使用假昂（图2-3-15）。

立面图

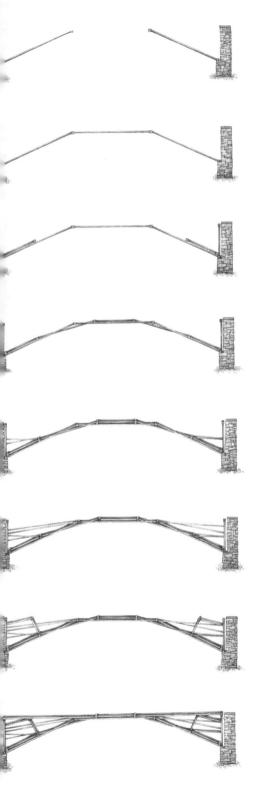

图2-3-16 木拱桥的结构原理

北宋《清明上河图》中描绘的虹桥在今天已经看不到同样的实例了。但是中国现在闽浙一带的木拱廊桥的结构形式与《清明上河图》中所描绘的虹桥结构相似，只是简单了一些。这里用插图来解释一下其结构原理。

木拱廊桥和虹桥都是由两套木结构编插在一起形成的结构体系，但目前现存的浙南闽北地区的木拱廊桥为五跨，比宋代的虹桥少两跨。这种桥的构成原理是，两套木结构都由多段木结构组合而成，因木结构的段数不同而命名。由三节木结构组成的一套结构叫作"三节苗"，由五节木结构组成的另一套结构叫作"五节苗"，三节苗与五节苗结合形成木拱桥。虹桥是五节苗与七节苗的结合。这里按照目前闽浙一带工匠的地方名称，来解释木拱桥的营造步骤：

1. 在桥台内侧石头结构的将军柱上设置木拱廊桥三节苗的前两节斜苗。

2. 在前两节斜苗上架一根横苗，三节苗完成。

3. 木拱廊桥的五节苗开始架设。这个拱架体系是由五节木结构组成的一套结构。五节苗各构成部分的用料长度和尺度都小于三节苗。设置完成后，还要在两端斜苗的上端靠桥台内侧的地方各设置一个"牛吃水"，将斜苗的端头处封住。牛吃水既可以将底部一排斜苗固定在一起，增加结构的稳定性，也是下一步平苗安装的基座。

4. 从立面上看，五节苗与三节苗的交汇点"X"交错，利用三角形的稳定原理使木拱架形成坚固的整体。五节苗各节苗在长度上并不一致，有长短的变化，但立面上是左右对称的。

5. 木拱廊桥中的"剪刀苗"也叫作"剪刀撑"，从平面上看是两根呈"X"交叉形式的木构。

6. 木拱廊桥五节苗的斜苗之间、斜苗与平苗之间也要设置横梁固定，因为五节苗总体用材尺度比三节苗小，其上设置的木梁叫作"小牛头"。连接岸边第一、二节苗与第三、四节苗的横梁叫作"下小牛头"；连接第三、四节苗与桥面第五节苗的横梁叫作"上小牛头"。五节苗上设置的剪刀苗一端用榫卯结构插在桥台内侧的将军柱上，另一端则要与三节苗平苗两端的"大牛头"相接。

7. 木拱廊桥的"青蛙腿"是一种设置在桥拱两端的木构支架，设置青蛙腿的主要目的在于增加桥身两端的高度。这样就能使跨度很大的桥面架设横梁时，所用的横梁木料跨度大大缩短，以便获得较为平整的桥身。青蛙腿设置在五节苗两端的第一节苗上，一端插入下小牛头，另一端插入桥台一侧的将军柱中。设置青蛙腿的另一个目的还在于承托上面的桥面结构，以免因桥面跨度过大而影响结构的稳定性。

8. 架设桥面的平苗，形成水平的桥面。

9. 在桥上架设桥屋，形成廊桥。

9

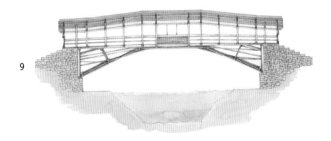

图2-3-17 《清明上河图》虹桥　　虹桥也就是木构的拱桥，"虹桥"是拱桥的一种美称，因为其形如天空中弯曲悬挂的彩虹，所以得名。它也称为"虹梁""飞桥"。图2-3-17为宋代画家张择端《清明上河图》中的虹桥，跨度大、造型优美，同时也很坚固，从桥上来往不绝的人流即可看出

虹梁结构

讲到宋代的木构架建筑的发展与技术语言，我们要特别提一下当时的木拱桥（图2-3-16）。

北宋时期，根据一些书籍的记载，出现了一种独特的木拱桥，"取大木数十相贯，架为飞桥，无柱"。这种木拱桥的现存实例已难以找寻，但在著名的《清明上河图》中我们可以看到它的原形，这就是被称为"虹桥"的木拱桥（图2-3-17）。虹桥是一座单跨木拱桥，整体造型轻盈，如彩虹当空，桥身的造型非常优美。桥拱的主要部分从正面看为五到六根拱骨搭在一起，最后的一段埋入拱基中，看起来不那么明显。每根拱骨都搁在另外两根拱骨中部的横木上。横木除了具有支撑和联系的作用外，还能使拱架所承受的重力均衡，并在各节点上用铁件把下缘的拱骨和上缘的拱骨连成整体。拱骨排列均匀、紧密，能极好地防止桥梁结构的变形。

虹桥的形状是拱形，但结构还是用梁交叠而成，故被称作"虹梁结构"。虹梁结构的优点是：桥身构造简便、构筑简单，能用较短的构件建筑较大的跨度，结构坚固度不减。《清明上河图》中的虹桥就是用很多根约8米长的木料支撑起跨度为25米的大桥的，但是它的结构却仍然很坚固。

辽代建筑的木结构语言

契丹原是草原游牧民族，10世纪初开始进犯中原，后定都于辽宁的巴林左旗，称为上京，不久定国号为"辽"。从10世纪末开始至11世纪末的百余年间，辽和北宋基本处于比较和平的对峙状态，没有频繁的战争。因此，这百余年间是辽代建筑的繁盛期，今天所留存的辽代建筑也大多是这一时期所建。

辽代的木建筑，一般都是由汉族工匠设计建造，又因为其所在地区原属于晚唐、五代管辖，所以建筑的语言特色都有唐朝、五代的风格。当然，也绝对不失一些辽代自己的特色与融合变化。虽然辽代的统治时间不算长，建筑也多有汉地特色，但辽代木结构语言和辽代建筑却值得大书特书，因为，辽代有很多有特色和代表性的遗存建筑实例，这其中最突出与著名者有：山西大同华严寺薄伽教藏殿、天津蓟县独乐寺山门殿、天津蓟县独乐寺观音阁、山西应县佛宫寺释迦塔等。

辽代单层单檐木结构建筑语言

辽代单层单檐木结构建筑语言，也就是辽代单层单檐木建筑的结构形式与特色。关于辽

图2-3-18 独乐寺山门殿 独乐寺位于天津市蓟县城内武定街北侧，俗称"大佛寺"。寺庙的总体布局分为三部分：东路是清代帝王建造的行宫；西路是僧房；中路是寺庙主体，这部分的建筑有山门、观音阁、韦驮亭、卧佛殿、三佛殿等。其中以观音阁为主体中的主体，它是中国现存最为古老的木结构楼阁建筑。图2-3-18为其山门殿

代单层单檐木结构语言，我们可以从现今留存的辽代建筑中了解到。辽代时佛教比较盛行，因此佛教建筑也较多，留存实例中有代表性的也大多为佛教建筑。

天津蓟县独乐寺的山门殿，是现存辽代单层单檐木构建筑的一个代表（图2-3-18）。这座山门殿面阔三间，进深二间，单檐庑殿顶。山门殿的柱网排列为"分心柱"形式，即有两排檐柱和一排中柱。柱子的高度基本相同，檐柱还有较为明显的侧脚，也就是说檐柱都向内倾，以增加建筑整体的稳定性（图2-3-19）。

山门殿出檐较为深远，因而斗拱雄大。其中的檐柱柱头斗拱是五铺作，并且有上下两层。两柱间各施补间铺作一朵，为单层、出两跳形式，不过栌斗提高了尺寸，栌斗下面以蜀柱连在阑额上。另外，泥道拱的拱身比《营造法式》所规定的要长，是门殿的一个特别

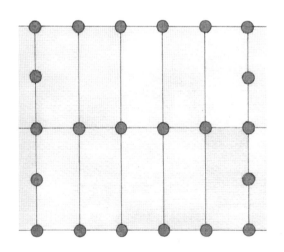

图2-3-19 分心式布置 分心式布置是中国古代木构建筑中平面柱网的布置形式之一，并且是中国宋代以前较常见的柱网形式之一。分心式柱网也称"分心斗底槽"。它是在一圈外环柱之内，多加一排柱子，也就是从平面上看其柱网形式，建筑前后共有三排柱子。这种柱网布置形式是比较简单的一种

之处。

山墙中柱的柱头上虽然有斗拱，但是实际上独立于梁架之外，并且也不再像檐柱柱头一样采用上下两层斗拱。

柱和斗拱上面的梁架以四椽栿为主，四椽栿上承托的平梁为次梁。主梁和次梁的梁头上都承托有圆形断面的檩条，但柱头枋上没有圆檩。脊檩下不用蜀柱，而以叉手斜支，这样的做法明显地反映了当时的建筑木构架的特点。

此外，这座山门殿的梁架，与后代造法的更大不同还表现在梁栿的断面比例和形状上。四椽栿和平梁的断面高宽比都接近于2∶1，而不再是3∶2，如平梁的高为0.50米、宽为0.26米。梁的形状的特别之处是上下边微有卷杀，使梁的中部凸起，代替了以前的直线，显得优美有弧度。总之，这是一座很像唐代风格的建筑。

除了独乐寺山门殿外，现存辽代其他一些单层单檐的佛殿建筑木构架也极具特色。

辽代小型佛殿的开间与斗拱使用等大致和唐代相同，一般都是面阔、进深各三间，斗拱五铺作。当然也有一些特殊的形式与做法，例如斗拱的做法。河北易县开元寺观音殿的外檐柱头斗拱就比较特别，它是在斗拱的华拱与栌斗之间增添了一层替木，并且是用华拱头直接承托替木和撩檐槫而不用令拱，这是斗拱出跳结构的初期做法。

辽代中型的佛殿建筑，可以山西大同下华严寺的薄伽教藏殿为例。这座佛殿表现出了辽代建筑的另一特点，即内外柱同高，这里的内外柱就是指檐柱和金柱。殿内共用内

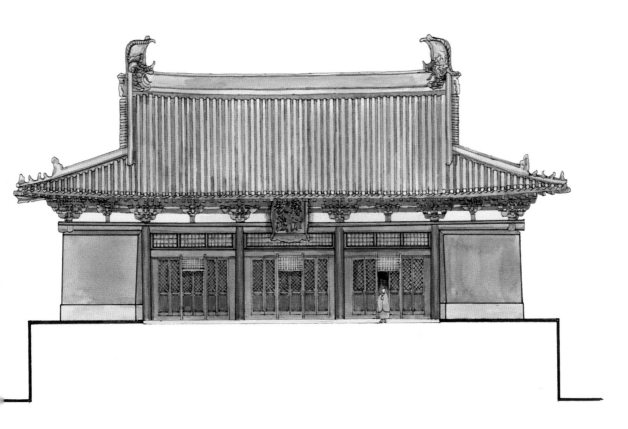

图2-3-20 华严寺薄伽教藏殿 华严寺薄伽教藏殿是山西大同华严寺下寺的主殿，它是一座储藏佛教经书的储经殿。图2-3-20为其前部景观，殿前檐下正中悬"薄伽教藏"匾，匾下安装朱红隔扇门窗。门前开敞的空地上，设有亭式香炉一尊，造型灵巧优美

柱十根，其中次间和稍间之间的前后金柱间又加设有分心柱，以增强柱网整体的承载能力。在这些内柱的柱头上使用普拍枋连接，普拍枋之上承托着斗拱。斗拱外出两跳华拱来承托乳栿，而内出三跳华拱来承托四椽栿（图2-3-20）。

而薄伽教藏殿的外檐柱斗拱，则使用的是五铺作，并且是上下两层形式；斗拱的用材较大；补间铺作出两跳，栌斗提高，栌斗下用蜀柱支在普拍枋上。这些基本与前面所介绍的独乐寺山门殿相同，清楚地说明了辽代建筑的木构架特点。这座殿的转角铺作也很有特色，

在其角栌斗上，与角华拱垂直方向出两层抹角拱，拱端放置菱形的平盘斗。独乐寺观音阁转角铺作做法与其类似。

此外，薄伽教藏殿的屋面形式平缓有致，这与梁架的举折密切相关，也就是其脊槫举高与前后撩檐槫之间的水平距离比值大概在1:4.5，这是现存辽代建筑中举折最为平缓的一例，这种与晚唐建筑实物相近的比例形式是辽代前期建筑的另一个重要特色。

辽代木结构建筑中的大型佛殿，现在也有部分实物留存，辽宁义县奉国寺大殿就是具有代表性的一座。义县奉国寺大殿面阔九开间，进深十椽，单檐庑殿顶。大殿不仅外观华丽，建筑结构也较坚固。经历了数个朝代的风雨，依然屹立不倒。并且，虽然经过几度的重修，但梁架、斗拱等重要构架与构件仍然为辽代

原构。

首先，奉国寺大殿在柱网布置上，显示出了当时木构架建筑的特色与技术的发展。大殿中央七间的前槽和内槽共用内柱二十根，减去了十二根，以便使殿内有广阔的空间来放置佛像和举行重大的宗教仪式。东西两山和后槽各宽一间，可供人活动与方便出入。柱网的整体布局突破了传统的对称与均匀结构，具有很大的灵活性和实用性（图2-3-21）。

其次，奉国寺大殿的柱上梁架结构也极富特色。大殿梁架为四柱三梁式。大殿内柱与檐柱不同高，内柱本身也不同高，其中的前槽内柱比檐柱高出七足材左右，后槽内柱高出檐柱四材左右。这种内外柱不等高、前后槽的内柱也不对称的排列形式，具有很大的创新性。这样的柱子高低与排列方式，也使得柱上梁架形成特别的做法形式。

大殿内有梁架八缝，当中六缝采用厅堂与殿堂混合构架做法。前檐柱与前金柱之间进深为四椽。四椽栿有上下两层。下层四椽栿外端搭在前檐柱斗拱上，内端插入金柱内。为了减轻梁端的剪力，特在

图2-3-22 奉国寺大殿梁架 从大的构架来说，奉国寺大殿的木构架属于抬梁式。具体来说，大殿梁架从侧立面看，为四柱三梁形式，即有四根立柱、三道横梁，这里的三梁分别是平梁、四椽栿、六椽栿。总体来看，大殿梁架布置井然有序，结构稳定而又简单。因为梁柱等比较简单，所以斗拱仍然是大殿结构中重要的构件

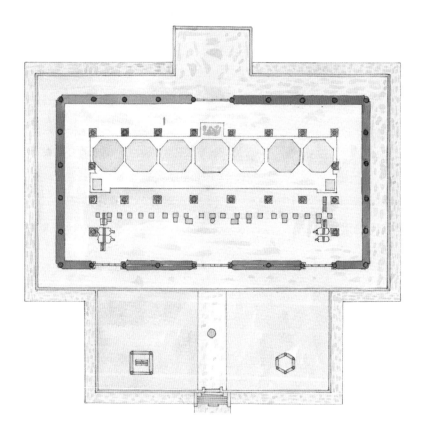

图2-3-21 奉国寺大殿平面 奉国寺大殿位于辽宁义县，它是辽代大型木构佛殿建筑的代表。图2-3-21为大殿的平面，可以看到内部的柱网布置，以及下面凸字形的台基。柱网布置为减柱造形式，以便有更大的空间来设置佛像。图中七个大的八角形几何图正是佛像所在

每根金柱的正面加有抱柱一根。上层四椽为草栿，它是为了增加建筑整体构架的坚固度而设。

前金柱与后金柱之间相距也是四椽，但这里是放置佛像的部位，空间和高度的需要都比较大。因此，在前后距离不能改变的情况下，需要调整金柱的相对高度，于是设计者在建造上采用了一个巧妙的做法，即在后槽一列柱缝上用多层出跳的华拱作为悬臂构件，斗拱上再放置椽栿以抬高室内空间。这一做法熟练地将结构的功能性和艺术性统一起来。

在大殿十椽的进深中，前部和中部各占了四椽，而后两椽是后部的进深，即后金柱与后檐柱之间的深度。柱间的梁采用的是乳栿，而不再是较长的四椽栿。

除了大的四椽栿和乳栿等主要梁架外，大

殿在横向构架上还普遍地使用顺栿串和缴背等辅助性的构件，顺栿串是位于梁栿下部某一位置、与梁栿同一方向的构件，这样就加强了梁架间纵向（前后）的刚度。缴背是把尺寸不足的月梁，加一些构件在上面，使月梁的高度增加，是一种拼贴梁的形式。这也是奉国寺大殿较为明显的一个特色。

奉国寺大殿在纵向构架上采用内外双层的框架结构。外层在四周檐柱的柱头上叠置柱头枋六层，内层在后槽金柱和两山面的内柱上置普拍枋、内额，再在上面置五层柱头枋，前槽则在四椽栿背上搁置普拍枋和内额。各大构件间有纵横的小构件相连接，形成一个稳固完整的大木构架（图2-3-22）。

梁、枋构架上承托着槫，槫上承托着椽子。这座大殿从正脊到檐头，各步架的槫背上

都用长大的生头木承托着各条椽子，使檐头和正脊呈现反曲的形状，加上四周的外檐柱都有明显的侧脚和生起，使建筑构架不但具有了极好的稳定性，而且又产生了优美舒展的轮廓线。使得建筑构架达到结构性和艺术性的和谐统一。

奉国寺大殿的构件，都是《营造法式》所记载的大木作中使用的第一等材。大殿使用的梁枋斗拱构件数量很大，但经过匠师的设计，变得简化、便利、经济、合理，所以历经千百年依然坚固。

奉国寺大殿使用的斗拱共有五种形式，分别是外檐柱头铺作、外檐转角铺作、外檐补间铺作、内檐柱头铺作、内檐补间铺作。它们与一些零星构件相结合，结构丰富多变而繁简有度，尽显木结构建筑的多彩艺术语言特色。

外檐柱头铺作是位于屋檐下柱头上的斗拱。奉国寺大殿的外檐柱头铺作为双抄双昂七铺作形式，其中第一、三跳为偷心造，即出跳的拱、昂上不置横拱。大殿的外檐补间铺作，与外檐柱头铺作基本相同，只是栌斗略小，因此，于栌斗下置驼峰一只。驼峰是宋辽金元时期使用最多的一种构件。大体上说为山峰的形状，顶部一凹或平的，就像是骆驼的背，因而得名。主要功能是在梁栿上支撑上面的构件。那么，斗拱的受力中心部位，就用这只驼峰压在了普拍枋上，这样无疑是扩大了承压的面积，显示出设计者的独特匠心。外檐补间铺作是位于檐柱间枋上的斗拱（图2-3-23）。

外檐转角铺作是位于屋檐转角处的斗拱。奉国寺大殿的外檐转角铺作与柱头、补间铺作有所不同。转角铺作是从转角栌斗内斜出角华拱二层，昂上置平盘斗，斗上蹲角神顶着上面的大角梁。转角栌尾斜出角华拱五层以承托角梁。栌斗的两侧各增加附角斗一朵。转角栌斗的正侧面各出华拱四跳，一、三跳偷心，这是一种少见而新颖的处理手法。

内檐柱头斗拱是位于建筑室内柱头上的斗拱。奉国寺大殿的内檐柱头斗拱形式为：从栌斗内出四抄，皆为偷心造。它主要起着连接柱上各大小梁类构件的作用。内檐补间铺作是位于内檐各柱间的斗拱。奉国寺大殿的内檐补间铺作，是先于普拍枋上立蜀柱，柱上置栌斗和泥道拱，上面置柱头枋五层。

从整体上看奉国寺大殿，柱梁是木构架的主要组成部分，结构趋于简洁，因此，斗拱虽然仍显出比较重要的作用，但相对来说已退居次要地位，所以只在外檐和梁栿的交点处使用，远没有在独乐寺观音阁等建筑中重要。这对于中国古代木构架来说是一个很大的转变，对其后建筑木构架的发展有较为深远的影响。

辽代多层木结构建筑语言

1. 辽代多层楼阁建筑木结构语言

在现存辽代多层木结构建筑中，能够极好诠释辽代建筑木结构语言的最有代表性的要数天津蓟县的独乐寺观音阁。这座典型的辽代寺庙楼阁建筑，高为三层，外观两层，中间一层是突出的平座，整体造型华美高敞。

这座观音阁的木构架构件，细分来说不下千百件，但经过匠师的精心设计与全盘考量，使得其在整体用料上非常经济合理。当然，从总体来说，因为这座阁是寺庙中的主体建筑，因而其木材料的使用是以第一等材占主要地位，也就是说，它在当时是属于较高等级的建筑。

阁的柱网结构采用内外两环的配置方法，外圈檐柱十八根，内圈用柱十根，其中有中柱两根、前后金柱各四根。内外柱约略同高，柱身相对较短，具有很好的稳定性，这保留了唐代的构造法。整个阁的构架从下至上由三个结构层叠加而成，每层柱数相同，位置也基本相同，上下层柱与柱之间以斗拱相连与承托。当然，这种以斗拱连接各层柱子的做法，比之后代上层柱子直接从地面立起的永定柱做法，其稳定性要差一些。

阁的全部构架几乎都是按水平方向分层制作与安装。三层柱梁构架都是双层的柱网。柱子的纵横两面皆用梁枋、斗拱互相搭配，组成了两层的框架，每一个结构层的两套框架之间，用梁枋、斗拱等连接在一起，构成一个整体（图2-3-24）。

在一些较为隐藏的构件部分和细部，较多使用斜撑作为加固的构件，如叉手、托脚等。尤其是编壁夹泥墙的使用，外面有草泥、绳索，里面有斜撑，不仅能增强刚度，而且质量轻，又富有弹性，利于抗震，这种做法在宋辽木构楼阁中比较流行。

侧脚与生起也是中国传统建筑中常用的一种加固木结构的方法。观音阁的各层柱子都有较为明显的侧脚与生起。生起是柱子从中央开间处至转角处逐渐升高，而侧脚则是柱子向整个构架内微侧。这两种做法都极利于建筑构架的稳定性，同时生起还能使建筑外观线条变得更为优美，富有艺术效果。此外，在屋架四坡的各缝檩条上还设有生头木，加上椽子、

图2-3-24 观音阁侧立面剖视图 天津蓟县独乐寺内的主体建筑是观音阁，虽然建于宋辽时期，但现在依然存在，并且保存较好。这是一座典型的宋辽寺庙楼阁。图2-3-24是它的侧立面剖视图，可以较清楚地看到它的侧立面的内部梁架。柱子有上、中、下三层，梁上架有宋代时常见的叉手和托脚构件

望板等更使屋面形成了优美的轮廓线。

同时，阁的面阔与进深的比例及高与进深的比例大约都在4：3，这也使建筑的重心变得稳定坚固。

在阁内有一尊高达16米的观音像，仅用阁的底层空间显然无法放置，所以就在楼板中间位置留有一个贯通上下的空井，形成一个高大的透层空间。阁内开了一、二两层井口。这就使原来构架的稳定性减弱，为了避免受挤压而使构架变形，特意将上下两层井口的形状做得不同，一个井口为长方形，一个井口为扁六角形，较均匀地分散了构件的受力。这样就达到了结构和功能的统一。

观音阁的斗拱是构件中较主要的组成部分。这里斗拱的应用较灵活多变，有的承檐，有的承平座，有的承梁枋，有的在柱头，有的在补间，有的在转角，各因功能需要而有细处变化。虽然变化多、形式繁，但因结构功能明确，所以井然有序而不杂乱，让人感到舒服整洁。如，在内檐上层的透层空间部分，为增高空间以容塑像，从柱头向内挑出华拱四层，用以支撑上面的平闇和藻井，取得了很好的效果（图2-3-25）。

2. 辽代木塔建筑结构语言

辽代多层木结构建筑语言，除了在多层楼阁中有较好地表现外，在塔中也有极好地表现。辽代高塔以木结构语言展现风姿的代表，是目前保存较好的佛宫寺释迦塔。佛宫寺释迦塔位于山西应县，所以俗称"应县木塔"。它是中国现存最高大、最古老的楼阁式木塔，几百年来，巍峨高耸，是建筑技术语言中的一个奇迹，不能不令人叹为观止。

释迦塔的平面为八角形，外观上呈现五层六檐形式，除了底层为重檐外，其余为单檐，各带檐的层之间都突出一层平座，每个平座内各有一个暗层，所以木塔有四个暗层，实际共为九层。明层与暗层交替、循环直到顶层，即底层以上是平座暗层、暗层上是第二明层、再上又为暗层、暗层上为第三明层、上面又是暗层、再上为第四明层、之上又是暗层，再上面是顶。

全塔从结构和外形上可大致分为上中下三大部分，即塔刹、塔身、塔基。它的基座是用条石和大砖垒砌而成，有上下两层，上层基座为八角形，下层基座为方形，整个基座的体积较大。据勘查，塔身头层柱根的标高基本相同，说明塔即使有下沉也比较均匀，而没有倾斜或折沉等容易使塔倾圮的现象。这也表明塔基的工程质量与建造技术非同一般。底层是塔基，而最上

图2-3-25 观音阁正立面剖视
图 图2-3-25与图2-3-24一样
是天津蓟县独乐寺内的观音
阁，图2-3-24为侧立面剖视
图，而图2-3-25是它的正立面
剖视图。三层的楼阁，其上、
下两层均有出檐，只有中层没
有出檐，而是宋代较常使用的
平座形式，其外围带有围栏，
登楼者可以凭栏观景。一、二
层楼内都有楼梯，方便上下。
楼阁的中间，有一尊16米高的
观音像居中而设

图2-3-26 应县木塔外观、立面及剖面 山西应县木塔是中国现存最为古老的楼阁式木塔，形体高耸，稳重而优美。塔下是两层塔基，上为灵动的塔刹，塔身外观共有五层，除了底层为双重檐之外，其余各层都出一层檐。底层还带有一圈走廊。塔的每两层之间凸出一层平座。每层平座内实际上就是一个暗层，所以塔共有九层。木塔的每层檐下都悬挂有匾额，也是塔的一大特色

层为铁制的塔刹。塔刹的结构是以14米多的铁刹柱为骨干，下端由放在平梁上的两条枋木固定，上部高出塔顶（图2-3-26）。

塔基和塔刹之间的部分为塔身，是塔的主体，全部为木结构。这一部分的木结构语言非常复杂而又精彩。

佛宫寺释迦塔的塔身，采用内外两环柱的柱网布局方式。九层的塔身，每层都有梁柱和斗拱构件，各成完整构架，因此每层构架可以分别制作安装。每层的柱脚都有地栿，柱头有阑额、普拍枋，内外两环柱之间用枋木和斗拱相连，自然使每一层都构成一个坚固的整体。

每层外柱与其下面的平座层柱子位于同一轴线上，但比下层外柱要缩入半个柱径，同时，各层柱子都向中心倾斜，尤其是平座层柱子，有明显的侧脚和生起，这样就形成了塔的各层向内逐渐递收的状态，也就是说，塔由下至上渐有收分，塔的上部渐渐变窄，虽然不那么明显，但使塔的稳定性更强是无疑的，这也是这种做法的目的所在。

佛宫寺释迦塔和独乐寺观音阁的构造原则相仿，由内外环柱而分出的内外槽，分别作为供佛和人流活动空间。外槽和屋顶都使用明栿、草栿两套构件。各层间设的暗层，作为容纳平座结构和各层屋檐的空间。上下两层柱子不直接贯通，上层柱子插在下层柱头斗拱中。这些都是传统的木构建造法。

佛宫寺释迦塔虽然使用了部分传统做法，但从全塔的结构来看，比前代木塔有了很大的进步。前代的木塔多数平面为方形，结构的稳定性主要是靠贯穿上下的中心柱。而佛宫寺释迦塔则是八角形外观，内部使用双层筒式的平面（和结构），八角形外观可以更好地抵御外力，如风、雨、地震波的侵袭，双层筒式的内构则在增大空间的同时增强了塔的刚度（图2-3-27）。

为了加强塔的稳固性，在大的结构中还施用了特殊的细部固定构件，九层都有。例如，为防止水平方向的扭动与变位，各层都用了一些斜撑固定复梁。此外，平座暗层结构实际是用斜撑和柱梁等组成的圈梁，在其内环上又叠置由四层枋子组成的一个圈梁，两圈梁相套就像是紧而固的箍，牢牢地围住塔身。四层平座暗层就是四圈这样的箍，有效地稳固了塔身，堪称功能性和艺术性的完美结合。

塔身的底层无疑是承受压力最大的层面，这当然就更需要木构件与构架有足够的刚度。设计师采用了顶柱子的方法，即在角柱和平柱的里外侧附加抱柱，每间阑额下又加间柱。同时，内槽和外檐都只在南北两面装板门，其他六面砌筑厚墙把柱子都包藏在内。墙的下部用

图2-3-27 应县木塔的建造 图2-3-27为山西应县木塔的营造想象图，从图中所进行的情况来看，塔的建造已接近尾声，人们正在将塔刹中的宝珠和相轮起吊上塔顶，准备安装。相比较图中的人形，塔刹中的相轮和宝珠真是堪称巨大，但人们已使用滑轮来起吊它们，可见当时的建筑技术水平已经达到了很高的程度

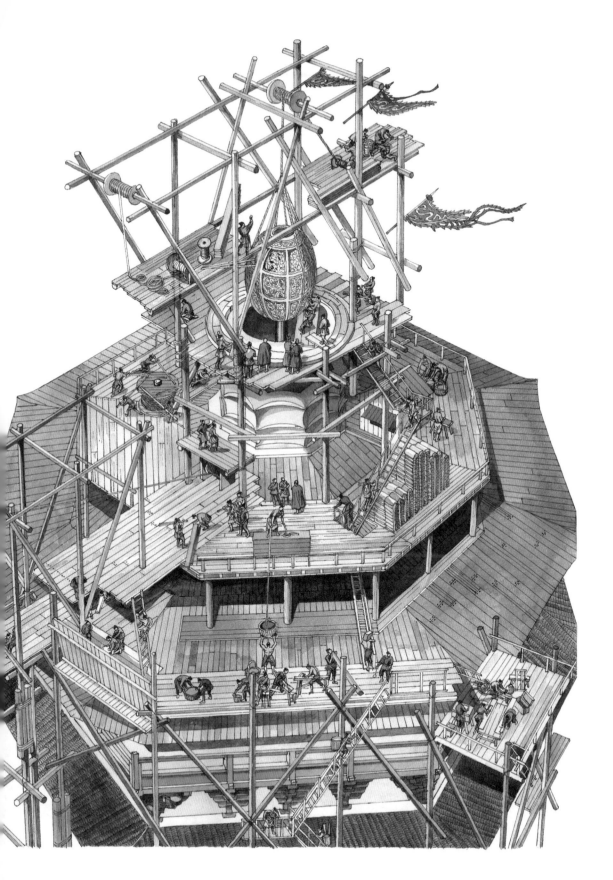

砖、上部用土坯，砖与土坯之间铺一层木枋，以防潮湿，还能起到加固的作用。由塔留存至今近千年的历史来看，其加固方法与构架设计确实非常有作用，令人赞叹。

佛宫寺释迦塔是一座结构语言丰富、复杂的高层木建筑，这种复杂与丰富性也较突出地表现在其斗拱语言上。全塔共有六层屋檐，四层平座，铺作各不相同，而以外檐斗拱的变化最为丰富。全塔斗拱共有50多种形式，显出了斗拱在这座塔中使用的灵活性和所起的重要作用，也体现了斗拱在木结构建筑语言中的重要性。全塔从上到下，各层铺作的出跳逐级递增，屋檐的深度和坡度有规则的变化，因而，整体看来极具美感。在结构上，一般是里转出两跳，第一跳偷心；外转出四跳，隔跳偷心。有了出跳，可以更好地悬挑外部出檐或内部的平闇藻井（图2-3-28）。

图2-3-28 应县木塔斗拱 斗拱在宋辽时期，与前朝一样仍然是建筑中重要的承重构件。关于这种重要性，在山西应县木塔中也能反映出来。从这张应县木塔檐下斗拱图可以明显看出，斗拱在宋辽时代形体依然很大，并且有长长的昂向前伸出，能更好地承托伸出较长的大的塔檐，功能性不言自明

佛宫寺释迦塔中斗拱的用材讲究而科学，大小不同的材料用于不同的部位，但也有变化，不拘泥于这种规格，讲求经济、合理、美观，富有创新性。

金代建筑的木结构语言

金代木结构语言的发展

女真族建立了金朝，金代的建筑结构、形式、技术等语言受宋、辽两朝的影响较大。金代的木构建筑遗物并不是很多，但有一些独特的构造手法，如撩风槫下通长的挑檐枋、阑额出头雕饰等，直到明清时期还有所沿用。同时，在金代，斗拱语言也有了新的发展变化。这些都反映在金代的各种木结构建筑中。

金代建筑中使用的木柱，其断面大多为圆形。柱上所置普拍枋、阑额的联合断面呈丁字形，普拍枋断面的宽厚比与《营造法式》规定相近，约为3：2。阑额出头处做出线脚，这种额头处理法是后代霸王拳的雏形。霸王拳是枋木出头的部分横向刻有三道混线、二道枭线（从侧立面看）的曲线凹槽装饰。

金代虽然在阑额出头的处理上，完全不同于辽代的直切。不过，在平面柱网的布置上与辽代有明显的继承性，这主要表现在减柱与移

图2-3-30 宋式斗拱与额枋
图2-3-30为河南济源济渎庙临水亭檐角下部图。亭檐微露，檐下柱头斗拱清晰，华拱线条柔润而形体稳妥，昂尖尖翘伸出，因为是用在亭中，建筑形体较小，所以斗拱出跳也较少。斗拱、立柱之间为额枋，额枋与柱相交处设有绰幕，也就是宋代的雀替。从额枋、斗拱、绰幕上都表现出了显著的宋代特征

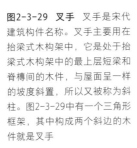

图2-3-29 叉手 叉手是宋代建筑构件名称。叉手主要用在抬梁式木构架中，它是处于抬梁式木构架中的最上层短梁和脊槫间的木件，与屋面呈一样的坡度斜置，所以又被称为斜柱。图2-3-29中有一个三角形框架，其中构成两个斜边的木件就是叉手

柱的做法上。减柱做法与移柱做法，使梁架的排列随之改变，避免了建筑内部构架的单调和雷同。同时，金代建筑的柱网上的梁架下面，往往不使用天花板，而多采用彻上露明造做法。那么，不单调的构架形式对于露明造，在艺术性与欣赏性上才更有意义。

金代缝槫下使用的附加构件襻间，是宋代建筑构架中常见的大木构件之一，襻间是指与各个槫平行，但不与槫重合的枋木，也叫作"襻间枋"。但是金代在具体做法上又与宋代有所不同。襻间在金代是各间通长，而且襻间层数也不一样。宋代的襻间则是隔间上下相闪。此外，在梁架的构件中，金代建筑的叉手和托脚使用较为普遍，而且比较显著，有的托脚长达两步架。这两个构件的使用也是金代木构件受到宋代影响的一个表现（图2-3-29）。

金代还开始在脊槫下的蜀柱柱脚处使用合㭼，而在上下平槫之下的蜀柱和横梁相交处仍然使用驼峰。合㭼是左右两块梯形木块，将蜀柱夹在其中。明代之后，合㭼渐渐变成方直的角背。合㭼和驼峰都是蜀柱、横梁相交处的构件，但金代开始使用合㭼，并且又同时使用驼峰，显然较突出地反映了金代木结构建筑语言的一个特点。

金代建筑柱网中使用减柱或移柱的做法，还促成了金代梁架新构件的产生。因为减柱或移柱造，会使主梁荷重不能直接传到立柱上面，而增加前檐内柱之间大额的荷载。这种可以解决减柱、移柱带来的过多重荷的大额，就是后代桁架的雏形，是金代梁架的新构件。这种新构件是不完全的桁架，而只是一个简单的构件，所以只能称其为桁架的雏形。但在金代时出现这种构件，对于中国传统木构件语言来说，已是一种不小的进步，是一个创造。

斗拱在金代仍然是木构架语言中的一个重要构件。金代的斗拱一般都较为追求华丽性，几近烦琐，这是当时的统治者夸耀其统治的一个表现。现存的金代木构建筑虽然不是很多，但是遗存建筑上的斗拱形式却非常丰富与多样，这也是斗拱在金代木构建筑语言中突出的一个原因。

金代小型的佛殿建筑中，斗拱的布置一般是补间只用一朵，或是在第一层柱头枋上伸出翼形拱，这是因为小型的佛殿不但开间少，而且开间的宽度也较小，用一朵斗拱已经完全可以。在较大型的佛殿中，补间斗拱的布置则多用两朵。

在斗拱的细件与细件雕饰上，一般是下

昂的上皮多做成琴面昂形式，少部分做成批竹昂。耍头的出头多采用和下昂相同的样式。有些建筑物的斗拱件中，则是在耍头出头部位将蚂蚱头形式与昂式并列（图2-3-30）。

金代建筑斗拱语言还有一个较为重要的特点，也可以说是金代木构建筑的一个重要特点，就是普遍使用斜拱。之所以说斜拱是金代斗拱，甚至是金代建筑的重要特点，是因为斜拱在金代非常盛行和普遍，而且除了其所出现的辽代有所使用外，其前其后几乎没有哪个时期较注意使用这个构件。

斜拱的排列在平面上，与主轴线呈45°角或是60°角，或是斜拱内外对称。斜拱的使用可以更好地支撑檐部的重量。那么，多了这样一个承托件，支点也就增加，重量的分布也自然比一般的斗拱要更均匀些，这是使用斜拱的优点。当然，如果斜拱的前后没有对称延长，它的这个优点也就没有了。

斜拱这个构件对于整个的建筑木构架来说，并非重要到不可缺少，所以其他各代都没有突出的重视与使用。不过，因为金代时斜拱的普遍使用，使得屋檐举折最下面的断面为圆形的撩风槫下的支点加多，支距变近，促进了贯通全间的扁平的挑檐枋的使用。金代之后，虽然斜拱不再使用，挑檐枋构件却被保留下来。

金代木结构建筑的代表

现存的金代木结构建筑遗物，尤其是佛教殿堂类建筑，大都位于山西境内，主要是小型佛殿和大型佛殿。小型佛殿建筑多数为"六架椽屋，四椽栿对乳栿用三柱"的形式，而较大型的佛殿则多与《营造法式》所载"八椽屋前后乳栿用四柱"形式接近。

位于山西省大同市的善化寺，是辽金时期著名的寺庙。寺内目前还留存有大殿、三圣殿、普贤阁、西朵殿等几座辽金建筑，三圣殿就是其中最具有代表性的金代木构遗存（图2-3-31）。三圣殿平面柱网采用了减柱的做法，它的明间只在后檐处用了两根内柱，而且次间和稍间的内柱又比明间前移了一步架，这种柱网布置就是在减柱造里面也是非常特别的一例。

三圣殿的木构架大概可看作是《营造法式》中所载的"八架椽屋，乳栿对六椽栿用三柱"形式。在明间的前檐柱与后檐内柱之间架六椽栿，并且是两根木料拼合成的复梁形式。

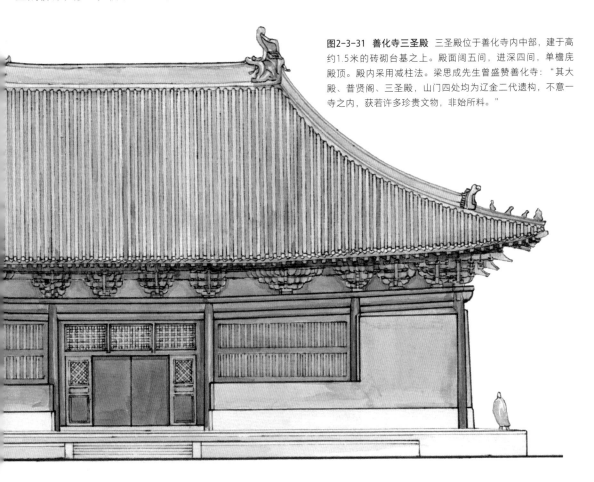

图2-3-31 善化寺三圣殿 三圣殿位于善化寺内中部，建于高约1.5米的砖砌台基之上。殿面阔五间，进深四间，单檐庑殿顶。殿内采用减柱法。梁思成先生曾盛赞善化寺："其大殿、普贤阁、三圣殿，山门四处均为辽金二代遗构，不意一寺之内，获若许多珍贵文物，非始所料。"

梁架举高比较显著，所以屋面显得高峻。同时，由正间两侧的平柱至殿转角处的角柱生起显著，檐角产生一起翘的曲线。

三圣殿的斗拱形制极具金代特色，这种特色主要表现在斜拱的使用上，尤其是在殿的次间补间铺作中使用的斜拱最为复杂、突出。其先由栌斗口向外正面出华拱三跳，栌斗的两角左右各斜出华拱三跳，跳头与正出华拱跳头并列。再在第一跳华拱跳头左右斜出两跳、第二跳华拱跳头右斜出一跳。在最上面有七耍头排列，与加长的令拱相交，共同

图2-3-32 乳栿、扎牵 山西大同善化寺三圣殿梁架中的乳栿和扎牵。乳栿就是两椽栿，尾部一般插入柱内，而首部则搭放在斗拱上，当然有时候其两端都放在斗拱上。乳栿相当于清式建筑中的双步梁。扎牵则放在乳栿之上的一组斗拱上面，其尾部一般也是插入柱内。扎牵相当于清式建筑中的单步梁

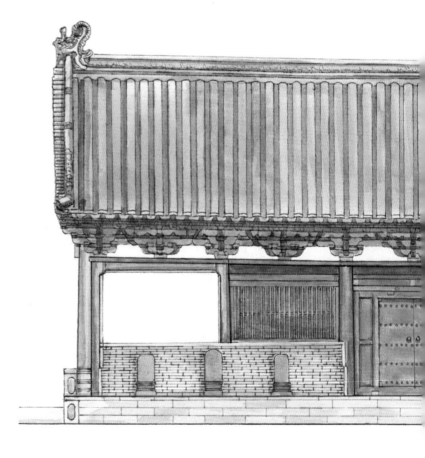

图2-3-33 佛光寺文殊殿 五台山的佛光寺文殊殿，是佛光寺内的配殿之一，在正殿前方右侧，坐北朝南。原来与普贤殿相对，现普贤殿已毁，仅存文殊殿。文殊殿面阔七开间，体形偏狭长，上为单檐灰瓦顶，下有红色门、窗扇。殿檐下斗拱硕大，突出宋辽金时期的建筑特色

承托上面的撩檐枋（图2-3-32）。

而殿的明间、稍间、山面的补间铺作的结构是六铺作单抄双下昂，其中的华头子、琴面等的使用，都与宋代的手法大致相同。

在金代木建筑遗构中，比三圣殿更为著名的是位于山西五台山佛光寺内的文殊殿（图2-3-33）。文殊殿的木结构近于《营造法式》中所说的"八架椽屋，前后乳栿用四柱"形式。

文殊殿的外部看来朴素、平实，并不非常巍峨雄伟，但它的内部空间却极开阔敞亮，这主要是因为殿内采用了减柱造和移柱造做法，柱子数量减少，空间自然显得开敞。又因为使用了减柱造与移柱造，所以上部屋面的重荷更多地加诸在了内额上，因此产生了桁架梁式的

结构。殿内后槽只在明间使用了两根内柱，内柱与山柱间用长跨三间的内额相连。内额和由额之间立两根侏儒柱支撑乳栿的后尾。侏儒柱顶端使用一根通连的枋木，枋木两端用叉手支撑，这就构成了一个梯形的构架。这样的做法非常特殊与少见，是一种大胆的新尝试。

大殿的前后檐下的斗拱皆用斜拱构件，前檐明间和次间的补间铺作都是在五铺作重拱的基础上加用斜拱。在栌斗口内伸出三缝华拱，一正出、二斜出，三缝华拱之上又各出第二跳，而正跳华拱之上又加斜拱两缝，每缝上面又出耍头，与令拱相交。耍头上雕刻麻叶云纹和蚂蚱头作为装饰。

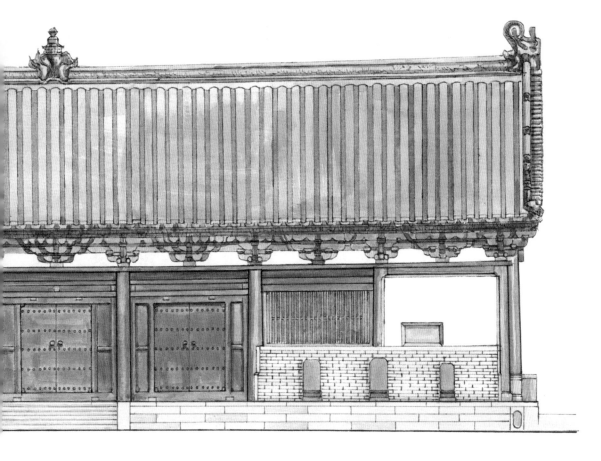

元、明、清建筑的木结构语言

元代建筑的木结构语言

生活在草原上的蒙古游牧民族，在成吉思汗的带领下建立了元朝。

元朝自从建立之日起，就开始大力吸收汉族文化，后又逐渐采用中原传统的封建制度，这包括在政治上的统治、经济上的发展和建筑的营造等多个方面。因此，从建筑上来说，元代的风格是多样化的。宫殿和庙宇建筑是元代建筑中最为华丽雄伟的两种，主要分布在元代的上都（今天的内蒙古锡林郭勒盟）和元大都

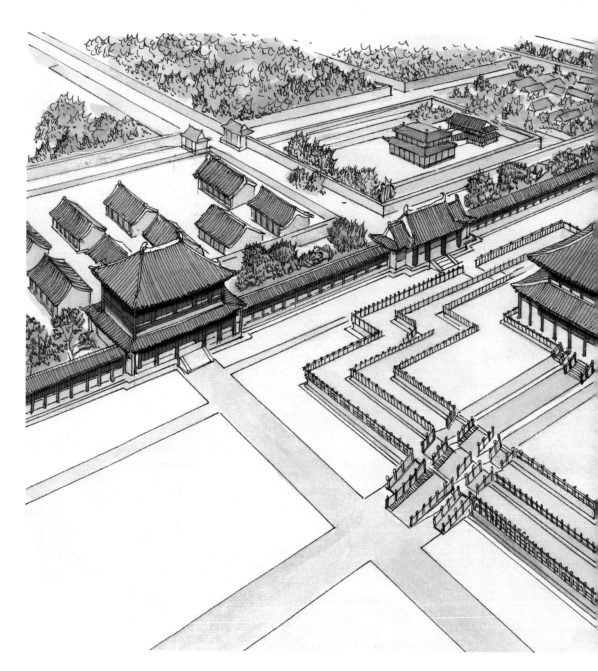

（今天的北京）。

上都宫殿、庙宇大多以大理石或竹子建造。木结构的殿阁上面则绘有精美的壁画及精巧的雕刻装饰，图案内容具有鲜明的民族特色。元大都宫殿比上都宫殿更为宏伟壮丽。据记载，元大都殿阁多以名贵的紫檀、楠木等木材作梁架，用白玉石雕制台基，文石铺地，琉璃和鎏金装饰檐

图2-4-1 元代大明殿 大明殿是元代大内最重要的宫殿群名称，同时它也是这座宫殿群中的主殿名称。元代大内宫殿采用工字形布局，这是宋代宫殿布局做法的延续。作为元代大内正朝的大明殿，以及作为常朝的延春阁，都各有后寝，即各自组成一个工字形殿。大明殿在前，就相当于北京故宫中的太和殿。大明殿下也有三层高大的白石台基。不过，大明殿后部的寝殿建筑形式却较为灵巧活泼，没有前殿正襟危坐的严肃感

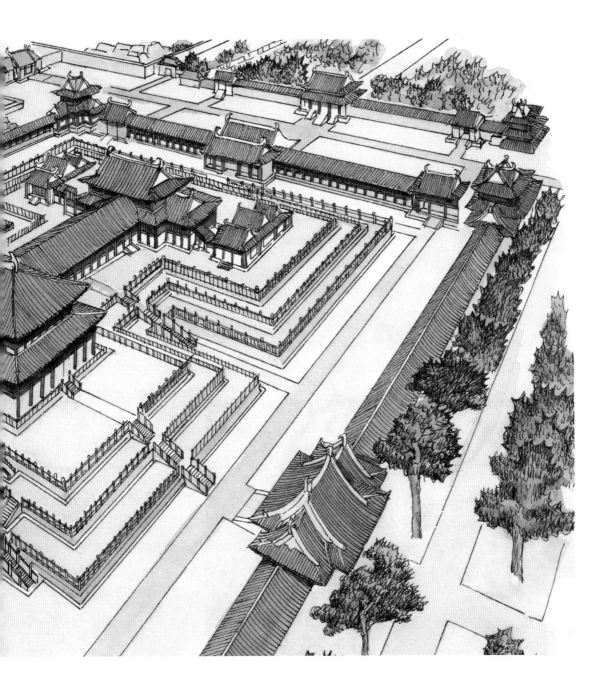

脊、作宝顶等。殿阁内雕龙镂凤，遍施金彩，斗拱攒顶。并有圆殿、棕毛殿等新奇罕见的建筑形式，可谓华丽非常、流光溢彩、丰富多样，争相呈现出当时的建筑技术和文化特色。

元代各种建筑形式与风格相互交流、影响与融合，既保留了部分传统，又产生了新的建筑形式、装饰内容和艺术手法，丰富了中国建筑的形式与要素（图2-4-1）。

元代木结构建筑语言的成就

从元代华丽高贵的宫殿建筑，到一般的佛殿或楼阁建筑，都体现了元代木结构的技术水平和语言成就。元代时期的建筑，从整个发展趋势来看，南方的建筑风格基本保持着唐宋以来的旧传统。而北方的部分地区，建筑则直接继承了金代的传统风格，运用了大额式和斜栿结构，并且有所创新。当然，随着时代的前进，事物也是要随着不断发展的，不可能完全停留在原来的位置上。因此，在整体上来说，元代建筑的发展趋势是从简去华，建筑的手法结构和艺术风格还是有了较为明显的变化。所以，从整个建筑特点上来说，元代的建筑是具有自己独特风格的。

元代建筑的柱网布局呈现出多样性。有些建筑继承唐宋传统，柱网整齐对称；而有些建筑则采用减柱或移柱的做法，比较灵活自由。例如，在一座五开间的殿堂中同时使用减柱和移柱法，可将殿内变为三大开敞空间，形成"明五暗三"形式，将外观与内在两面变得更丰富、灵活，在艺术性与实用性上能兼顾。

元代建筑中，草栿的做法比较盛行。在元代之前，草栿多是用在不露明的天花上部，制作粗糙，用材不规范、不严格。元代草栿用材同样不讲究规格，梁架一般用原木制成，因材施用，体现着自然的风格，大大地节省了人、财、物等资源，经济效益较高。也就是说，元代使用草栿是对前朝的继承，但元代北方的草栿不但用在天花之上，还用在露明造梁架建筑中（图2-4-2）。

在元代建筑木构架中，还有一件特别的构件，即横置在内柱头上通长二到三间的大内

图2-4-2 纯阳殿内顶 纯阳殿是永乐宫的重要殿宇之一，图2-4-2是纯阳殿内顶。柱头的层层斗拱之上，托起顶部天花。在天花的中心有一个个的藻井，左右连续，形成一线。每个藻井的外框都是方形，方形的藻井框内又有层层堆叠的斗拱，直达藻井中心和顶部。中心为一蟠龙，雕刻非常精细、立体，形象生动

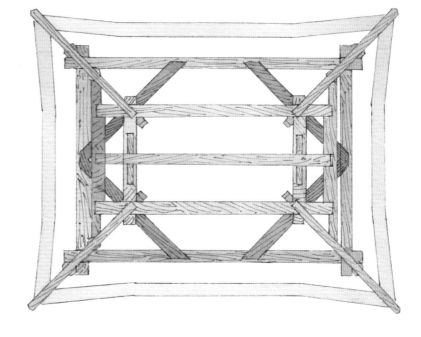

图2-4-3 抹角梁 抹角梁是中国古建筑木构架构件中趴梁的一种，它的搭置角度与建筑的面宽、进深都是呈45°角，所以得名抹角梁。在使用抹角梁时要特别注意它与相关构件结合的稳定性。抹角梁较多地被使用在单开间、不带廊的歇山顶建筑中

额。它的作用是承担上面的梁架重荷。这样做是为适应殿内采用减柱造而产生的一种构造法，这种做法在元代木构架中很常见，是元代独具特色的建筑手法。这使得建筑室内的空间更大，还可以节省部分大梁。

元代斜栿的运用在梁架中也占有突出的地位。斜栿是平梁下承担重荷的重要构件，其外端放在外檐柱头斗拱上，后尾搭在内额上。斜栿上面承托两步或三步椽子，与梁架结合成一个有机的整体。这也

是元代木构架语言的一个突出成就。

此外，在元代的歇山顶或庑殿顶木结构中，内檐的四个转角多用抹角梁作为里转角的辅助构件，它对保持角梁后尾的稳定性有一定的效果，也加强了四个屋角的建筑刚度（图2-4-3）。

元代的木结构建筑语言特点还表现在斗拱结构的变化，节点构造的简化和侧脚、生起的变化等方面。

中国木结构语言发展到元代，木构件中变化最为显著的当是斗拱。唐宋以来柱头斗拱的下昂，到了元代已经成为装饰性的构件，也就是由原本起结构作用的真昂变成了装饰性的假昂，而将梁的外端做成耍头，伸出柱头斗拱的外侧，作为承托枋、檩等的构件，改变了前代建筑中依靠斗拱承托屋檐的传统。从元代起，中国木构建筑的斗拱语言中，使用假昂渐成普遍现象，这标志着斗拱的结构机能正在退化，是由唐宋至明清时期斗拱作用的过渡。

斗拱构件功能的逐渐转化和木构架连接件的自身发展，使得元代梁架节点构造也出现了变化。从元代开始，梁架节点的构造日趋简化，一般是将梁身直接置于柱上或插入柱内，这样梁和柱的结合更加紧密。蜀柱的柱脚直接插入梁背，两边用合楷固定，淘汰了栌头、驼峰等构件，柱、额、枋等构件的交接点，普遍用各种巧妙的榫、卯来连接和固定。这是元代建筑语言在中国建筑语言发展中的一个重要突

破（图2-4-4）。

传统木结构中柱子的生起与侧脚，在元代仍有使用，不过比例关系有了一些差别。特别是在北方地区，角柱生起的比例一般都较低，而侧脚却非常突出。同时，柱子的高度一般都大于明间的宽度，不再是"柱高不越间之广"了。而南方地区的生起和侧脚比例，则基本与宋代相同，显示出元代时南北方建筑木构架语言的区别与差异。

元代时南方和北方木构架建筑语言的差异还表现在柱、梁形状等方面。普遍来说，元代北方的建筑一般都用直柱、直梁等，大木构件材料比较粗壮，艺术加工相对粗糙，不用卷杀之类，呈现出稳重、直爽、粗犷的语言风格。南方的建筑则保持着唐宋时期的传统风格，木构件在细部的构件上采用卷杀做法，做出梭柱、月梁等，椽头、昂嘴等也都有细致的艺术加工与处理方式，梁、额用材轮廓优美，整体上呈现一种轻巧、柔美的建筑风格语言。

元代建筑的整体性和刚度更强，因为它们更受匠师的重视。比如，元代的一些楼阁建筑，淘汰了前代所用的叉柱造法和平座暗层，而将内柱由底层直通向上层，这样不但简化了结构，更加强了整体性和结构的刚度，并且还较好地改善了室内的通风和采光。此外，元代后期的一些殿宇建筑中，还出现了诸如穿插枋、跨空随梁枋、由额枋等辅助性构件，这些新的大木构件的出现对于改善建筑的刚度都有较好的效果。对整体性的重视和对刚度的加强做法，使建筑更加稳固，并且使其外观上也变得更加美观、完整（图2-4-5）。

元代大型木构建筑的代表

元代的宫殿和庙宇建筑都非常突出，但最具华丽之风的宫殿早已灰飞烟灭，只能从记载资料中得知其情形，而现存构架实例则只能从几座宗教殿堂中见到。

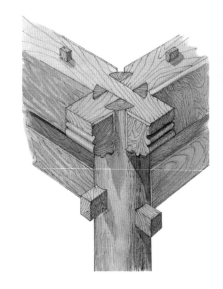

图2-4-4 箍头榫 箍头榫是榫卯构件之一，就是用在枋与柱的尽端或转角处的榫，简单而言就是箍住柱头的榫。图2-4-4即为箍头榫与柱头等的组合示意图

图2-4-5 穿插枋 枋构件有的是直接搭在梁或斗拱上，有的则是两头做成榫状，穿插在梁、柱上。图2-4-5即是这样一根枋构件，两头做出榫头，以便插入梁或柱身，所以名为"穿插枋"。穿插枋的榫头属于透榫的一种，并且本图中的穿插枋也是做成大进小出形式，即榫的穿出部分小于穿入部分

永乐宫是元代道教建筑的重要代表。永乐宫的中轴线上，目前还较好地保存有无极门、三清殿、纯阳殿和重阳殿四座殿堂。四殿中以主殿三清殿最为雄伟壮丽，它同时也是现存元代大型木构建筑的代表作。大殿为单檐庑殿顶，面阔七间，进深八椽。

三清殿的平面柱网布置采用减柱法（图2-4-6），只有后半部分用金柱，没有两稍间及第二槫缝下的金柱，即从整个平面上来看，在外圈檐柱内，只有四根中柱和四根后金柱。柱上梁架主要是以两根四椽栿相对搭在中柱头上。柱上部前后槽内天花为平棋形式，内槽天花为藻井形式。平棋上面用草栿做法，下面用明栿做法，这是保持的唐宋梁架的传统做法。

前后四椽栿上，蜀柱和柁墩对称设置。从下到上逐渐叠架扎牵、四椽栿和平梁。平梁上立蜀柱，两侧施叉手。脊部的坡度采用了三角形架子，所以虽然比较陡，但却非常稳定。蜀柱下面不用驼峰承垫，而是直接将柱脚截开双榫，插入梁脊固定。同时使用合、楷来加固。这可以看作是明代角背的雏形。

因为大殿的东西两稍间处采用了减柱做法，所以在山柱与内柱之间用了长达四椽的丁栿，来承托山面的屋架。脊槫下面使用顺脊串联结合缝屋架。又采用隔间相闪的处理手法加固节点的结合。上、中、下三缝槫木，节点部分用替木增强榫头的抗剪能力，非常有效。为了使正侧两面的屋架坡度和谐，扒梁特地做成前低后高形式，因地、因材，处理灵活。

大殿的檐柱缝上不用牛脊槫，檐椽头尾分别搭在撩檐槫和下平槫上，节省了很多槫木，

图2-4-6 三清殿纵断面图　三清殿是永乐宫的主殿，内供道教最高的神，即元始天尊、灵宝天尊、道德天尊的三清像。图2-4-6是三清殿的纵断面图，可以看到它内部的斗拱、柱、枋等梁架结构，以及顶部粗大的正脊、鸱吻。构架合理，形体稳重

这保留了辽金时期的传统，也是三清殿木结构语言上的一大特色。

永乐宫三清殿的屋面坡度较陡峭，但整个屋顶的造型和谐，形式秀美。下架大木内柱高出檐柱不多，所以仅用柱头斗拱来调节高低差度，使其内外槽的层高相等，这保留了唐宋殿堂建筑的风格。外檐的平柱与角柱皆有侧脚和生起，侧角更突出。平柱高度都超过了明间的宽度，这是对宋代等时期的"柱高不逾间之广"传统的突破。

大殿使用的柱子，不论是檐柱、金柱，还是山柱、角柱，直径都基本上相同，而且都比较粗壮，尤其是角柱，这可以很好地增加屋架的刚度。此外，因为在殿的四角有抹角梁，所以在两山墙和后檐墙里还隐设有六根支柱，以分担上部的重荷。

三清殿的外檐斗拱是六铺作单抄双下昂重拱形式，里侧出三卷头，耍头后尾斫成楷头以承担四椽栿，以加强梁端的抗剪力。不仅是外檐斗拱，在内檐斗拱中楷头也被广泛地应用，这是一种较为经济而有效的技术手法（图2-4-7）。

元代中小型木构建筑的代表

如果说永乐宫是元代道教建筑的遗存代表，那么山西洪洞的广胜寺则是现存元代佛教建筑的重要代表。全寺建筑基本都是元代重建，其中有六座木构建筑，都不同程度地反映了元代木构架建筑的语言特点。因为这些建筑大都是由当地民间工匠所造，所以民间性、地区性的特点显著，并且表现出多样的结构、丰富的创造性。因此，可以说这座寺庙是山西民间建筑技术和成就的突出体现者。

广胜寺有上寺、下寺之分，寺内殿堂有大有小，其中的中小型佛殿的代表要数上寺前殿。这座上寺前殿面阔五开间，进深四间，殿内只有明间前后有金柱四根，并且柱的位置不在前后檐柱缝上，而是位于两次间的中线上，典型的减柱和移柱兼用做法。根据大木构件的受力情况的不同，檐柱、金柱等的柱径不同，用料有粗细之别。

在梁架结构上用平栿和斜栿结合的做法，形式上比较奇特，又能增大建筑内部的空间，适合于殿内供设高大的佛像。平梁之下不用四

椽栿，而由明间柱头铺作后尾伸出的大斜栿来支撑其两端，长达两椽的斜栿则置于内额上。次间的前后两金柱上也各施一根大梁，与内额相交。这样一来，就在殿中央部位形成了一个井字形框架。五开间的殿堂加上山面应有六缝梁架，而这里只用了四缝，省略了梁架、增大了空间

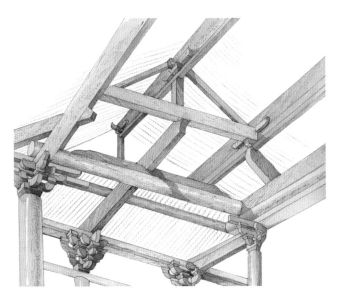

图2-4-8 斜栿的使用 山西广胜寺是著名的佛教寺院，现存建筑基本都建于元代，所以其建筑构架也基本反映了元代建筑木构架特点。图2-4-8即是一例，这是广胜寺中上寺前殿的部分梁架，其中较突出地使用了斜栿这个构件，它与其他构件结合形成了较大的殿内空间以便于放置佛像。图中梁、枋之间斜置的木件即是斜栿

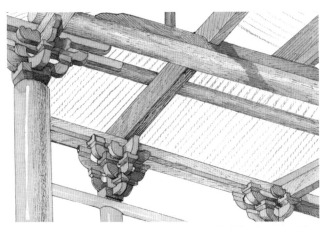

图2-4-9 上寺前殿斗拱 图2-4-9是广胜寺上寺前殿的斗拱。由图可以看出，斗拱在建筑中的运用已不再像唐宋时期那样显著、巨大，而是在逐渐减小。这种转变表明斗拱的功能性在逐渐退化，它是由唐宋斗拱的实用性到明清斗拱的装饰性的过渡

（图2-4-8）。

但省略了梁架并没有减弱构架的刚度。山面前后的平柱与明间前后的金柱之间，用水平的丁栿相联系。两山部分则在斜栿背上置承椽栿。承椽栿上面用蜀柱支撑平梁。为了保持蜀柱的稳定和坚固，各缝梁架间都用顺脊串作纵向联系构件。同时，在两稍间的脊步架中又各施斜撑一只，斜撑下端戗在山面的平梁上、上端顶在脊槫下，极好地加强了框架的刚度。

殿的里转角结构也比较坚固。正面稍间柱头铺作上的乳栿搭在山面丁栿上，转角铺作后尾的斜栿又搭在这根乳栿上，斜栿背上立一根矮柱支撑角梁后尾，这使转角结构获得了较好的刚度和稳定性。斜栿在该殿结构中得到了充分运用，这是元代木结构的一个重要成就。

从这座广胜寺上寺前殿的斗拱设置，可以较明显地看出斗拱在木构架中功能作用的逐渐削弱（图2-4-9）。其前檐斗拱为五铺作重昂重拱形式，后檐和山面为五铺作重抄形式，而补间铺作则只在明间施两朵、次间施一朵、山面未施。转角铺作用附角斗，利于加强檐角结构的刚度。柱头铺作使用大斜昂作为承重构件，是这座殿中斗拱的一个罕见做法。

元代木架楼阁建筑遗物

楼阁建筑在元代也占有一席重要的地位，其建筑的木构架语言也有一些新的突破。

河北定兴慈云阁是元代一座重要的木架楼阁建筑，具有代表性。阁高两层，双重檐歇山顶，面阔和进深各三间，近于正方形的平面。下檐四周筑以厚墙，只有前后檐明间设木质隔扇门，以供人流出入与殿内采光。

因为楼阁的室内空间较小，所以在柱网的布局上只用檐柱而没有金柱。不过，考虑到建筑的稳定性，施用了内外两层檐柱，柱子都包在墙内。外围的柱子主要是承托楼阁下层屋檐，而内檐的柱子是直通上层以支撑上檐的永定柱。内外檐柱分工明确，各承担不同的负荷，结构简洁而合理。

图2-4-10 慈云阁正立面图 慈云阁位于河北定兴城内，它是一座建于元代大德十年（1306年）的两层歇山顶的楼阁。图2-4-10是慈云阁的正立面图，可以看到它的面阔为三开间，中央开间安装隔扇门，两侧为墙体，这对于内部空间长、宽不足九米的楼阁来说，更具有稳定性。楼阁的檐下斗拱清晰

楼阁屋顶的梁架只有东西两缝（图2-4-10）。其以平槫作平梁，平梁两端搁在山面上檐斗拱的昂尾上，四角用垂莲柱和抹角梁承载上面的梁架。抹角梁做成特别的弯月形，兼具功能性与艺术美感。平槫之下设襻间枋作为辅件。脊槫下施用顺脊串，蜀柱两侧用巨大的叉手相撑，左右的平梁上则各伸出一斜撑，以支撑脊槫，组成一个桁架式的框架，以增强木架的稳定性与刚度。这样的精细结构充分体现了元代匠师的高超技艺和元代木构建筑的水平。

明清建筑的木结构语言

明清是中国历史上最后两个封建王朝，也是中国传统建筑发展的最后一段，也是建筑发展的成熟期。而中国以木结构为主导的建筑构架形式，自然更是集中体现在明清建筑中。

明清时期，是中国历史上至今保存建筑实例最多、最完整的阶段。如，北京的故宫、北海、颐和园和江南的私家园林等，都堪称是同类建筑或景观中的精品，其他小品建筑与景观更是数不胜数。所以说，明清时期的建筑在整个中国传统木结构建筑历史中最为突出，最具有代表性。当然，它同时也呈现出中国传统建筑不同于前朝各代的独具的特色。明清的木结构建筑代表了中国封建社会木结构建筑的最大成就，体现着中国木结构技术的语言成熟。

明清木结构建筑语言的发展与变化

每一个时期建筑的发展与艺术风格等，都与当时社会的政治、经济的发展情况是分不开的，尤其在宫殿类的建筑中表现更为明显，明清时期也不例外。明清的统治者为了显示自己的威严和权力，在建筑上着力体现帝王的尊严，强调尊卑等级，也借此达到加强他们统治的政治目的。这当然对当时的建筑艺术语言的发展产生了极大的影响，建筑在整体上呈现出一种新的风格特色。

明清时期建筑的设计更加规范化、程式化。宋代在《营造法式》中也有一套比较规范的设计与建筑制度，但在规范之外还可以根据实际需要有所变通。可是清代总结的《工程做法则例》则在规范化之外更显程式化，变通少，甚至是没有。比如，殿式建筑以"斗口"为模数，只要规定了建筑的斗口等级，那么，整个建筑的各部分用料尺度就可以得出，几乎

图2-4-11 斗口　清代时为了控制建筑的规模和体量，也就是限定建筑的高低等级。清代官方对此所采取的方法是将建筑用材划分为十一个等级，统称为"斗口"。斗口，简而言之，就是平身科（即宋代所说的补间铺作）中的坐斗在面宽方向的刻口，其基本尺寸为1寸

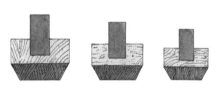

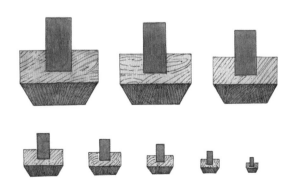

没有伸缩变通的余地（图2-4-11）。明清时代的木构建筑柱网布置也规格化了，柱网排列基本没有减柱或移柱的做法，这样的规范化会让建筑的设计与建造更简单、快速，但是容易使建筑设计变得死板，束缚了设计者的主观积极性。

大木构架建造中，古代的工匠在长期的实践中得出了对力学原理的合理应用，对承载、抗压、受剪等方面都总结有宝贵的经验，比如，唐宋时的梁枋断面高宽比大多为3：2或2：1，这在力学上来说是经济又合理的。但是到了明清时代，力学原理的运用逐渐减退，梁枋的断面大多为10：8或12：10，接近正方形，这就不如唐宋时梁枋断面比例合理，也加重了梁枋所要承受的自重，因而被视为是这一项技术的停滞。

斗拱是中国建筑木结构技术中的木构架的重要组成部分，因而占有重要的地位；也是木结构技术语言的重要内容，具有承挑屋檐等重要的实际功能。但随着木构架建筑的不断发展和演变，斗拱的功能在逐渐地减弱。特别是到了明清时期，斗拱几乎失去了构架承托功能，而成为一些建筑中的单纯装饰件。这在中国木结构建筑语言中是一个非常重要的变化（图2-4-12）。

明清时期，木构件外形的制作手法也更为简单。对木构件外形的额外加工主要是为了取得艺术与装饰效果。如梭柱、月梁等，都是采用砍削柱头的做法，即卷杀加工。这样的做法会使构件外形看起来柔美圆滑，但又不会影响到构件的实用功能。而明清时期木构件的这类加工，基本被淘汰。这也是为了加快施工的进

度，因此，虽然艺术性减弱，但也有其合理的一面。

除了接近于纯装饰性的卷杀类加工外，早期木构造中还有一些功能与艺术性并举的构件加工处理方法，在明清时期也有极明显的变化。这其中比较重要的是在唐宋时期常见的侧脚与生起，这两种能加强建筑构架稳定性而又能使建筑产生优美外观的做法，在明清时已极少见，即使有所使用，其表现也不是很明显了。

当然，这些建筑技术方面的变化，主要是出现在官式建筑，特别是皇家建筑中。而在民间建筑中，往往仍较好地保留着传统的做法，或者比前朝各代做法更为灵活、随意，显出更丰富、特别的建筑语言特色（图2-4-13）。

更为重要的是，即使是在某些方面有所停滞或是为了提高建造速度而出现简易做法的官式建筑中，其发展还是远远大于其停滞的一面的。这主要可以从以下几个方面看出来。

明清时期的木构架中，因为梁枋断面高宽

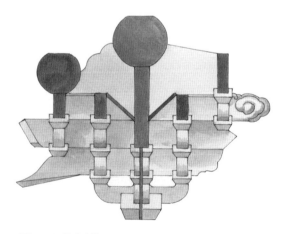

图2-4-12 清式斗拱 图2-4-12是一攒清式斗拱，它是单翘单昂五踩形式。单翘是指一攒斗拱中只有一翘，单昂是指一攒斗拱中只有一昂，五踩则是斗拱的翘、昂里外各出两踩，加上正心一踩，合为五踩

图2-4-13 南方民居的梁架　清代时期的建筑梁架，因为等级制度的严格变得有些呆板，只有当时的南方地区民居还保留有比较灵活、优美的梁架形式，图2-4-13即是其一。图中是南方某民居内梁架，长梁和短梁都做成月梁形式，线条优美柔顺，又饰有多彩多姿的雕饰，让人见之心动

逐渐接近，加重了柱子和梁枋自身的荷载，这在明清建筑构架中的解决方法是：使用粗柱、大柱，并且不用减柱、移柱。在实际运用中，除了柱子外，有时梁枋也同样需要大木料。明清，特别是清代，因为大量使用粗大的整木料，尤其是官殿类建筑还多使用珍贵的大木料，致使大木料原料越来越少。因此，便产生了拼合构件技术。拼合构件主要包括拼合梁、包镶梁、斗接柱、包镶柱、斗接包镶柱等。

拼合梁是用两块或两块以上的木料拼合成一根大梁。

一般来说，两木相拼则两木大小相同，多木相拼则以居中者为主而两侧使用稍小木料。不论是几根木料拼合，都使用明、暗榫卯连接，铁箍加固。包镶梁是用数块小料包住一根较大木料而成的大梁。接缝处同样要用榫卯联系或是同时于外面用铁箍加固。

包镶柱（图2-4-14）与包镶梁

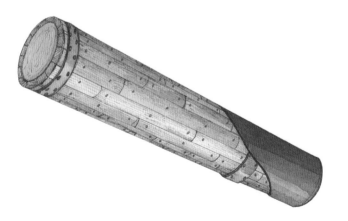

图2-4-14 包镶柱　包镶柱是清代建筑中较常使用的拼合柱形式，包镶柱是对柱子的一种拼全与加工手法，即用多块小木料包住一块稍大的木料，以产生适合需要的较为粗大的柱子。这样的做法，虽然就柱子加工本身来说较为费时费力，但是从大的方面来看却是节约粗大木料的最好方法，在急需大木料却没有的情况下非常实用

的做法相似，也是用多块小木料包住一块大木料。包镶柱断面大多是圆形，少数为方形或多边形。斗接柱是用两段或两段以上的木料上下连接成一根柱子，接头处用暗榫（图2-4-15）。如果需要的柱子过于高大，可以结合包镶和斗接两种方法制作，即先用两根或多根木料斗接做成心柱，然后于心柱外再包镶木料，一般来说，这里的包镶木料也需要斗接，这样制作出来的柱子就是斗接包镶柱。

在这些拼合构件中，露明的构件外表多披麻捉灰，也就是外表经过处理，看起来就像是一根大木料，而看不到拼合的痕迹。处在墙体内或天花上部等不露明的拼合构件，则不用经过表面加工处理。

拼合、斗接、包镶等梁柱构件，对制作技术的要求很高，特别是对榫卯、钉、箍等都要进行认真细致的处理，以便使其能坚固、稳定。因此，从某些角度来说，这并不亚于唐、宋时期对梁柱进行的卷杀之类的处理，甚至更为复杂，更有难度，这是由明清时期建筑的需要而定，也是明清木构件语言的一大特色。

这些拼合木构件在建筑中的大量使用，同时带来了另外一项建筑技术的重大发展，即建筑外表油饰彩画技术的发展。因为要保护拼缝，又要使建筑的外表更加美观，所以披麻、挂灰、打地杖的技术快速发展起来，彩画品类也更为丰富多样。

中国传统建筑的木结构主要有抬梁式和穿斗式两种。

抬梁式也就是梁柱式，在中国传统大型建筑中运用较多，直到明清时期仍然是大型建筑中运用最突出的一种木构架形式。而明清时期更为突出的是穿斗式构架语言的发展进步与普遍应用。

早期的穿斗式建筑是用枋子穿过柱子，形成斗形房架，原则上是以柱承檩而不用梁。这是它与抬梁式构架的最大不同。穿斗式结构和抬梁式结构都有很多各自的优点，所以应用都较为广泛。穿斗式的优点是能用较小的木料建造较大的建筑，这也是它能在缺少大木料而要使用拼合件的明清时期趋于成熟与得到普遍应用的重要原因。只是，在建筑体量相同的情况下，穿斗式构架内部不能产生抬梁式构架那样的大空间，这是它的缺点。

明清时期的木构架构件有很多都改变为简单的做法，这无疑会加快施工速度。不过，做法变简单只是方法之一，为了加快速度，当时还多进行构件的预制加工。在建造较大、较复杂的建筑时，一切大木

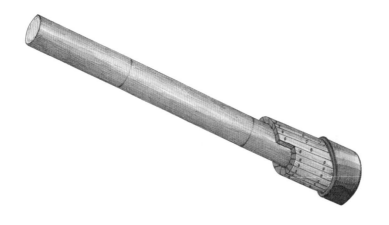

图2-4-15 斗接柱　斗接柱是将两段或两段以上的木料上下连接成一体，形成一根长柱子。使用斗接柱手法，其实和使用包镶柱手法的目的相同，都是为了在没有长料的情况下能够使用大木料。只不过包镶是横向上的加粗，而斗接柱是纵向上的加长

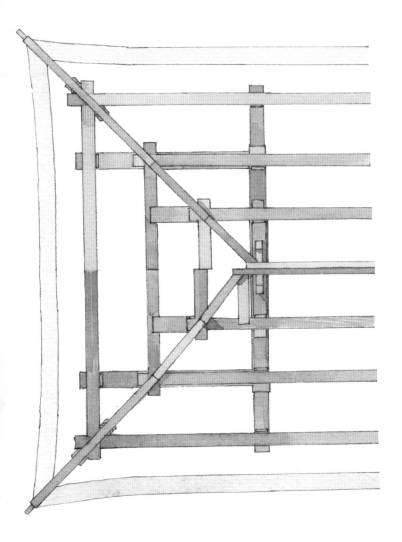

图2-4-16 推山 推山是中国古建筑中屋顶梁架处理手法之一，一般只用于庑殿式的屋顶。推山简单来说就是将建筑的两山向外推出，在推出的同时将坡度变得陡一些。这样一来，屋面上的脊就不会再是一条呆板的直线，而会是一条优美的曲线。图2-4-16为推山与不推山梁架的比较，下半截使用了推山处理

构件、斗拱、承椽枋等，都是事先做好的预制构件。比如，明清时期故宫的营建，就专门辟出崇文门内台基厂作为大木构件的预制场所。这种预制加工构件的方法，是建筑语言发展史上的重要一步。

总体看来，明清时期的木结构建筑有着共同的特点，构架有规章可循。同时，大多木结构的建筑技术语言又都有其独具的风格与特色，显示出了当时工匠和设计者们的极大智慧。尤其是木结构屋顶的设计与建造，硬山、悬山、庑殿、歇山等都有很多种建造法，丰富了建筑的形式，也发挥了设计者的想象力和创造力，也让人们的生活变得更丰富（图2-4-16）。

明清木结构建筑的代表

明清时期所留存的建筑实例很多，不仅有较大型的宫殿、寺庙建筑，还有很多民间建筑，有些至今还在使用中。其中的一些建筑遗产突出反映了中国建筑史上建筑语言的高度和成就。如北京故宫的太和殿、北京颐和园的佛香阁、北京民居四合院等。

北京故宫太和殿，是北京故宫中最大的建筑，也是现今留存最具代表性的明清宫殿建筑实例（图2-4-17）。太和殿的面阔十一间，进

深五间，木构架使用的是梁柱式的结构，平面柱网的布置非常整齐，没有采用减柱做法。从横向上看共有柱六排，前后两排为檐柱，中间四排为金柱，没有中柱。但因为前部辟出一廊，使原本的檐柱成为廊柱，而前檐外金柱成了檐柱，也就是老檐柱。老檐柱以内进深三间，金柱支托七架梁，前后的老檐柱和金柱之间各用三步架连接。

太和殿的斗拱是上檐用单翘三昂，下檐为单翘重昂。它的特别之处是在上下檐使用了精美华丽的花台科溜金斗拱，其昂尾就安放在花台枋上，使之不会下垂，这起着一定的结构作用，但主要还是作为一种美观的装饰。

现存明清众多宫殿，在殿的体量、气势和等级上，能与故宫太和殿相比拟的并不多见，

明十三陵中的长陵棱恩殿就是堪与之相比者。

　　长陵这座棱恩殿面阔九开间。大殿是典型的梁柱式大木结构，构架雄伟，外观更壮丽。大殿所用柱子全部是整根的金丝楠木，最大者直径将近1.2米、高达13米，使用如此巨大而质优的木料，在现存中国古建筑中还没有发现第二例。

　　明清斗拱作用的演变是逐步的，这从明代这座长陵棱恩殿斗拱就能看出。大殿外檐斗拱采用了溜金科做法，即昂还未变成完全装饰作用的假昂，而是其后尾伸长到金檩之下以承托金檩，昂的前端则承托檐檩。这是在斗拱的尺

图2-4-17　太和殿剖透视图　在现今留存的明清建筑中，最能代表官式建筑的典型例子要数北京故宫的太和殿。它是一座重檐庑殿顶的辉煌大殿，堪称中国现存殿宇第一。透过这幅剖透视图，可以较清晰地看到其内部的柱与部分梁架结构

度逐渐变小、结构功能渐弱的情况下，匠师们为了能使较小的斗拱起到一定的支托作用而作的一种努力，这在明代初期确实起了一定作用，就如这座祾恩殿，而其后则没有能改变斗拱转变为纯装饰件的大趋势（图2-4-18）。

明清时期的建筑留存实例中，还有一些极富代表性的木构架楼阁建筑。如著名的颐和园佛香阁、雍和宫万福阁、承德外八庙普宁寺大乘之阁等。它们的木构架大多使用拼合技术建造，体量非常高大雄伟。

河北承德的普宁寺是仿照西藏的三摩耶庙（桑鸢寺）而建，但在布局和建筑造型上却和西藏的三摩耶庙有很大的区别。这从寺中的主体殿阁大乘之阁就能看得出来。大乘之阁的屋顶是由五个屋顶组合而成，五顶象征着佛教中的须弥山五形、金刚宝座五方佛或曼陀罗等。撇开宗教内容不谈，就其艺术形象与结构来说，体现出了设计与建造者的极大智慧（图2-4-19）。

普宁寺大乘之阁高达40米，在现存木构楼阁中，其高度仅次于山西应县的佛宫寺释迦塔和北京颐和园万寿山的佛香阁。体量高大的楼阁建筑，为了加强其稳定性，设计建造者多会将其柱网分作内外两层，而阁内中部空间较小，应县释迦塔和佛香阁都是如此。但是大乘之阁的中心因为要放置一座高达23米的千手千眼观世音菩萨像，因此阁的中间要建造一个高的空井，需要留出较大的透层空间来。大乘之阁的这个中部井口柱上的横梁跨度达10.6米，在高层楼阁中这样的跨度是最大的了。

明清时期的楼阁中，还有一类柱式比较特殊的悬柱楼阁。悬柱楼阁中较有代表性的建筑实例是广西容县的经略台真武阁，它在木构架上最大的特点就是金柱不落地，被认为是明清

图2-4-18 **长陵祾恩殿** 长陵祾恩殿是明代迁都北京之后的第一位皇帝朱棣陵墓的主殿，这座大殿不论在形体、装饰还是等级各方面，都直追北京故宫内的太和殿。大殿面阔九开间，重檐庑殿顶，气势威严

时期楼阁建筑的一大奇迹。

真武阁高三层，柱网布置的特点是：在当心间形成一个正方形的井口，边长约5.6米。正面两次间各4米左右，侧面两次间接近3米，总面阔近14米，总进深约11米。这座楼阁在结构上利用了杠杆原理，通过两种方向相反的推力的对抗求得平衡，大胆而富有创造性。楼阁正中的四根巨大金柱离地悬空，距离地面约3厘米。这是中国木结构建筑技术史上的一项奇迹，是木结构技术语言中的惊叹号，反映了木结构技术语言的重大变化和革新。

这种悬挑金柱的形式，极好地利用了斗拱结构。其具体做法是把长长的拱身穿插过檐柱，而将拱身的后端插入金柱。檐柱成为支点，长拱就是杠杆。杠杆较长的一端挑起面积较大但较轻的檐部，较短的一端挑起面积较小

但较重的金柱、梁架、屋顶等。如此一来，檐柱内外的荷载便得以平衡。此外，在金柱本身高度约一半的地方，放置大梁，梁的两端削成长榫穿过金柱、插入檐柱，构成金柱被抬起的框架。这样四根金柱就悬挂起来。

看起来这样的结构不够坚固，但由于利用了斗拱结构的杠杆作用，使上层构架基本取得平衡，金柱上大梁的负荷就减少了很多，可以较轻松地承担金柱的重量。又因为大梁穿过金柱，插入檐柱，就使得悬空的金柱固定下来而不会随意活动，加固了整个建筑构架的稳定性。真武阁看似不结实，但经过了几百年风雨

图2-4-19 普宁寺大乘之阁 河北承德普宁寺的大乘之阁，是一座极有代表性的明清木构楼阁。大乘之阁形体高大，达40米，内部又放置高23米的佛像，所以内部结构要为了适应这些情况而进行处理，与一般高塔、楼阁的处理略有不同

的洗礼，仍然屹立不倒，足可见它在建筑技术上的非同凡响（图2-4-20）。

中国古代木构建筑的平面造型大多比较方正，圆形平面的木构建筑一般都是体量较小的亭子。不过，在明清现存建筑实例中，却有体量较大的圆形建筑，北京天坛的祈年殿就是最具代表性的一个。

祈年殿有上中下三层檐，其柱网布置也可分为三层。外圈十二根檐柱承托着下层殿檐，内圈十二根金柱承托着中层殿檐，中心四根金柱承托着上层殿檐。金柱都是通柱形式，即柱

子由地面直通中层和上层，这样的柱式会让大殿的木构架更为坚固、稳定。

殿内顶部的构架，是先在中心四根金柱之上做出四方形的梁架，梁上置圆形托斗枋，枋上立童柱，以承托上层斗拱。斗拱之上承托一个圆形的大藻井。外部则形成一

图2-4-20 真武阁剖面图 位于广西容县的经略台真武阁是悬柱结构楼阁的代表，所谓悬柱结构就是建筑内部的柱子有部分是悬挑而不着地的。真武阁的悬柱的悬挑情况由图2-4-20中能清楚地看出来，其中的金柱就是悬挑于半空的不落地形式

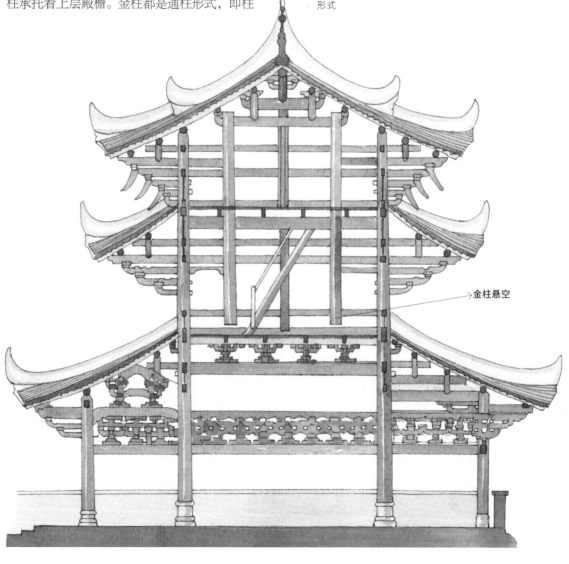

金柱悬空

图2-4-21 祈年殿内景 北京天坛的祈年殿是一座圆形攒尖顶的高耸建筑，其内部的柱网、梁架结构等都与之相应。因此，祈年殿的内顶为圆形藻井形式，藻井的斗拱之下是一圈圈的弧形梁，以适应圆形的殿顶。又因为殿体高耸，以及外有三层殿檐，所以内部柱子也很高大，并分别用来承托上中下三层檐。结构丰富、复杂

个大的攒尖顶，直指天穹。

总体呈圆形的祈年殿构架，也属于梁柱式体系，不过与一般方形平面的梁柱式构架略有不同。它除了运用弯曲或圆弧式的枋檩构件外，也使用直梁类构件。圆、曲的枋檩一般不作承受大荷载的构件，大荷载用直梁类构件来承担（图2-4-21）。

在明清现存楼阁类建筑中，北京故宫角楼的造型与结构是其中非常特别的一个，值得作一介绍。

北京故宫角楼的构造特点就是俗称的"七十二条脊"。角楼从整体上看，其平面为十字形。中间是一个

三开间的正方形，四面各出抱厦一间，因为它处在城墙的拐角处，所以平面的细致处理因地制宜，将顺着城墙走的两间抱厦建得进深大一些，而将朝向城外的两间抱厦建得进深小一些。

角楼整体的大木构架与一般传统古建筑的梁架相仿，只是因为屋顶多而富有变化，所以又有一些特殊的梁架构件设置。角楼中心的正方形纵横各三间四柱，共有十二根柱子围成，即明间柱子八根、角柱四根。每面的抱厦各立两根柱子，共有八根柱子。这八根柱子从勾连

搭的构造来看是檐柱，但从外观看又是角柱。所以形成十二个出角、八个窝角。

角楼的二层屋顶最富变化，内部又没有柱子，所以上两层屋顶的

五架梁都采用扒梁法，扒梁落在正心枋上。扒梁又兼作额枋和平板枋。上面又施斗拱和上层正心枋，承搭抹角梁。下层的抹角梁承托上层檐的四根童柱。形成檐多角多、勾搭纵横的巧妙多样的屋顶形式。最上层就是十字交叉的四面歇山顶（图2-4-22）。

图2-4-22 紫禁城角楼 紫禁城角楼也称故宫角楼，建于故宫宫城城角上。它的平面呈曲尺形，高四层，四面建抱厦，三重檐歇山顶，顶部装饰镀金宝顶，脊上安置有大吻和神兽。角楼的四面抱厦伸出并不一样长，从而形成了一个不对称的十字折角，使角楼的屋顶造型更优美，具有特别的艺术效果。黄色的琉璃瓦与红色带山花的山面、青绿色彩画，相互映衬，色调非常优美。下部的门窗与柱子全部为红色，门扇上部为镂空样式，别无任何装饰，简洁、稳重

内檐外檐装修的语言

中国传统建筑木装修主要分为内檐装修和外檐装修两大类。内檐装修是根据需要将建筑物的内部分为若干个大小空间的间隔物，以及内部的陈设、装饰等，具体包括室内隔扇、屏风、罩、橱和天花、藻井等。外檐装修则是建筑内部与外部之间的间隔物，如门、窗等，它不但具有挡寒暑、遮风雨的功能，还可以解决室内的通风、采光等。

木结构的装修构件多数是可以移动的，即使是不能整体移动，其框架间的隔扇等部分也多是可动的，所以它使室内外的空间变得更为灵活、多变。这是其他的建筑

材料所不能比的。古代装修的技术语言，具体说来是比较复杂的，甚至带点高深的意味。因为古代的各类装修不仅实用美观，内容形式多样，而且还较为突出地显示着封建的等级与制度。

装修除了实用功能外，大部分还起着装饰作用，所以它的艺术要求很高，这使得装修逐渐从制作普通木构件的大木作中分支出来，成为专行，被称为"小木作"。小木作最迟在宋代时已出现，并且当时的制作已相当细致。明清时期其制作就更为精巧。

内檐装修

内檐装修中最主要的一类就是隔断。隔断是在室内作间隔的牖、墙、门等构件。隔断的细分种类有很多，有完全隔绝的墙壁，有半透明的部件，有半隔断的书架、博古架等。所用的材料也是丰富的，如木、砖、泥、竹等。但木材料是室内隔断应用最广、最受欢迎的材料形式。木质隔断，尤其是明清时期的木质隔断，大多用较为珍贵的红

图2-5-1 缠枝葡萄透雕罩 图2-5-1为北京故宫重华宫透雕落地花罩的一部分，透雕纹样为缠枝葡萄。雕刻纹样非常立体，看到它就如看到真实的葡萄与藤架，枝繁叶茂，硕果累累。北京故宫内的透雕落地罩等室内隔断，都用花梨木、紫檀木等名贵木材制作。这个缠枝葡萄落地罩就是用花梨木雕制而成

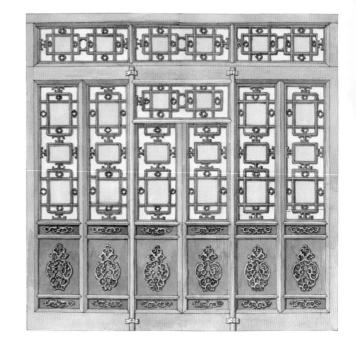

图2-5-2 碧纱橱　碧纱橱是一种室内隔扇，因为隔扇部分常糊以绿纱而得名。碧纱橱的分间隔断通常满装隔扇，隔扇数量视建筑的进深而定，有六扇、八扇、十二扇等多种

图2-5-3 饰兰草纹碧纱橱　图2-5-3为故宫储秀宫内的一樘碧纱橱，使用花梨木制作。这樘碧纱橱的装饰非常雅致、高洁，使用的图案为兰草、湖石，因为兰草与梅、菊、竹被喻为"四君子"，被喻为性情高雅的一种植物，与湖石相依更添韵致

木、紫檀、花梨、沉香等木料制作，并且其上还大多雕、饰有繁复精美的花纹、图案（图2-5-1）。

板壁是在室内进深方向所立的隔断，它是先立大框，再于框内满装木板。木板里外刨光，上施以彩画或是油漆作为装饰。另外有一些是在板的里外都糊纸。还有的是先用横竖的几道支条做出支格，再装木板。总体形式上都是以板和框为主，但具体做法各有不同，灵活多

样。如在寺庙、府邸、会馆等建筑的室内板壁上，就常绘制壁画，题材多为花鸟、人物、山水等，雅素质朴。

格门是一种大多设置在进深方向的室内隔断。格门在北方又称"碧纱橱"，在南方则称"纱隔"（图2-5-2）。有的建筑在进深方向满装格门。格门的多少按照建筑进深的大小来

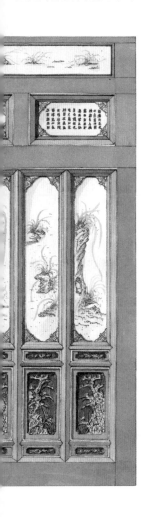

定，一般有六扇、八扇、十扇等，以八扇居多。格门中间的两扇多可随意地开关，并且会安装帘架以悬挂帘子。

格门的边框、抹头、格心等的比例和制作手法等，基本和外檐装修相同。但它要比外檐装修更为精致，材料也更为高级。格门的格心多为灯笼框的样式，在框内糊纸或绢纱，纸或纱上常绘有花鸟山水或题有诗词文赋，古雅而富有书卷气。有些讲究的还在格心处装饰有珐琅或玉石等（图2-5-3）。

罩是装饰性极强的一种室内隔断，常用于两种不同但又性质相近的区域之间。例如，三开间的大厅，可以在中央开间两侧的柱旁顺着梁枋安置罩，以区分出左中右三间，中央的开间为主要会客厅，两侧房间可以作较随意的功能布置。也有的是在"明间"设格门，在"次间"施飞罩。不论是格门，还是罩类，这些室内隔断往往只是作为一种室内区域划分的标志，并没有将室内的不同空间真正隔断，而是隔而不断，又隔又连通，开合自如，美观多变。

罩的具体形式比其他室内隔断都多，主要有几腿罩、落地罩、栏杆罩、炕罩、花罩、飞罩等。罩类隔断一般多用于宫室、王府、贵族大宅等的建筑房屋之内。在罩的上面多施有雕刻，有浮雕，也有透雕镂空的图案，空透精美。雕饰纹样丰富多彩，有动植物纹样，有吉祥图案，也有人物故事。雕刻技艺精湛不凡，让人深深喜爱与赞叹（图2-5-4）。

除了以上几种主要隔断类型外，还有诸如太师壁、屏风、博古架等，也都是极具特色的室内隔断件。

太师壁是一种类似板壁的室内隔断，在南方的一些宅院建筑中较为常见。太师壁一般布置在室内的金柱之间，壁面上用棂条拼成各种花纹图案，或是雕刻团龙飞凤之类的木雕图案，装饰性非常好。在太师壁的两侧各开有一个小门洞可供出入通行。

屏风相对来说是较为常见的一种室内隔断。其高度一般在2米左右，有四扇、六扇、八扇等之别，可以折叠。这种屏风的制作，一般是先用硬木做出骨架，然后于其上糊纸或绢，纸、绢之上可以绘画、书写，非常雅致。当然也有用木材雕刻图案、镶嵌螺钿的。屏风说是隔断，其实是介于隔断与家具之间、主要起遮挡与装饰作用的一种设置（图2-5-5）。

图2-5-4 落地罩 落地罩是罩的一种，就是在建筑的开间左右柱或是进深的前后柱的柱边各安一扇隔扇，上面饰以雕刻或是用棂条拼成各种图案，隔扇直落至地面。落地罩的大体形象与栏杆罩相仿，也是上有横披，下为罩腿和罩门。不同的只是两侧两段较窄的空档内安装的是隔扇而不仅仅是矮栏杆

博古架设置在室内，其性质与屏风有相似性，同样，既是家具也可以作为室内隔断。不过，具体说到博古架的功能作用，则比屏风更为实际，它主要用来摆放古玩、玉器等小品，是室内非常古雅的设置。博古架的大小比较随意，可以小至一、二尺，也可大至一连几开间。而它的特点就是架上的格子，格子可摆放各种古玩小品，又能产生丰富的层次感。博古架上的格子大多是用木料拼成各种拐子纹，以形成形状、大小不同的空格。格中摆放珍奇古玩之后显得琳琅满目，美不胜收。博古架一般在宫廷和大宅府邸等的建筑中才有。

现存明清时期的建筑室内隔断，是最为精美、成熟的实例，具有较高的艺术水平。

在宫殿或寺庙等较为高等级的建筑中，还多用藻井和

天花来装饰室内的顶部。藻井和天花也是室内装修的重要
一支。

　　藻井只用在建筑内顶棚上最尊贵、最突出的部位，一
般都是居于室内屋顶的中心，而且藻井一般只用于建筑群
中的主体建筑的顶部。宫殿中藻井的使用多是在皇帝宝座
的上方，而寺庙中藻井的使用多是在殿堂内主供佛像的上
方。藻井是用以烘托建筑华丽辉煌的装饰，有象征天穹的
意思，带有明显的封建等级色彩。

　　"藻井"一词，最早见于汉赋。此外，在沈括的《梦

图2-5-5 雅致的木雕屏风　图2-5-5是一樘八
扇的木制屏风，雕制非常精美。现藏于北京首
都博物馆。这樘屏风的精美，一是华贵的木
料，另一点更重要的是雕刻。其上部的绦环板
和下部的裙板是在木料表面进行的浅浮雕，而
中部隔心最为特别，雕的是一篇古文《潜夫
论》的一段，非常雅致而有深意，因为这是一
篇谈论治国之道的文章

溪笔谈·器用》中还记载有藻井的一些别名："……古人谓之绮井，亦曰藻井，又谓之覆海。"清代时的藻井较多以龙为顶心装饰，所以藻井又称为"龙井"。

藻井是天花向上凹进如穹隆的木质结构。藻井的具体形式有四方、八方、圆形等，构造复杂。有的藻井各层之间使用斗拱，雕刻精致、华美，具有很强的装饰性；有的藻井则不用斗拱，而以木板层层叠落，既美观而又简洁大方（图2-5-6）。

在北京故宫的太和殿、养心殿、钦安殿、皇极殿等重要大殿内，以及诸如河北承德外八庙普乐寺旭光阁、天津蓟县独乐寺观音阁、山西应县净土寺大殿等佛教殿堂内，在所设的皇帝宝座或供奉神佛的神龛上部，天花中间即装饰藻井，并且很多藻井内还做成雕龙浑金形式。

藻井到了明清时期式样变得非常丰富、复杂，而在唐宋时期最常见的形式是斗八藻井。北京戒台寺的戒坛殿内有一精彩的斗八藻井。大殿天花上有色彩斑斓的"五字真言"，正中就是令人叹为观止的"斗八藻井"。藻井是上圆下方的形式，在下部方形井口四周雕有许

多小佛龛，龛洞中又有精雕木质饰金小佛像，装饰可谓"奇巧"。而上部的圆形井口正中则雕有一条木"团龙"，正张口、低头俯视着戒坛上的佛像。"团龙"周围又雕有八条生动的"升龙"，形成"九龙护顶"之景。

藻井的现存实例很多，并且不失特殊式样。如，北京隆福寺三宝殿的藻井就非常特别。其外形为一个大圆，圆井内有一个小方

图2-5-6 宁波保国寺大殿藻井
宁波保国寺大殿是一座宋代中小型佛殿建筑，它的藻井也表现出了宋代中小佛殿藻井特色。藻井施于大殿内檐前部，外框木架为四方形，内一圈分别用四短木搭于其中两边形成八边形框上，其内为中心的圆形井，弧形的木架和层层的斗拱相互堆叠，齐整而有韵律

井。圆井部分上下内外分层相间，雕有斗拱和精美的卷云、楼阁图案，中心顶端的小方井也雕有楼阁和花纹，华丽精细，美妙非凡。

北京天坛皇穹宇的藻井也极为精美、别致。藻井的形式随着殿顶而为圆形，与殿体本身结合自然、合理。

有很多藻井的顶部中心还多悬挂有一个圆球，称为轩辕镜，为藻井更添姿彩。在北京故宫的太和殿、养心殿等大殿内，其藻井正中蟠龙的口中就衔垂着轩辕镜，光可鉴人。传说它是上古的轩辕黄帝发明，所以得名"轩辕"。古代时，轩辕镜常被悬挂在床头，有避邪的意思。而皇帝将之高悬在宝座上方，除了"避邪"之外，还表示"明镜高悬"的意思（图2-5-7）。

天花与藻井相比，是较为常见的建筑内部

图2-5-7 北京故宫太和殿藻井　北京故宫太和殿作为中国现存最为宏伟的宫殿，其内部的藻井也非同一般，为雕龙浑金形式。藻井外框为四方形，中心为圆形，圆与四方之间是交错的木梁，形成看似四方又不似四方的结构。中心金色蟠龙口中雕有鎏金的宝珠，一大六小，光可鉴人

屋顶装饰形式。天花按做法的不同，主要可以分为三种类型，即平棋天花、平闇天花、海墁天花。

平棋天花主要用于较大型的建筑中。它是用木条拼成的大方格天花。正因为它是由大方格组成，仰看就像一个棋盘，所以得名。"平棋"这个名称主要是宋式说法。在其矩形或方形的格子上面施以背板，板上贴有各种纹样，美丽、壮观。

平闇天花与平棋天花类似，它是用小方椽

条十字相交成小方格，上面铺有木板。它与平棋天花不同的是，平棋天花由大方格组成，而平闇天花则由小而密集的方格组成。"平闇"也是宋代天花的名称。

海墁天花属于一般的顶棚，运用比较普遍，上至宫廷，下至民宅，都或多或少可以见到。不过，宫廷和民宅中的海墁天花具体制作又有一些区别，并且即使是在民居中，也有南、北方的区域性差别。在宫廷居住房屋和官

僚府第大宅房屋中，海墁天花大多是用木条钉成的方格网架，木格上再糊花纸。北方民居海墁天花是先用木条钉成大框，再于大架上钉小

图2-5-8 百花图天花　百花图天花就是图案以花卉为主的天花。其花卉题材多样广泛，多为富有生活气息雅俗共赏的花卉，大花如牡丹、荷花、月季，小花如四季秋海棠、兰、菊，果实如寿桃、石榴、葫芦等均有入画，即便同种花有少量重复，在构图上也有变化，从内容到形式块块天花各不相同，向人们展示出花卉的多彩多姿，这便是被称为"百花图"的缘由

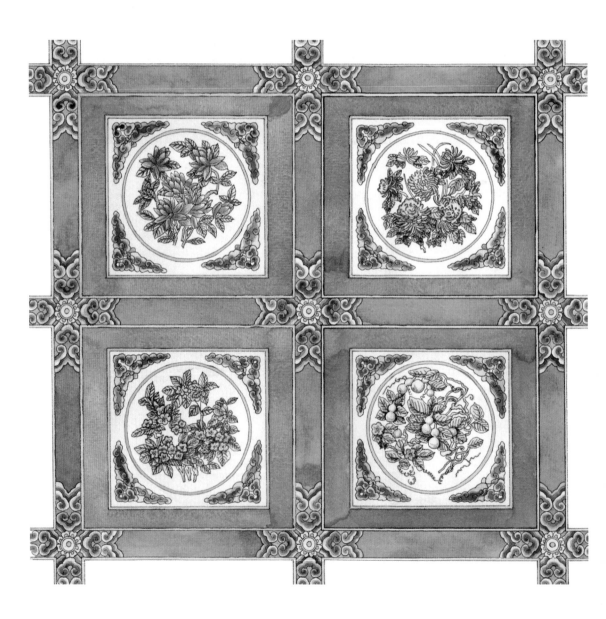

木条或秫秸，然后糊纸或粉刷。南方一般大型民居或祠堂海墁天花，则是钉木板平顶，有些还拼出各种花纹或绘制彩画（图2-5-8）。

外檐装修

外檐装修主要是门和窗。中国传统木结构建筑的门窗一般都在建筑物的柱和梁枋之间安装。根据建筑是否带有外廊，安装又分为"檐里"和"金里"两种。檐里安装是在不带廊的建筑的外檐柱之间安装，金里安装是在带廊建筑的廊里金柱之间安装。门、窗之外，外檐装修中比较重要的要数栏杆，栏杆多在廊柱间安装。

我们现在能够看到的最早的门窗，出土于汉代的墓葬。据这些出土实物和一些资料来看，当时的门主要是板门，有双扇也有单扇，门的两侧或一侧开设窗户。窗子的形式从汉代到唐代大多为直棂窗。窗户大多安装在墙中，其中有一部分窗洞外面还安装有一种风窗，突出在墙面外。

从汉代到唐代，虽然时间历经千年，但双扇板门仍然是最为通用的门的形式。到宋代时，门的形式渐渐多起来，《营造法式》中记载有乌头门（图2-5-9）、板门、软门、格门等四种。以格门为例，《营造法式》载为："每间分作四扇，如檐额及梁栿下用者或分作六

图2-5-9 乌头门 乌头门是以两立柱、一横枋构成一门的门形式，门柱的柱头上染成黑色。乌头门在《唐六典》与《宋史》中都有所记载，它是具有一定等级的大门。关于乌头门的形状，在《册府元龟》中有描述："二柱相去一丈，柱端安瓦筒，墨染，号头染。"

扇造，用双腰串。"格门的格心式样在宋代还比较有限，只有四斜球纹格眼、四直方格眼等几种。

汉、唐时期，直棂窗或破子棂窗是最为常见的窗的形式。宋辽金时期的窗子，仍以破子棂窗和板棂窗为主要形式。值得一提的是，这一时期的格门建筑中较多地用了横披窗，并且形式富于变化、棂格花样也多。结构上虚实结合，又对称、整洁、精致，显示出了辽金时期小木作制作技术水平的高超。

明清时期，木装修趋于成熟，木结构建筑的技术语言有了前所未有的发展。但在北京的一些大型建筑，因官僚体制的制约，导致门窗等装修呈现出程式化缺点。而其他地区的建筑形式和花样都比较丰富，其装修的艺术效果也比较好。

宫殿建筑中普遍用了格门，它的格心是以菱花为主要的装饰纹样（图2-5-10）。其他的寺庙等建筑多用方格眼。一般的府第和民居建筑的格门较随意，多用棂条组成几何图形棂架，里面满雕饰各种花鸟乃至人物故事等，样式和图案都非常丰富与精彩，体现了民间装修的水平和特色。

明清时期的窗户多用支摘窗和槛窗等形式，而破子棂窗几乎不用，直棂窗的使用也相对为少。

■

门是建筑外檐装修的一个重要部位，传统建筑的大门，是通往庭院的主要门户，大门的装修规模形式的不同，体现着主人不同的等级身份。一般大门是由以下部件组成：门槛、抱框、门框、腰枋、余塞板、绦环板、裙板、门

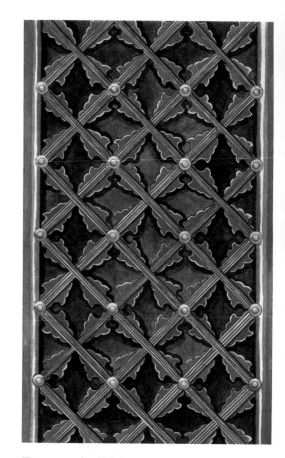

图2-5-10 双交四椀菱花 双交四椀菱花是隔扇门窗中菱花图案的一种，一般只能用于皇家殿堂建筑。它有正交和斜交两种形式。正交、斜交都是棂条呈90°角垂直相交，只是正交中相交的线与隔扇边框线平行，而斜交则是棂条与边框呈45°角。图2-5-10为斜交形式

枕、连楹、门扇等。传统大门装修的形式主要有板门、格门、屏门、风门、栅栏门等。

依据做法的不同，板门可分为棋盘门、镜面门和实榻门三种。棋盘门的做法是先用木条做出框架，然后装板与框齐平，背面用数根穿带交叉呈格子状，看上去像棋盘，所

以得名（图2-5-11）。镜面门与棋盘门相仿，它就是将棋盘门的外面做得光洁平整、无缝。

实榻门是一种安于中柱之间的板门，是传统建筑板门装修中等级最高的一种做法。宋代时的板门一般专指的是实榻门。实榻门常用于宫殿、王府等较高等级的建筑群入口处。它的门扇全部用较厚的实心木板拼装而成，因为它的门心板与大边一样厚，因此整个门板显得非常坚固、厚实。不过，早期时，大边略厚于门心板。

早期庙宇中主体建筑的板门和明清时的宫殿、庙宇、府第中的板门，除了背面用穿带外，正面还

图2-5-11 棋盘门 棋盘门也称攒边门，它是用于一般府第或民宅中的大门。因为门的四边用较厚的边抹攒起外框，所以称为攒边门。又因为门心薄板后有穿带加固，形如棋盘，所以又称为棋盘门。图2-5-11为棋盘门的内外立面

用门钉，一般是有几根穿带就有几路门钉，也就是说门钉的路数取决于穿带的根数。清代时规定最为严格。门钉最初只是把穿带和门心板连接起来的功能小件，门钉的外露部分自然地打成蘑菇的形状而已，并没有过于注重其装饰性。但随着不断地发展，钉帽逐渐演变成了一种独立的装饰构件，并且也逐渐分出等级高低来。

早期的门钉多是铁门钉，一般用在寺庙类建筑的板门上。明清时期，门钉一般用在宫殿、府第等建筑的大门上，用以显示统治者的威严和高贵，并且门钉也多为铜或木，铜钉又鎏金，木钉则漆黄色漆，与红漆大门相配，即是朱门金钉，是封建统治阶级门饰的专用形式。有一些府第的大门不施门钉，而是绘制门神。

在很多建筑的大门上，除了施用门钉或绘制门神外，还常常施以铺首（图2-5-12）。铺首一般铸成兽面形或钹形，也有八卦形等，形状和样式各不相同。从某些方面能体现出主人的地位和品性。

图2-5-12 铺首 铺首是门钹的一种，多为兽面铜质，兽面形态大多凶猛，口内衔着大环以便于叩门。据出土的汉代画像砖可知，汉代时已有这种门上装饰。铺首中的兽似龙非龙、似狮非狮，传说是龙生九子之一的椒图。明代杨慎在《艺林伐山》中说："椒图，其形似螺蛳，性好闭口，故立于门上。"

图2-5-13 隔扇门 隔扇门是一种较为通透的框架，也可以移动。隔扇门的两边是边梃，左右边梃之间横安抹头，抹头可多可少，最少为四根，把整个隔扇门分为上、中、下三个部分：上为隔心，中为绦环板，下为裙板

格门与板门的形象上有一种相对性，不像板门那样厚实、封闭，而是非常通透。

外檐装修中的格门也就是隔扇门，是中国古建筑上用得最多的一种门（图2-5-13）。隔扇门门扇的多少一般根据建筑开间大小而定，有四扇、六扇、八扇等之别。一般来说，隔扇门做到八扇基本都是满开间装修了。隔扇门最大的优点是可以灵活地摘下。

隔扇门的每一个门扇主要是由隔心和裙板两大部分组成。它的做法是先做一个边框，然后在边框内分出上下两段，上段为隔心，下段为裙板。如果隔扇用四抹头，则在隔心与裙板之间加一道绦环板，五抹头的则再在裙板下面加一道绦环板，六抹头的则再于隔心上加一道绦环板。

隔心是隔扇门中最重要的部分，也是所占比例最大的一段。一般隔心多要占到整个隔扇的二分之一，甚至是五分之三，不过具体比例如何，大多因时因地因需要而变，灵活自由。同时，隔心更是最富于变化和装饰性的部分。隔心满嵌棂条，棂条可拼合成各种图案或雕刻出各种纹样、龟背锦、步步锦、灯笼框、盘长纹、万字纹、回纹、冰裂纹，甚至有吉祥纹样、人物故事、山水风景等，或精致，或华美，或优雅，或简或繁，各显特色。棂条之间若空档过大，则加卷草、工字、蝙蝠、卧蚕等卡子（图2-5-14）。

在宫殿、庙宇类建筑中，隔扇门的隔心大多采用较高等级的以曲线为主的菱花及球纹菱花等图案。而在民间建筑中，在整段隔心上雕刻花卉、人物、龙凤等图案，是最为复杂也最高级的做法，这样图案同时也是一幅优美的独立的艺术品。

裙板的式样也很多，大多时候它都是随着隔心的变化而相应地作不同的处理。最常见的裙板装饰是于板面上浮雕或线刻如意云头，而讲究的做法是将裙板作透雕处理，并且雕刻龙凤、花鸟或是人物故事，精美非常，令人见而难忘。

图2-5-14 民居隔扇门 中国古建筑中的木雕隔扇门窗，无论种类、形象，还是装饰纹样，都非常丰富。特别是民间建筑，不讲究规制，没有死板的教条，所以隔扇更为多变，更精美繁丽，雅俗共赏。门扇有两扇、四扇、六扇、八扇不等，门上雕饰有人物或人物故事，或是花草、珍禽和异兽，还有几何纹样或吉祥字等。图2-5-14即为一民间建筑中的隔扇门，门扇的隔心部位除了雕刻有近似回纹的几何纹之外，中心还雕有吉祥文字"招财进宝、日日见财"

隔扇门中另有一些特别的处理手法，比较突出的是将隔心做成两层，称为"夹纱"或"夹堂"，裙板、绦环板仍为单层，内外样式相同，内层可随时取下换成糊纸纱或安玻璃。

在隔扇门中有一种比较特别的形式，即整个隔扇门的门扇不用裙板而全部用隔心，这样的形式叫作"落地明造"。它在一些官僚府第里常用，玲珑剔透，相当华丽精美。

屏门的形状如屏风，框架做法形式类似隔扇门，但门扇装的是木板。屏门一般为两扇或四扇。门洞多为四方形，也有部分六方、八方形状。屏门用于外檐装修时，多装在大门的后檐柱之间，其中，四方屏门多用于四合院垂花门后檐柱间、半壁游廊柱间，六方和八方则多为园林所用。

传统的屏门一般是由较薄的竖条木板制成。四扇门两面的边扇多为固定扇，中间两扇向内开。六方、八方的屏门一般是门的内立面和外立面一致，门框门扇随屏门的形式改变。还有一种就是内立面和外立面完全不同，从内外不同的角度看，形状不同，如从外看是六方，从内看是四方（图2-5-15）。

风门在居住建筑中比较常用，门为单扇，向外开启。它是隔扇门的一种变异形式，形体较宽较矮，一般为四抹头。风门隔心同样可用棂条拼出各种图案，背面可以糊纸。风门主要是居住建筑大门的外层门，内层多数装有双扇小板门，在冬季可以使室内更为保暖，而夏季则可以将风门摘下，以通凉风。

不同的民族和地区，有不同的文化和习俗，因此，门也有不同的形式和种类。但一般不出上面几种形式，即使有不同之处，也多是在它们的基础上发展、变化而来（图2-5-16）。如，花厅门是府第园林中常用的独立小厅的门，厅的满面都是玲珑的窗棂，只是在开间的两侧做一小门。此外，还有三关六扇门，是在四川一带的住宅中常用的门，将厅堂的开间分为三段，装有六扇门，中间的两扇为屏门，两侧四扇为格门，都可自由开关。

在南方的公共建筑中常用敞口厅而不用门窗。在敞口厅前檐柱旁安装格门、上装横披，形成落地罩。不用落地罩而在开间上枋下用棂条做出花样的为天弯罩（飞罩）。这两种可以看作是门随建筑而变的特殊的形式。

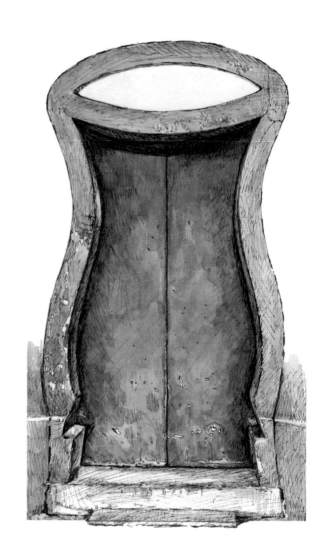

图2-5-15 瓶形屏门 屏门简单地说就是具有屏蔽作用的门，因此屏门的门扇都是板，且多是木板。屏门可以用在诸如北京四合院垂花门之后，也可以用在园林中。相对来说，园林中的屏门更多变化，图2-5-15即是一个瓶形的屏门

图2-5-16 隔扇门的装饰性 隔扇门作为门扇，无疑具有遮挡的作用，但它的装饰性也极强，这从它的隔心、裙板、绦环板等处的棂格和雕刻即能看出来。图2-5-16即是一樘装饰优美的隔扇门，虽然每扇的隔心棂格并不是规矩、突显的纹样，但四扇组合后，其规律性与美感自现。裙板与绦环板则雕山水人物

窗

窗的形式与种类也很多，槛窗、支摘窗、天窗、漏窗、直棂窗、什锦窗等，每一种又根据具体图案与造型而有不同的细分形式。明清时期最常用的是槛窗和支摘窗，宋代及之前常用直棂窗。

槛窗多与隔扇门同时使用，形制如同隔扇门，简单地说，它就是把隔扇门的裙板部分去掉而已，然后安装在槛墙之上，所以称为"槛窗"（图2-5-17）。槛窗常用在宫殿、寺庙等等级相对高的建筑物上，当然也有很多普通建筑中使用它。槛窗窗扇的多少按建筑开间的大小而定，一般是每间装两到六扇，窗扇都是向内开。槛窗可以使整个建筑的外貌、风格变得更为和谐一致，这是它与其他窗户的不同之处，也是它的一个优点。

槛窗中的"槛"就是框槛，是用来安装窗子的框架，分为槛和抱框两部分。由此可见，槛是门窗框架的一部分。抱框是门、窗扇左右紧贴柱子而立的竖向木条，也叫

图2-5-17 槛窗 槛窗是一种形制较高的窗子，是一种隔扇窗，即在两根立柱之间的下半段砌筑墙体，墙体之上安装隔扇，窗扇上下有转轴，可以开、关。说得更明白一点，槛窗也就是省略了隔扇门的裙板部分，而保留了其上段的隔心与绦环板部分。槛窗多与隔扇门连用，位于隔扇门的两侧。因为它是通透的花式棂格，所以即使不开窗也有透光通气的作用。不过，在寒冷的季节里窗棂内会贴上窗纸，后来也有装玻璃的

图2-5-18 冰裂纹棂格 冰裂纹是中国古建筑中隔扇门窗棂条的常见形式之一，它是依照自然界中冰块炸裂所产生的纹样而来。使用冰裂纹作为装饰纹样，不但美丽，还能向人们传达出一种"自然"的信息，使人产生如身在大自然中的愉悦感受

抱柱。而槛则是框槛中的横向部分，是两柱之间的横木，位于最上面紧贴檐枋的叫上槛；横披之下门窗扇之上的叫中槛，中槛也叫挂空槛，南方则叫照面枋；而最下部贴近地面的为下槛，南方也叫脚枋。一般建筑多在上、中槛之间安横披，而在中、下槛之间安装门扇、窗扇。较矮小的房子只有中、下两槛，所以也就没有横披（图2-5-18）。

支摘窗是一种可以支起、摘下的窗子，明清以来在普通住宅中常用，在一些次要的宫殿建筑中也有所使用。支摘窗一般分上下两段，上段可以推出支起，下段则可以摘下，这就是支摘窗名称的由来，也是它和槛窗的最大区别。此外，支摘窗在形象上也与槛窗不同，槛窗是直立的长方形，而支摘窗多是横置的（图2-5-19）。

支摘窗没有风槛，两抱框直接与榻板相连。风槛是安装窗扇的槛框中的下槛，较小；而榻板则是平放在槛墙之

上、风槛之下的木板。

支摘窗在南北民居中又有不同的具体样式。北方常在窗洞当中置横木作框架的一部分，将窗洞隔成两部分，分别安窗扇，上下两扇一样大。南方则常是窗洞中的上段支窗长于下段摘窗，并且两者一般比例为三比一。而苏杭一带的园林与民居中，支摘窗多做成上、中、下三段，分别安装窗扇，更富于装饰性。这种上、中、下三段的支摘窗，又称为和合窗，其上、下窗扇固定，中间窗扇可以向外支起。

支摘窗的格心花纹形式，大多为灯笼框、步步锦、盘长纹等纹样。后期的支摘窗，多是在下段装有玻璃，上段糊纸。还有些地方民居中的支摘窗，上面画有山水、花鸟

图2-5-19 万字纹棂条支摘窗 支摘窗是可以半支起、半摘下的窗子，它的窗棂格纹样与一般的隔扇门窗一样，形式丰富多变，比较随意。如果综合来看上至皇家，下到百姓家的窗棂格，你会有眼花缭乱的感觉。图2-5-19窗棂为万字纹，中心带长方形框，寓意吉祥，稳重大方

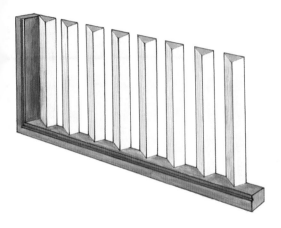

图2-5-20 破子棂窗 破子棂窗是直棂窗的一种，其窗棂的断面不是方形，而是正方形一破为二的三角形。把三角形断面的尖端朝外，破开的平的一面朝内，以便窗内糊纸

等内容的图案，非常漂亮，并且还会在春节时进行更换，更添辞旧迎新的节日气氛。

直棂窗是用直棂条在窗框内竖向排列有如栅栏的窗子，这是棂条最为简单的一种窗子形式。直棂窗因为具体做法的不同，还可细分出不同种类，除了较为常见的竖向直棂条形式外，还有破子棂窗和一马三箭窗等变体形式。

破子棂窗的特点就在"破"字上，它的窗棂是将方形断面的木料沿对角线斜破而成，即一根方形棂条破分成两根三角形棂条。安置时，将三角形断面的尖端朝外，将平的一面朝内，以便于在窗内糊纸，用来遮挡风沙、冷气等（图2-5-20）。

一马三箭窗的窗棂为方形断面，这是它与破子棂窗的不同点。但它的特点还不在此，而在于直棂上、下部位各置的三根横木条，也就是在一般竖向直棂条的上、中、下部位再垂直钉上横向的棂条，使之比只有竖向直棂条的窗子更有变化（图2-5-21）。

如果房间过高或面阔过宽时，为了使建筑

图2-5-21 一马三箭窗 直棂窗是中国古建筑中最简单的一种窗子形式，棂条为直或横的木条，没有任何其他雕饰，简单明了。直棂窗大多为只有竖向棂条的形式，也有部分横棂条，或是横、竖棂条结合的形式。图2-5-21为直棂窗中的一马三箭形式

整体构图看起来更为和谐，则要调整开启门窗的面积，这时可以在槛窗的上下或两侧加设横披窗或余塞窗。横披窗也叫"横风窗""横坡窗"，一般是做成三扇不能开启的窗子，每个窗扇都呈扁长方形，上面饰有各种花纹。横披窗形式可与槛窗相同，也可另做独立的雕饰或花纹等。

图2-5-22 石榴多子漏窗
漏窗是中国古典园林中最为常见的一种窗子形式。从它的名称来看，它是指一种通透可以隔窗看景的窗洞；从雕刻内容看，它比一般的窗扇更为灵活，所使用的纹样大多为花、草、动、植物的写实形象，而不如一般门窗棂格那样要求严谨、整齐。图2-5-22为雕刻着石榴纹的漏窗，石榴喻"多子"，是中国古代常用的吉祥植物之一

图2-5-23 花窗 花窗相对来说，与漏窗更为接近。虽然漏窗有时候也叫"花窗""空窗"，但实际上花窗和空窗却是不一样，空窗一般是只有窗洞没有棂条花格，而花窗一般是指在窗洞内雕或塑出花草、树木、鸟兽或其他优美图案的墙壁上的窗子，装饰性与艺术性更强一些。不过花窗的使用和空窗、漏窗一样，大多用在江南民居与园林中，其形式与花样之丰富不胜枚举

漏窗（图2-5-22）、花窗（图2-5-23）、空窗是一类没有框槛的窗子，而且也都不能开启。这类窗子的形式较为自由、多样，正方形、长方形、圆形、六边形、八边形，还有桃、石榴、葫芦等瓜果形和瓶形等。窗内的图案内容就更为丰富，几何棂条和花、草、鸟、虫、鱼等动植物，还有人物、景致等。当然，窗洞内装饰有棂条和图案的，在这里只指漏窗和花窗，而不包括空窗。

漏窗、花窗、空窗都有沟通内外景致的作用，因为我们透过这些窗子能看到另一边的景色。但是漏窗和花窗的沟通是似通还隔，通过漏窗和花窗所看到的景物也是若隐若现的，所以它们在空间上与景物间，既有连通的作用，也有分隔的作用。而空窗则比较直接，"隔"的性质相对要小一些。

此外，漏窗和花窗本身就是优美的景点，因为漏窗窗框内置有多彩多姿的各式图案，花窗更是以花纹图案著称，它们在阳光照耀下更有丰富的光影变化，越发显得活泼动人、优美不凡。空窗相对来说，只能以窗形取胜。

槛窗、支摘窗、直棂窗、漏窗等，都属于墙面窗，也就是开设在各种墙体上的窗子。除此之外，还有极少部分地区的民居使用天窗，也就是开设于屋顶的窗子，多用于采光。较为讲究的天窗多用亭式或屋式结构，在亭或屋的四面开窗，与大屋顶形成统一的格调，并且使建筑的造型更为丰富优美。

栏杆

外檐装修除门和窗户外，还有栏杆等建筑的装饰构件。栏杆不但有装饰作用，还对建筑有围护作用。在传统建筑的木装修语言中，建筑外檐的栏杆有檐里栏杆和朝天栏杆两种。檐里栏杆安装在建筑的檐柱之间、地面之上，朝天栏杆安装在平顶屋的顶上。两者之中以檐里栏杆更为常见。

檐里栏杆又分为寻杖栏杆和花式栏杆两大类。寻杖栏杆多用在楼阁、塔的第二层及以上的檐柱间，一般由寻杖、望柱、荷叶净瓶、栏板、地栿等构件组成。花式栏杆的样式很多，有的带望柱，有的不带望柱；有的安地栿，有的不安地栿，非常随意而多变。而花式栏杆最为精彩的部位是其中的棂条图案，回纹、万字、套方、龟背锦、盘长等，丰富多彩。

此外，在一些园林里的廊、亭、榭等地方，有一种靠背栏杆，即栏杆的上部分加做弯曲的棂条靠背，既方便人们端坐，还能舒服地倚靠。而在某些园林和大宅中，廊柱间往往还安有一种较低的栏杆，只有靠背栏杆的下半部分，也可供人们休息的时候歇坐，所以叫作"坐凳栏杆"（图2-5-24）。

在某些寺庙或厅堂等建筑物中，其栏杆的上方，即位于檐柱上端柱间、檐枋下部等处，还可以见到一些精美的装饰物。如额枋下的花饰倒挂楣子，贴在柱和额枋拐角处类似雀替的小构件花牙子，以及垂花门外的垂花柱等，都是具有画龙点睛意味的外檐小装修，是极吸引人们视线的一个个小焦点。

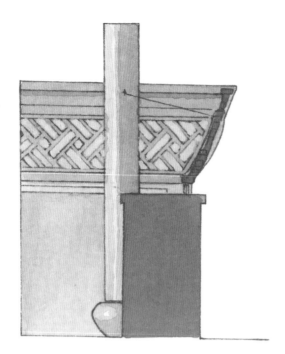

图2-5-24 多彩的栏杆 栏杆的种类主要依其形象和结构来分，有花式栏杆、寻杖栏杆、栏板栏杆、坐凳栏杆、靠背栏杆等很多种。如果依据栏杆中的雕刻纹样来分，则无法一一描述，因为它是极丰富多彩的。图2-5-24右上图为雕刻着竹纹的栏板栏杆，左上图为回纹靠背栏杆，下图为民间住宅中常见的花式栏杆

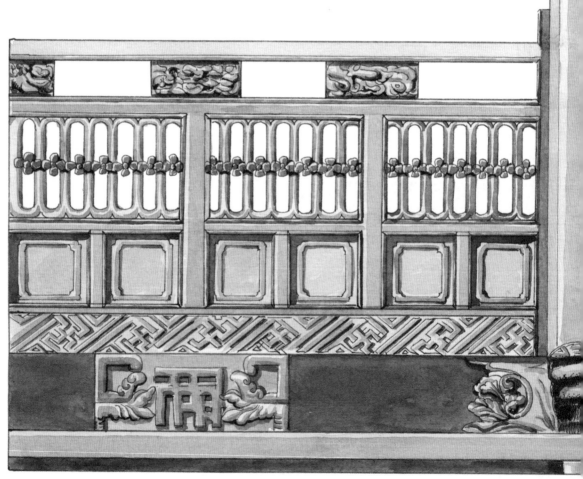

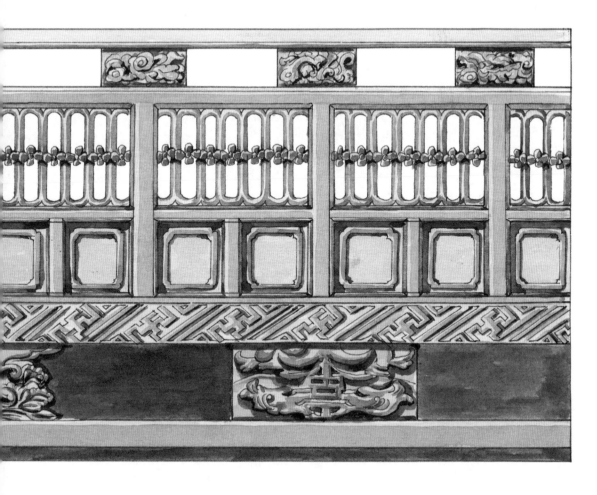

03

中国古建筑的砖结构、语言

砖瓦是最早的人工建筑材料，从现在已发掘的资料和实物看，铺地砖和瓦在西周时即已产生，条砖和空心砖则出现在战国时期。砖瓦在建筑上的使用，对中国建筑的发展有着深远的影响。它提高了墙体的抗风雨腐蚀能力，延长了墙体的寿命，并为后来建筑使用短出檐创造了条件。同时，使用砖材料砌筑墙体，使早期的墙体收分逐渐消失，也使墙体可以薄砌，省时省料省人力，提高效益，又能相应地增加室内使用面积。还有一点影响非常重要，即硬山墙的出现，它促使了一种新的建筑形式——硬山顶建筑的产生。

中国封建社会的砖结构技术语言的发展，经历了两次高潮。第一次是在汉代，这时出现了一些比例的定型砖，并且也出现加强砖墙整体性的多种砌法，同时，砖顶结构的类型也都几乎形成，这为后来砖结构的发展奠定了基础。第二次高潮是在明代，这时的制砖技术有了很大的进步，建筑上也开始大量地使用砖材料，同时又因石灰灰浆的普遍使用，使砖结构的砌筑技术和砌筑跨度都有更大的提高。砖结构技术语言不断丰富，水平不断提高，虽然受到了一定的历史制约，没有被全面使用，但它取得的成就已堪称辉煌（图3-0）。

砖材料具体使用在很多方面。在秦汉时期，砖就已用于地面建筑，只是不多见，较多地是用于地下的陵墓建筑结构中。东汉时，陵墓砌砖已较为普遍，砖块的规格也有了一定的标准。但是，砖用于墙体砌筑还处在摸索阶段。此后，经过魏晋南北朝、唐宋，直到明清，砖才广泛地使用于墙体。

除了陵墓结构和一般墙体砌筑外，砖还较多地用于铺地。砖还用作墙面贴件，这主要是指贴面砖，此外还有一些砖拱券砌筑。

图3-0 平遥古城城墙 平遥古城是中国现存最完整的县级城池，距今至少已有1500多年的历史了，它在军事防御与建筑技术上都有很高的研究价值。古城城墙在隋、唐、宋时期延续为夯土墙，直到明代初年才改筑为砖石城墙。现存城墙周长约为6千米，平面近似方形。东、西、北三面墙体都是直线形，唯有南面墙体依据中都河筑成弯曲形状。墙身的平均高度为10米，下宽上窄，底宽8~12米，顶宽2~6米。古城由墙身、马面、挡马墙、垛口、城门和瓮城几部分组成。城墙上还建有城楼、角楼、敌楼、魁星楼、文昌阁、点将台等附属建筑

砖墙砌筑语言

砖墙砌筑技术语言的发展

　　封建社会初期出现的砖砌体结构都是单面单向的砌筑，砖与砖之间没有联系材料，为了增加稳定性，采用了上下错缝的方法砌筑。汉代时随着砖规格的统一，出现了多种的组合方式，使砖墙的整体稳固性有了较好的改善。但在开始时都是干砌，没有联系材料，经过不断的发展与经验总结，逐渐地使用泥、灰等材料加固、联系。这时砖的砌筑就有了更多的方法，也产生了各种墙体的构造形式，稳固性当然是更为加强。

　　砖墙中砖的砌筑方法，经过各时代的实践，产生了很多种。计有：平砖丁砌错缝法、平砖顺砌错缝法、侧砖顺砌错缝法，以及席纹式、空斗式和部分组合式砌法等。

　　平砖就是将砖平放砌置，丁砌就是将砖沿建筑进深方向砌置，错缝就是将上下层砌砖的缝隙交错开来。平砖丁砌错缝法就是将砖按建筑进深方向平放砌置，同时上下层砖缝交错。这种墙体砌法在中国的战国时代即已出现，是较早的砖墙砌筑法，砌筑起的墙体相对较厚，稳定性较好（图3-1-1）。

　　平砖顺砌错缝法，就是在置砖的时候将砖按建筑面阔方向摆放。这种墙体比平砖丁砌错缝墙体要薄，稳定性也稍差，所以不能砌得过高。早期采用平砖顺砌错缝法的均为单砖墙，墙体较薄，多见于一些汉墓中。后来为了增加稳定性，采取两道单砖墙拼合的砌法，但实际上作用并不是很大（图3-1-2）。

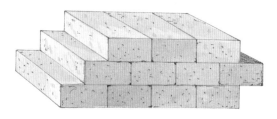

图3-1-1 平砖丁砌错缝法 平砖丁砌错缝法是中国古代砌砖方法之一，是相对稳定的一种砌砖方法

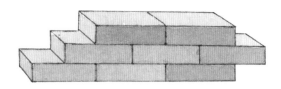

图3-1-2 平砖顺砌错缝法 平砖顺砌错缝法是中国古代砌砖方法之一，它与平砖丁砌错缝法相比，稳定性要差一些，因为它接触地面的面积比平砖丁砌错缝法小了

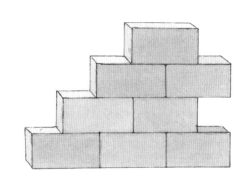

图3-1-3 侧砖顺砌错缝法 侧砖顺砌错缝法也是中国古代砌砖方法之一，它是将砖侧放而又顺着建筑面阔方向摆放。侧砖顺砌错缝法节约材料，但砌成的墙体稳定性很差

　　侧砖顺砌错缝法相对少见，它是将砖按建筑面阔方向上下交错砌置，同时将砖的侧立面朝下。这种砌法筑成的墙体非常单薄，稳定性也很差，还不如平砖顺砌错缝法，所以不能作为承重墙。但是较为节省材料，在砌筑不需要起承重作用的墙体时非常适用（图3-1-3）。

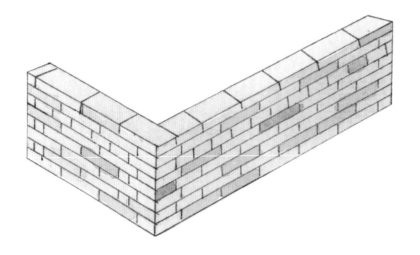

在前几种砌法的基础上，后又发展出了一种组合砌法，即平砖顺砌与侧砖丁砌上下组合的方法。它是在平砖顺砌错缝的墙体中，每隔几层用一层侧砖丁砌的砖，具体相隔层数可灵活变动；或者是只在墙脚、墙头用一道或二道侧砖丁砌，作为墙面的装饰。这种方法砌筑而成的砖墙称为"玉带墙"。其组合的层数灵活多变，是砌墙技术语言的一大发展与变化（图3-1-4）。

用空斗式砌法砌筑而成的砖墙叫作"空斗墙"。空斗式砌法，可以空砌也可以实砌。它在中国的南方比较普遍。空斗式砌法可以节省材料，降低建筑成本。根据空斗式的用砖结构的不同，可分为单丁、双丁、大（小）镶思、大（小）合欢等。一般空斗式砌墙均在斗里装泥土、石、碎砖等。西南地区的空斗式砌墙只在墙的下部装泥，上部为空斗。

唐宋以来，一般建筑墙下的隔碱或槛墙都为平砖顺砌，墙的上身每隔几层就加一层平砖丁砌，直到明清的宫殿建筑仍采用这种方法。当然砖墙砌筑的形式远不止这些，还有一些其他的砌筑法，只是不成体系，也不如以上几者常用。

此外，根据砖材料的砌筑技术与具体加工的优劣等的不同，砖筑墙又有磨砖对缝、磨砖勾缝、淌白撕缝、糙砌等做法。

磨砖对缝砌法开始于汉代，历经唐宋，直到明清，一直被使用。它是先将条砖的五面中心部分砍掉一层，即通常所说的"五扒皮"，其实也就说是对条砖六个面中的五个面进行加工。然后将砖的四边及露明部分加水磨光，使之角正边直，规格统一。砌

筑时是先干砖平摆顺砌错缝，然后于每层之内灌注白灰浆。每砌五层还要加一道暗丁，即在中间摆一道丁砖，将墙体的内外皮连成整体。全部砌筑完之后，外面再用砖加水磨平，达到外观有缝而不见缝的效果。这是非常讲究、细致的一种砖墙砌筑方法（图3-1-5）。

磨砖勾缝也叫撕缝，在做法的精细程度上仅次于磨砖对缝。磨砖勾缝的用砖同样要进行"五扒皮"或"磨五面"，墙心也加砌暗丁，砖墙表面上用水磨平、勾缝，只是砖面的加

工略为粗糙。这样的砌筑法一般用于较重要的墙体。

淌白撕缝法又次一等,多用于一般的房屋墙体。砌筑之前的加工,是用砖只磨外露一面。砌砖时用泼浆灰填缝。砌好后的墙面需要磨平。最后还要用灰浆刷灰缝,使之与砖的颜色达到一致。

糙砌是最为粗糙的砖墙砌筑方法,用砖不加工、不勾缝,灰缝较大,一般都用于加抹灰的墙体。如果是顺砌的清水墙面,仍然需要加砌暗丁。

砖墙的技术语言发展相对较为缓慢。直到唐宋时期,才较多地在土坯墙下段用砖砌筑隔潮。到元代时,有了质量较高的实砖墙、包砖墙、包框墙。明清时期砖砌墙才被广泛地使用。

实砖墙就是墙体全部用砖砌筑。这样的墙体在实例中其实并不多见,一般只在无梁殿和砖塔中采用。因为直到明清时期,中国传统建筑基本都是以木构架为主,所以,砖墙只是起到了围护或分隔的作用。

包砖墙出现得比较早,它是砖与土坯或砖与碎砖混合砌成。它有两种砌法,一种是墙体四周砌砖,中心填碎砖或土坯;另一种是外面做平砖顺砌,内侧砌土坯,每隔三五层用一道

图3-1-5 磨砖对缝影壁 磨砖对缝是一种砖的砌筑与摆放方法,并且是非常工细的一种方法。磨砖对缝法多用在比较讲究的砖体砌筑中,如皇家建筑中的墙体、回音壁、影壁等。图3-1-5即是一座使用磨砖对缝法砌筑壁心的跨山影壁

平砖丁砌，使之互相挤压，称为"里生外熟"。

包框墙在明清时期发展迅速，用的也比较普遍。墙体的四边为实砌砖墙，内部形成明显的镜框，内为壁心。壁心略为收进，可砌实砌、碎砖或土坯（图3-1-6）。

包框墙的壁心有两种做法，一为硬心，一为软心。硬心是在壁心用斧刃方砖磨砖对缝斜摆贴面，较华丽的壁心还在中心或周围用各种雕砖或镶嵌。软心是将壁心抹灰成为白色素面，周围用木条做成纹样图案压边，中间挂有字牌，或在壁面上作壁画，也有做光面影壁的。影壁的前面多种花草树木或立山石，形成美丽景致。

此外，还有一种使用比较普遍的封火墙，尤其是在中国的南方更为常见。它是一种硬山墙。它最突出的特点是将山墙伸出两山屋面，能更好地保护山墙里面的木结构，能较好地阻止火灾时火势的蔓延。

这种山墙因为有阻挡火势蔓延的作用，所以才得名"封火墙"，也叫"防火墙""防火山墙""封火山墙"。封火墙在南方地区的使用非常普遍，并且它还有很多具体的形状，根据形状的不同而有不同的名称，主要有三滴水、五滴水、五岳朝天、如意式、人字式、弓背式等。这类山墙不但具体造型有别，而且装饰的内容非常丰富，有雕砖，有披砖垒脊抹灰，有粘塑，有瓷片嵌花，

图3-1-6 包框墙　包框墙是四边做实砌砖墙，整体形如一个镜框的墙面形式。框内为壁心，略为收进，壁心可砌成实砖墙、碎砖墙、土坯墙、空斗墙等不同材料形式。壁心表面可以不做粉刷而自然暴露出墙壁材料，也可以粉刷或抹灰，有的还有雕刻等装饰。包框墙主要应用于影壁、看墙、廊墙，图3-1-6即为廊墙上的包框墙

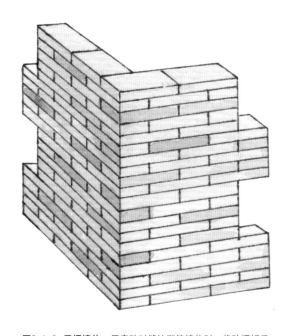

图3-1-7 封火墙 封火墙因为墙体高耸可以阻挡火势的蔓延而得名。封火墙主要在中国南方的民居建筑中常见，尤其是皖南民居中，几乎每座房屋山墙都建成封火墙形式。图3-1-7是闽南封火山墙中的一种，墙头线条曲折柔顺，与山面的装饰结合，就像一张人的脸，很可爱

还有的在檐下抹花边和绘彩画等，既考虑到形象上的美观性，又有较好的防火效果（图3-1-7）。

砖墙的稳定性的发展

砖墙的稳定性主要从墙的整体结构上反映出来，而砖墙整体结构的好坏主要由以下三个方面的因素来决定，一是砖本身的型制的规格化，二是砌筑方法的发展与演进，三是黏合材料的使用与发展。

砖材料用于墙体砌筑，不论墙体是作为承重结构，还是仅仅作为木构架外面的围护结构，墙体的稳定性都是其中非常重要的内容，这也是砖墙的功能性得以实际发挥的最重要因素。所以，砖块规格是否统一、合理，砌筑方法是否合理与先进，是否有较强的黏性材料等，就成了砖墙语言发展的重要因素。

虽然从中国砖的整个发展与生产史来看，并没有一个真正统一的规格，但每一个朝代或每几个连续的朝代，还是有一个相对的固定型制的。特别是从汉代开始，基本有了一定的型制。砖本身的型制与规格，在中国东汉时期已基本定型。同时，砖的垒砌结构也向较为合理

的方面发展，具有黏合性能的灰胶泥砌筑材料也已经出现。不过，直到宋代时，黏土胶结的使用才较为普遍（图3-1-8）。

中国砖的规格到东汉时期形成两种类型。一种是长、宽、高的比例为4：2：1，另一种是长、宽比为2：1，宽、厚比为3：1或4：1。两

图3-1-8 干摆墙体 用磨砖对缝法砌筑墙体时，将砖摆好后再灌泥浆的，称为"干摆"。有时砌砖不用胶结材料，也叫作"干摆"。用干摆方法砌筑的墙体就叫作"干摆墙体"。图3-1-8是干摆墙体中的五出五进摆法

种类型的比数都成倍数又基本成等级，不若现已发掘的东汉之前的战国和秦代时的不规则。如，在陕西临潼秦俑坑中发现的地砖就有"24×14×7""38×19×9.5""42×14×9.5"等几种，长、宽、高都不是完全相同的，每一种砖本身的长、宽、高的比例也不成倍数或等级。

东汉时长、宽、高比例为4:2:1的砖，又有两种具体形式，一是"40×20×10"，一是"25×12×6"，前一种标准，后一种接近标准。在砌筑墙体时可以灵活搭配。长宽比为2:1、宽厚比为3:1或4:1的砖型，砌筑时也可以比较灵活。这种比例的逐渐形成，是由于砌筑墙体时的需要而产生，是实践促进了砖块比例的定型化与规格化。东汉时砖的这种定型化，对以后砖墙砌筑的发展产生了深远的影响，一直到明清时期。

对于砖块本身来说，型制的统一可以增加墙体的稳定性，而砌筑之前对砖块的打磨也是增加墙体稳固性的好办法。

砖的打磨，就是我们在前面所说的磨砖对缝、磨砖勾缝、淌白撕缝等砌法中，对砖块所进行的不同程度的砍磨加工。这其中以磨砖对缝中所说的砖的加工最为精细，这类用砖经过打磨之后，砖面非常平整光洁，特别是露明面绝没有糙、麻不平之处，砖的棱角平直、完整，转头肋也应很平直而不能磨成弧形（图3-1-9）。

那么，按道理说砖在使用前都进行这样的精细加工是最好的，它不但能使砌体外观更整洁，而且也能相应地提高砌体的稳定性。但在建筑时所要考虑的因素绝不仅仅是质量，还有经济效益与实际需要。所以，虽然细致的磨制可以增加建筑的稳固性，但是为了更经济、快捷，在不需要的时候也是不必对砖进行这样精细加工的。

砖的尺寸大小等不能统一，那么只能砌筑一些较为简单或特殊的砌体。比较统一的砖和打磨较好的砖则可以砌筑出更高、更坚固、更好的砌体。而除了砖本身的规格统一和精心打磨外，砌筑的方法也是实现好砌体的一个重要原因。

从已发现的实例看，中国砖墙的砌筑技术语言在西汉时，多为单砖顺砌。其中有少部分墙体，为了增加坚固性与承受力，特将单砖加为双砖或三砖形式，但几者之间并没有很好地连接，只是单墙并用

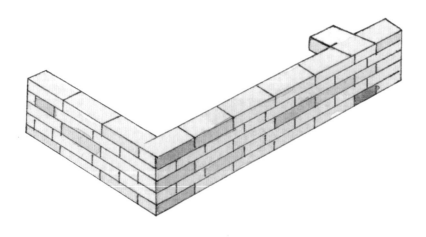

图3-1-9 一丁五顺 在砖砌墙体的砌筑方法中，除了单独使用丁砌或顺砌砌法之外，还有丁砌和顺砌相结合的砌筑方法。一丁五顺即是其中的一种。一丁五顺就是在砌筑砖墙体时，每砌五块顺砖加砌一块丁砖

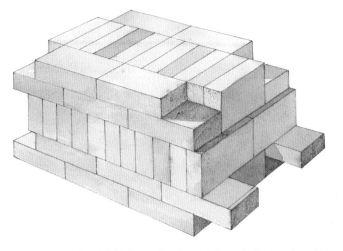

图3-1-10 玉带墙 图3-1-10 玉带墙 中国在东汉时，砖砌墙体就已使用了丁、顺结合的方法。这从现存的东汉陵墓中可以看到它的实例。图3-1-10是河北定县北庄汉墓中的砖墙体砌法，使用的就是丁、顺结合法，这种丁、顺上下层组合砌筑而成的砖墙称为"玉带墙"

而已，而没有形成整体。到了东汉时期，这种情况有了较好的发展。

东汉时期，砌筑双砖或三砖墙体时，采用了丁砖与顺砖交错垒砌的方法，把前后的单砖墙连成了整体。这种连成整体的墙体，其稳定性自然得到了很好的加强。从此也改变了两墙相靠而不相连的做法（图3-1-10）。

其后，到了宋元时期，地面建筑的砖墙内外虽然都用平砖顺砌，但是在其墙体中间加暗丁连接，一样达到了稳定整体的目的（图3-1-11）。

砖本身的型制发展了，砌法也先进了，那么在此基础上，要再加强墙体的稳固性，则主要是借助黏合材料了。

砖墙中的砖之间的黏合与固定材料，在早期时是用的泥浆，将泥浆灌平砖缝，以联合原本各自独立的砌砖。这种用泥浆填平砖缝的做法，从战国时代起用开始，一直延续到宋元时代。而在这两者之间的东汉时期，还出现了石

灰浆这种砖缝黏接材料，但石灰浆的普遍使用已是宋代的事了，而更为广泛地在砖墙中使用石灰浆黏合则是明代。到了清代时灰浆有了细致的分类，只有在重要的宫殿类建筑中才用纯灰浆，比较次要的建筑中用石灰砂浆，再低的则是用灰砂和黄土的混合物。用糯米粥和石灰浆掺合起来作为黏合材料，是较高级的做法，宋代时已有使用，明代的城墙、陵墓等处对这种材料的使用较普遍。

除了以上几种主要而又要经过长期实践与发展才能得以实现的方法外，还有一些在短时间内或在某

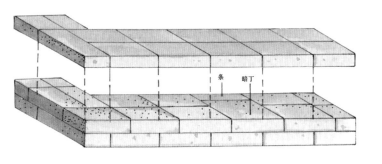

条　暗丁

图3-1-11 暗丁 暗丁是砌砖时使用的加固方法之一，它是在条砖中间摆砌丁砖的形式。加暗丁会使原本整齐或交错砌置的砖之间的交错更多，叠压更明显，所以自然利于整体的稳固性

一次实践中就能实现的加强砖墙稳固性的办法。地面建筑多采用厚墙收分法或依靠木构架来稳定，地下建筑一般多用弧形墙、多角墙、扶壁等手法。

夯土墙和土坯墙是中国古建筑墙身的主要形式，东汉时才出现有地面建筑使用砖筑墙体的实例。夯土墙和土坯墙的一个重要稳定之法，就是采取墙身收分。砖砌墙的收分基本就是按照夯土墙和土坯墙的做法。宋代《营造法式》中关于墙身收分的规定是：墙厚为墙高的一半，每次收分为墙高的十分之一，若是粗砌则将收分变为百分之十三。

明清时期，砖墙建筑比较广泛，墙体的厚度与收分略有减少。清代《工程做法则例》中规定：大式建筑墙的高厚比为5:1左右，收分率为百分之十，但实际上墙的体积并没有减多少（图3-1-12）。

在以木构架为主的建筑中，砖墙只是起到一个围护和分隔内外的作用。这类建筑中的砖墙，不再需要通过砌厚墙体和采取收分法来达到稳定目的，而是依靠木构架。比如，明清时南方地区的一些砖砌山墙，高度都在十几米左右，而墙脚的厚度不超过半米，本身的稳定性很差，但通过砖墙与木构的连接、相通，就能轻易地稳定墙身。所以说，这时的砖墙的稳定性主要依靠的就是墙体内部的木构架（图3-1-13）。

扶壁墙出现于东晋末期，它是一种协助稳定受力墙体的砖墙。扶壁墙的实例在南京幕府山1号墓中可以见到。在这座1号墓的墓室外两侧各有三道砖墙，就是扶壁墙。它们横立在墓壁与土坑壁之间，墙脚宽约0.9米，

厚约0.35米，三者高度分别是3.8米、3.6米、3.5米，左右三墙相互对应，对应者高度相同。根据几道墙所设的位置，可以看出它们具有较好抵抗券顶对墙体向外的水平推力的作用。扶壁墙是砖结构穹隆顶建筑技术中的一种新的语言形式，但是到了唐宋时期就逐渐被仿木构造代替了。

弧形墙是从东汉开始发展起来的一种薄墙体，主要是用于抵抗墓室四周土的侧压。它是将墓室四壁做成向外凸出成一弧形的墙面，还发展出双曲线墙面。宋金时期墓室的平面进一步发展，出现了椭圆形、圆形、多角形、腰鼓形等形状，墙体的弧度更加凸出，结构更为合理，受力分布更均匀，更有利于墙体的稳定性。这种墙的做法很受欢迎，因为它在外观上和功能上都有优势（图3-1-14）。

图3-1-12 封护檐墙 封护檐墙是指建筑的前后檐的檐墙一直砌到屋檐下与屋檐相连的形式。檐椽架到檐檩上但不伸出，外面的墙体砌到与檐平，将椽头完全封住。清代硬山建筑的前后檐墙，特别是后檐墙，较常采用这种"封护檐墙"的做法。图3-1-12是封护檐墙中的鸡嗉檐形式

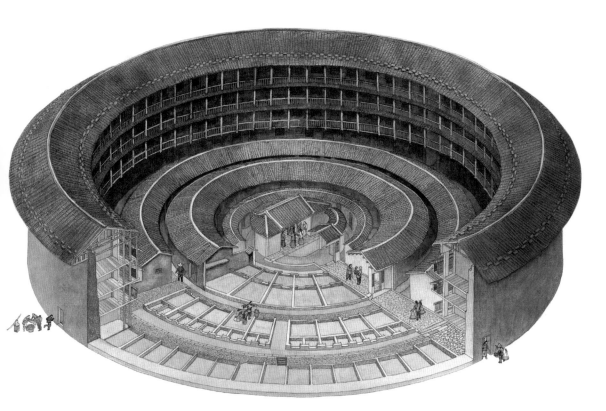

图3-1-13 土楼墙体与构架　福建地区的土楼民居，从外表看都是土墙，但实际上其墙体内部也是使用的木构架，与柱网、框架结构的其他地区民居相比较，土楼民居还是有一部分结构是由土墙承重的。因此土楼民居是墙体承重与木柱结构承重结合的建筑形式

图3-1-14 北宋皇陵墓室　这幅北宋皇陵墓室图，非常清晰地呈现出了宋代陵墓墓室的结构，通直宽敞的墓道，圆形的墓室，墓室上为穹窿顶。这样的陵墓结构更为稳固和合理

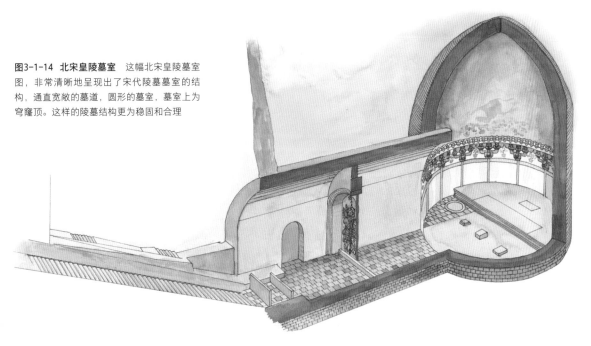

砖券砌筑语言

砖券结构语言的发展

砖券这种砖材料砌筑形式，在中国传统建筑中，主要用于墓葬、砖塔、门洞等处，被称为"砖顶结构"。砖顶结构因为是由砖材料砌筑，所以具有耐腐蚀、耐火、耐水等特性。而砖顶结构在其不断的发展过程中，经过施工中的实践与经验总结，其技术语言有了不断地变化和提高。

砖拱结构语言的产生与初步发展

最初的墓葬砖顶结构并不是砖券形式，而是水平的梁板式。并且在其前期，还只是在墓的底面与四壁用砖，而顶部还用木板。直到产生了空心大砖，才代替了墓室顶部的木板。虽然从材料上来说，砖已完全代替了木，但是空心砖墓采取的墓顶结构仍然是梁板式，不过跨度十分有限。

随着墓葬制度的改变和墓主对大墓的需要，以空心砖砌成的梁板式墓室逐渐不能适应新的情况与需要。因为砖是一种耐压但不耐拉的材料，也就是说，以空心砖作为墓顶盖跨度不能很大，所以墓的大小受到了限制。而葬制由单棺葬变成了双棺葬，需要体量更大的墓室，为了解决这种需要与跨度之间的矛盾，于是产生了由两块空心砖构成的尖拱顶盖形式。

但是，尖拱形式的缺点很快就显现出来。如果尖拱做得很平缓，虽然增大了墓室宽度，但对两侧墙身的推力也变大了，墓室的牢固性不能保证；如果尖拱做得很陡，则墓室的宽度又不会有太大的增加。为了改变这种状况，折

拱形式随之产生。

尖拱、折拱相对梁板式顶来说，已初具砖券形态。不过，尖拱、折拱还不是砖券的成熟形式。加上空心砖本身的规格和连接件等条件

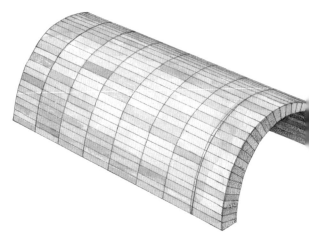

图3-2-1 并列式筒拱结构 并列式筒拱结构是砖拱券结构的发展形式之一，大约出现在东汉时期。并列式筒拱结构就是拱券部分的砌砖为并列形式，砖的走向一致，并列摆放

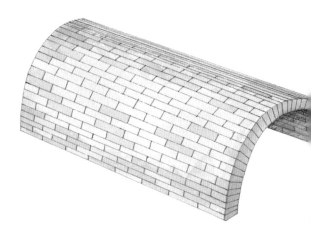

图3-2-2 纵联式筒拱结构 纵联式筒拱结构也是中国古代砖拱券结构的一种发展形式，它是紧接着并列式筒拱结构之后出现的，比并列式筒拱结构更为先进与合理。纵联式筒拱结构中的砌砖虽然走向一致，但并不完全平行并列，而是交错连接，其整体性更强

的不成熟，尖拱、折拱的出现时间并不长，数量也不是很多。

虽然，在一些较大型的陵墓中，尖拱和折拱式的砖顶结构仍然不能满足跨度较大和强度较高的要求，但是它们对于整个砖券技术语言的发展来说，却是前进了一大步。同时，它们也让后人有了更多经验，并在此基础上发展出了更"好"的砖顶结构形式。筒拱结构便是它们的进一步发展。

筒拱结构语言

筒拱采用了更为合适的条砖作为砌拱材料。条砖逐渐成为筒拱砌筑的主要用料。

条砖并不是因为筒拱顶的需要而产生，而是早已出现，只是到了筒拱结构出现时，人们才发现了条砖对于筒拱的适用性，或者也可以说，因为使用条砖砌筑拱券而产生了筒拱结构。不过，条砖的新形式楔形砖却是为了拱券的需要而产生的砖形。楔形砖一边厚一边薄，更适合拱的弧度，它与条砖配合砌筑拱券更为理想。不久又使用了榫卯砖，榫卯砖的使用让筒拱的整体性变得更强，施工也更为方便。

筒拱的形式在西汉中期开始盛行，并且初时采用并列式构造（图3-2-1）。并列式的筒拱砌筑又有三种细分形式：其中一种拱厚为条砖的厚度，这种构造用砖经济，但较少使用；另两种拱厚为半砖，但一种与楔形砖配合使用，而另一种则与扇形砖配合使用，与楔形砖配合使用较为普遍。虽然三种构造略有区别，但总体来说都是整体性不太强。因此后来又出现了纵联拱形式（图3-2-2）。

纵联拱是与并列拱相对而言的。纵联拱的整体性较好，但里面的衬砌较为困难，这也是它出现较晚的原因。

筒拱结构对于平面为窄长形的廊道式空间比较合适，所以当西汉末年墓室平面由长方形转变为方形时，筒拱结构就被拱壳和四边结顶结构所替代。因此，从西汉末至元代，筒拱结构处于低潮期，直到元末由于解决了大跨度问题，才又恢复其主要地位。

元末时砖砌筒拱结构在地面建筑中的运用渐多起来，如，城门洞。在明代，砖砌筒拱结构还促成了无梁殿的兴起。后来，这种结构也用于砖筑的窑洞民居中。这里我们要特别介绍一下无梁殿。

无梁殿建筑全部用砖砌成，顶部用筒拱结构，拱的弧度规整而且跨度较大，所以能产生大的内部空间，可以成为殿而不仅仅是跨度较小的门洞。

筒拱结构的出现与发展是无梁殿得以建筑的决定因素，但是却并非是出现了筒拱结构之后就立即能产生无梁殿的，还必须具备一些其他的条件。其中主要有：制砖技术的进一步发展使砖的产量增大，砖渐渐成为十分普遍而不昂贵的建筑材料；石灰灰浆在砖结构上的普遍应用，自然加强了筒拱结构的整体性，这为增大筒拱跨度提供了有利条件；支模技术在砖结构上的运用，支模也就是"券胎"。

砖拱壳结构语言

砖拱壳结构出现于西汉末期，它的产生是平面十字交叉的筒拱顶相互穿插的结果。拱壳最大的特点是拱脚落在四个拱券上或墙上，四边的受力均匀，美观，且更为合理。拱壳结构的出现是砖拱结构的重大发展，它使原本单向的筒拱结构发展为双向结构。

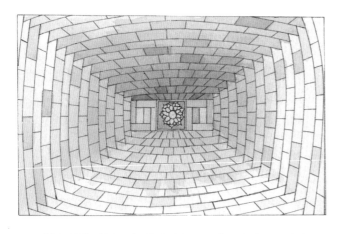

拱壳结构适用于方形平面上，后来逐渐发展，根据需要而产生了长方形。为了拱壳顶的施工方便，砖缝与水平面的夹角逐步缩小，使拱顶壳的高度，也就是矢高逐渐增加。拱壳顶矢高的增加使拱壳对角线上的脊明显起来。

拱壳顶运用于长方形之前还有一个过渡样式，即在方形拱壳一边加一段并列拱来组成长方形。其后才逐渐将中心移至这个长方形的中心，这种形象常见的实例就是东汉墓中的盝顶拱壳结构（图3-2-3）。

东汉中期以后，前后室相通的墓室平面形式逐渐转变为前后室分开的形式，中间以甬道相连。甬道一般用筒拱顶，前后室用拱壳顶。拱壳顶的拱脚一部分落在筒拱顶上，一部分落在甬道门洞两旁的壁体上，这样拱壳的施工就更为简单化。

三国时期，拱壳顶产生了新的砌法，即在墙顶的四角先用条砖作斜卧抹角垫砌，再在上面砌一层斜卧抹角弧拱，将抹角弧拱一直叠加至拱脚能落在墙身中线上与邻近弧拱拱脚相碰为止，这期间的砌筑其弧拱的拱跨是逐渐增大的。由此再往上砌，每砌一层拱跨逐渐缩小，层层汇合至顶部。形成十字形接缝拱壳顶。

砖砌叠涩结构语言的产生与发展

砖砌叠涩顶结构出现于东汉时期，它是拱壳顶砌筑方式的一种变异、发展。因此，叠涩顶的轮廓与拱壳顶相似，但砌筑方式有所不同。叠涩顶是以砖层层出跳的方式成顶，其砖缝是水平的，而不如拱壳顶那样随着拱形而倾斜。砖叠涩结构，从构造方式来说，砖块不但要受压，而且还要承受剪力，所以，在这方面来说它不如拱壳顶。但是，叠涩顶在砌筑上比拱顶更方便，而且对砖的规格要求也较少。

叠涩结构在它的产生初期，并没有得到广泛使用，而是直到唐代才较为常见。宋、辽、金时期，使用叠涩结构就更普遍，因为这时的陵墓平面已向多角形及圆形转变。这种转变的过渡形式是弧形三角体。它的砌法是在墙的四周从一定高度起用叠涩方法往上逐层出跳，砌成一个弧形三角体，作为直角墙和圆形拱壳顶的过渡，这种方法在元代仍有运用（图3-2-4）。

砖券的种类和名词术语

砖券按其形状可分为平券、半圆券、车棚券、木梳背券等几种。此外，在一些园林建筑中，如门窗的什锦样中，还有一些形状特殊的

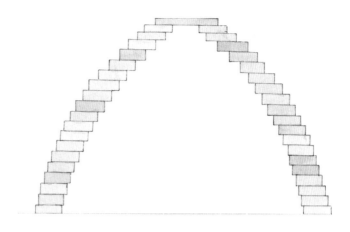

图3-2-4 砖叠涩 砖叠涩是中国砖砌筑方法中非常突出的形式，也是中国砌砖技术的一大进步。使用砖叠涩方法，可以砌筑出与筒拱、拱壳等相近的拱券形状，也可以向外层层叠起作为建筑外部伸出的平座等。图3-2-4是砖叠涩的拱券

券，主要有瓶券、圆光券、多角券和一些异形券等。

平券也称"平口券"，它的砖券部分整体上看起来与地面平行，砖券部分与两侧的墙体呈直角相交，也就是说，平券的砖券部分几乎没有弧度。半圆券就是砖券部分砌筑成半圆形，非常优美。车棚券又叫"枕头券"或"穿堂券"，它的正立面形象有半圆形，也有拱度较小者，它的特点主要是从顶面和侧立面看，面积或长度比一般要大于半圆券，因此在里面形成一个拱形穿堂式空间，而外面则形如枕头，这也是它的两个别称的由来（图3-2-5）。木梳背券也是依形

象而得名，券的拱起弧度不是很高，整体看起来有如一把略略弯背的梳子。圆光券其实就是将圆形洞门用砖砌筑。

每一种事物都有它一定的特点，砖券结构也是如此，那么砖券的特点决定了砖券砌筑的特别形式，根据这些形式而产生了一些相关的砖券名词与术语。

砖券的砌筑被称为"发券"。发券用的券胎，应适当地增高起拱，这样做在形象上比较符合人们的视觉习惯，而在功能上可以抵消沉降。不同的券形，其习惯起拱高度也不尽相同，平券起拱为跨度的1%，木梳背券的起拱高度为跨度的4%，半圆券、圆光券等的起拱高度为跨度的5%。

发券要在券胎上进行。券胎就好似券的立体模型，一般可由木工制作木券胎，或是用砖搭成大致的券形后，再用石灰抹出券形。城门洞等大型券多是用杉篙支搭券胎满堂红架子，一般的券胎也应以样板为标准支搭。

图3-2-5 车棚券 车棚券是砖砌拱券的形式之一，这种形式主要是指其外观形象而言，总体形状有如一个长方形的棚子，券口拱起的高度一般并不是很明显

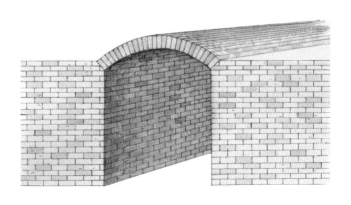

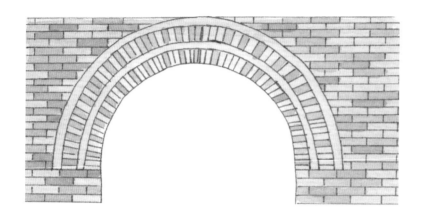

图3-2-6 券砖与伏砖 砖砌的拱券不论弧度大小，只要有一定的形状，其整体形态都会很柔美圆润，线条流畅，带给人无限美感。而如图3-2-6一样在券口部位砌出券、伏的形式，看起来更为优美，更有变化，形象更为分明

在一架砖拱券中，根据砖的砌置形态而有券砖和伏砖之别。券砖就是砖券中立砌的砖，而伏券就是砖券中卧砌的砖。券、伏有多有少，有一券一伏，也有两券两伏，还有三券三伏等。平券大多是只作券砖不用伏砖，木梳背券一般为一券一伏的做法，半圆券、车棚券大多为两券两伏以上做法等（图3-2-6）。

如果是糙砖平券或木梳背券，可以占用少部分砖墙，被占用的部分叫作"雀台"。而糙砖平券或木梳背券两端伸出的部分叫作"张口"。细砖券则不应有雀台。细砖券的砖料经过放样、砍制成上宽下窄的形状，叫作"镐楔"。

砖券的看面形式主要有马莲对、狗子咬和立针券等。

琉璃贴面语言

琉璃是中国古代较为尊贵的建筑材料，一般只有皇家才可以使用。中国在汉代时已普遍制造琉璃器物和琉璃件了，六朝时已将琉璃件应用于建筑上。至宋代时，琉璃的生产技术就非常成熟了。所谓"琉璃"，实际上说得是一种釉。而琉璃件实际上是一种陶器，它与一般陶器的最大不同是在陶胎上挂有琉璃釉。

在宋代的《营造法式》中，记载有琉璃釉的主要配料和配制方法，即当时的琉璃釉是由黄丹、洛河石和铜等合制而成。随着不断发展，到明清时期，琉璃的釉色及品种都有所增加，除黄、绿、蓝外，还出现了翡翠绿、孔雀蓝、娇黄、紫晶等其他众多色彩。此外，琉璃的烧制技术也更高。

琉璃制品主要有琉璃瓦、琉璃砖和其他一些室内外装饰构件，可用于牌坊、照壁、屋顶等处，或作为实用，或作装饰，或两者皆有。

琉璃贴面也就是用琉璃砖等作为墙、影壁

等表面的贴饰。琉璃贴面砖用在墙体上，开始于隋唐时期，宋代时渐渐普及。到了元、明、清时期，琉璃贴面砖的使用更广泛，一些琉璃构件的镶嵌已经达到成熟的水平。之后在建筑中的槛墙、墀头、挂落、博缝、挑檐等部位，都出现了琉璃装饰。琉璃的构件不但美观，还对墙体起到了较好的保护作用，将实用性和艺术性完整地结合起来。这都是琉璃工艺发展的结果（图3-3-1）。

而在琉璃用于墙面之前，中国古代的墙面装饰，主要是使用普通雕花的青砖。所以在这里我们需要介绍一下砖贴面语言。

中国早在战国时期，建筑中就采用了贴面砖。中国古代早期建筑多是在木构架外砌筑土墙围护，但土的耐水性和强度都很差，所以当砖材料出现以后，人们便开始将之用于贴饰墙面，可以更好地保护土墙。而后为了美观，则又在贴面砖上施以雕饰。因此，砖贴面有很好的装饰效果，多用于建筑的显著部位。同时，因为砖的防水性强，质地也更坚硬，所以贴面也满足了功能上的需求。功能作用是使用贴面砖最初的目的。

用于贴面的砖比一般的砖的要求高。贴面砖要求表面光滑整洁，因此，都需要精细的刨磨加工，特别是需要在上面作雕刻的贴面砖。而可以作为贴面砖的砖，在加工打磨之前它的质量就要高于一般的砖，这类砖原本就表面平

图3-3-1 九龙壁 九龙壁就是影壁上雕饰有九条龙的琉璃影壁，它是非常华丽的一种影壁，并且是等级最高的一种影壁，只有皇家才能使用。九龙壁是琉璃贴面语言中极富代表性的实例，也是最为精美不凡、令人称叹的琉璃建筑实例

整、缝隙细小。

砖饰面的方法，一般可分为拼砌和贴面两种。拼砌面砖一般多用在普通的砌砖过程中，它是直接用模制的花砖、刻花砖或画像砖等砌墙、砌券。这种砖贴面根据装饰的需要，把砖的一个或几个面加饰纹样，其砌法、构造与普通的砖砌墙、砌券没有太大的区别，只是要将雕饰面朝向外，同时对拼砌后的砖进行一定的磨制与校正。

除了拼砌之外，如果面砖需要与基层结合，则称为"贴面"。面砖与基层结合的方式，因基层材料的不同而有不同的处理方法。基层如果是土或砖结构，多采用胶泥贴面法，胶结材料是泥土或石灰之类。如果是木制的基层，如额枋、梁、檩等处，使用面砖的话则要用钉、挂等方法来固定，而要用作贴面的砖上都会预先在适当位置留出孔洞。

使用贴面砖保护了墙面，也美化了墙面。而相对于砖来说，琉璃在这两方面的作用更强，所以当琉璃砖出现以后，墙面贴饰就出现了琉璃贴面形式。不过，因为琉璃的品质非凡，制作工艺也较复杂，是较为难得的材料，而古代的统治者又着重强调它只能用于皇家建筑，所以琉璃贴面在普通建筑上几乎不见（图3-3-2）。

如果将建筑比作语言，那么，装饰便是建筑这种语言的精华所在。墙面的装饰也体现着建筑的一种艺术语言。琉璃在建筑中的运用，无疑为建筑语言家族更添

图3-3-2 素面影壁 在中国各类影壁中，除了精美至极、辉煌艳丽的琉璃九龙壁之外，还有很多普通砖、石影壁。在这些砖、石影壁中，有的是壁面使用雕刻，有的则是只贴砖、砌石的素作，即完全不饰雕刻与贴筑。图3-3-2即是一座采用素面做法的影壁

姿彩。

琉璃件最早用于屋顶，也就是琉璃瓦，而用在墙面上则显然是受到普通砖贴面的启发与影响，是普通砖贴面的一种发展。

琉璃贴面砖可以用在槛墙、下碱、博缝、山花、梁、枋等处，也可用在花门、影壁、牌坊、塔等的上面。一般来说，后几者中琉璃的贴面面积较大。而在运用琉璃贴面砖贴饰的部位，尤其是墙面中，最突出的就是槛墙、下碱和影壁几处。因为这几处是建筑或建筑组群中最为令人注目的地方。

槛墙或下碱部位使用的琉璃贴面砖，又分为中心主体贴面砖和圈口线砖两大部分。中心主体贴面砖装饰在槛墙或下碱墙的表面。有单色琉璃，也有多色琉璃，琉璃砖可以组成各色花纹，有龟背锦、回文锦、万字锦等。圈口线砖饰在槛墙或下碱琉璃贴面墙的圈口上，凸出而有雕饰，它就像是琉璃贴面墙的花边。根据琉璃墙体表面图案的不同，圈口线砖的图案也不同，有二龙戏珠、宝相花、蔓草等。

以琉璃砖贴面的影壁称为"琉璃影壁"（图3-3-3）。琉璃影壁

图3-3-3 琉璃影壁 除了单独设立的独立的琉璃影壁之外，中国建筑中还有很多琉璃花门或是琉璃牌坊中的影壁形式，它们看似影壁实际又是门和牌坊。图3-3-3即是琉璃花门中的墙体的一部分，形象看起来就是一块影壁，壁心和四个岔角镶饰有黄绿琉璃件

中琉璃贴面砖的运用也是非常突出的。琉璃影壁与一般的影壁在造型上并没有太大的区别，主要由壁顶、壁身、壁座三部分组成。壁顶如果用琉璃，大多都是琉璃瓦，而壁身和壁座则大多使用的是琉璃贴面砖。

影壁壁座大多为须弥座形式，这样壁座中的琉璃件主要有土衬砖、圭脚、上下枋、上下枭、束腰，这些琉璃砖件的琉璃多只挂在露明面，并且表面多有图案雕饰。

壁身是影壁的主体，也是琉璃件贴饰的最突出部位，主要是中心盒子和岔角。盒子位于影壁壁面中心，面积较大，所以琉璃件多是分块烧制而后拼嵌成一个整体，表面满挂琉璃。盒子图案丰富多彩，雕刻精心细致，充分显示了中国琉璃工艺的高超水平（图3-3-4）。岔角形近三角，分处于盒子的四面，即在壁面的四角隅，露明面雕花饰、挂琉璃。

此外，在皇家园林中带漏窗的

图3-3-4 琉璃影壁盒子 琉璃影壁盒子就是琉璃影壁中心镶饰的盒子，它是琉璃影壁中琉璃使用最为突出与精美的地方。琉璃影壁盒子的装饰内容有花草、龙凤、瑞鹤，还有佛家八宝等。图3-3-4即是双龙捧佛八宝中的法轮的形式

院墙墙帽的顶端，也有琉璃砖件类的装饰，它是为了防止雨水渗入墙中，而用以保护墙顶的。这个构件一般是三个看面都挂有琉璃釉。

在皇家园林中还有一种安在漏窗院墙墙帽上的檐子砖，以支撑琉璃墙帽砖，也有安装在饰有花纹的贴面砖之下充当圈口线砖者。饰花纹的贴面砖，其正面形状是矩形，横断面为曲尺形，雕饰面挂琉璃釉。根据建筑规模的需要，饰花纹贴面砖有大、中、小型之别。

虽然琉璃是非常高级的建筑材料，但从以上所述可以看出，它的运用还是很广泛的，我们这里只是介绍了琉璃贴面砖这一类。

铺瓦工程语言

瓦的产生和发展

在中国古建筑中，屋顶是非常重要的部分。屋顶的最外层材料主要有瓦和草两种，它们主要的作用是保护屋顶构架，防止风雨对内部构架的侵蚀。而在这两种材料中，瓦的保护作用显然更强，防水性更好。但它在出现时间上却是无法和草相比的，毕竟草是自然界生长之物，而瓦是人工烧制而成，哪怕是最简单的烧制也需要一定的技术。

中国在原始土屋阶段，建筑技术非常低级，屋顶铺设材料只能是茅草。夏、商时期，虽然已经脱离了原始社会，进入了奴隶社会，但建筑的发展是依技术与艺术的发展逐渐积累而不是一蹴而就的，所以建筑材料的发展也是逐步的，此时还没有"瓦"的出现。所以，即使贵为帝王宫室，依然多为"土筑草覆"，较为低级、原始（图3-4-1）。

虽然如此，但瓦的出现还是比较早的。据考古发掘，目前已知的最早的瓦的实物，出现于西周早期的宫殿遗址中。经过西周的逐渐发展，春秋战国时期"瓦"开始广泛用于宫殿建筑。同时，各诸侯、霸主开始竞相营造高台宫室，如，战国时的齐都临淄城、赵都邯郸城中，都有高台宫室遗址。高台是由夯土筑成，台上为木构架建筑，这与屋顶瓦料结合，使宫殿建筑终于摆脱了原始的土屋状态。

除了考古发掘之外，在很多文献典籍中也有关于"瓦"的记载。《史记·廉颇蔺相如列传》中有"鼓噪勒兵，武安屋瓦尽振"的描写，这就非常清楚地说明在战国时代瓦已有所应用，并且还较为普遍。

图3-4-1 夏代草屋想象图 中国在原始社会乃至夏商时代，建筑几乎都是使用的土墙、草顶，没有砖瓦。图3-4-1是夏代时的草屋想象图。草屋面阔为八开间，与后期建筑使用单数为开间数的情况有较大区别。草屋的上部为重檐顶，屋面上铺设茅草。建筑的体形虽然宏大，但却朴素、敦实，明显地突出了当时的建筑风格与特色

这时期瓦的尺寸也较大，最为有突破性的成就是瓦钉和瓦身分离。这样就增加了瓦的坚固性，还简化了瓦坯的制作。瓦钉的形状，一般钉身为尖锥形，钉帽为蘑菇形，钉帽上面多装饰。瓦钉多是陶土制成，也有一部分是陶钉帽、铁钉身。

瓦的具体形状也有一个发展与变化的过程（图3-4-2）。从历史资料的记载，以及考古学家的推测来看，瓦在西周的中后期开始有板瓦、筒瓦、瓦当等细分形式。而西周早期的瓦，据考古实物来看，只是一种弧形瓦，没有细分形式。

中国古建筑中使用的瓦，最初是用陶土烧制而成，所以称为"陶瓦"。后来，随着建筑技术的不断发展，瓦出现了多种材料类型，包括有青瓦、铜瓦、金瓦、铁瓦、明瓦等。而随着琉璃技术的发展，还产生了琉璃瓦，也就是在普通瓦上挂琉璃釉的瓦。

瓦的使用促进了瓦的发展，而瓦的发展也让瓦的使用逐渐增多起来。那么，瓦的作用也不再仅仅是防水防雨，保护建筑屋顶构架，同时，还成为建筑装饰艺术的重要体现。

瓦的种类和定义

经过不断的发展，至明清时

图3-4-2 秦代瓦当　秦代瓦当的特点是在圆形或半圆形的瓦当边框中，再划分出内外圆或作左右对称结构，于其间雕饰各种纹样。纹样主要有鹿、鸟、虫等动物，以及一些吉祥语等。而最主要的纹样是云纹，图3-4-2即是一块雕刻着近似如意云纹的秦代瓦当

期，中国古建筑中瓦的种类已极为多样，瓦型也成熟定型。这一时期瓦的具体形式与类别有板瓦、筒瓦、鱼鳞瓦、石板瓦，依据材料的不同又有青瓦、铜瓦、金瓦、铁瓦、明瓦、琉璃瓦等，根据铺设后的形象分则有合瓦、仰瓦、仰合瓦等区别。此外，还有一些相关名词，如瓦垄、滴水、勾头、花边瓦和瓦当等。

板瓦，简单言之，就是看起来比较平整的瓦。准确来说，板瓦是横断面小于半圆的弧形，并且瓦的前端比后端稍稍窄一些的瓦。据考证，西周时期的板瓦长约55厘米，宽近30厘米，而清代时的板瓦长、宽只有20厘米左右，尺寸的逐渐减小主要出于实际需要，一是便于施工，二是破裂时易于更换。

筒瓦与板瓦的区别是筒瓦的横断面呈半圆

形。在给建筑物的屋顶铺瓦时，将板瓦的凹面向上顺着屋顶的坡面叠放，上一块大约压着下一块的十分之七，从下至上摆成一条沟，每一列板瓦摆出的沟与沟并列，沟与沟之间自然也形成一条缝。如果是小式瓦作，则在缝上覆以同样的板瓦，如果是大式瓦作，则在缝上覆盖筒瓦。

根据现有资料推断，筒瓦的出现晚于板瓦。封建社会等级森严，对瓦的使用也有严格的规定，只有上等官和高于上等官建筑的房屋，才能使用筒瓦，当然也可以使用板瓦，而普通民居只能用板瓦而不准用筒瓦（图3-4-3）。不过，到了封建末期，这种情况有所改变。

鱼鳞瓦就是瓦片形状有若鱼鳞，与普通常见的近似方形或长方形的瓦不同，瓦形线条更为优美。用鱼鳞瓦铺设屋面，一样整齐有序，但显得非常特别。

石板瓦本是石片而并非瓦，因为是铺设在屋面上作为瓦件使用，并且作用等同瓦件，所以称为"瓦"。石板瓦的做法是将小块较规整的薄石片有序地排列在屋面上，它是一种民间建筑中使用的瓦作。用石板瓦铺设屋面的建筑称为"石板房"。

在这几种瓦形之中，常用的就是板瓦和筒瓦两种。相对于瓦形，瓦的材料也有多种，并且也有"常见"与"少见"之别。

青瓦是不上釉的普通的青灰色的瓦。青瓦的清代官式名称为布瓦，一般也叫片瓦，它是用泥土烧制而成。青瓦可以做成板瓦形式，也可以做成筒瓦形式。它是各种材料的瓦中最普遍的一种。而金瓦、明瓦等则较为少见。

金瓦是在铜片上包赤金的瓦片，一般多为鱼鳞状，钉在屋顶望板上，清代常将它用于喇嘛庙建筑（图3-4-4）。而《旧唐书·王缙传》载："五台山有金阁寺，铸铜为瓦，涂金

图3-4-3 筒瓦建筑 筒瓦是瓦材料中比较高级的形式，因其断面呈圆形如筒状，所以得名。筒瓦建筑因着筒瓦的等级，建筑也多是具有较高的等级。这类建筑一般都是皇家或寺庙中的建筑，有少部分民居也使用筒瓦

于上，照耀山谷。"也是将金瓦用在寺庙上。此外，铜片和铁片瓦也多是用在庙宇上，极少见于普通民居。

明瓦是一种较为特殊的瓦，它是用蛎、蚌之类的壳磨制成的薄片，多嵌在窗户和天棚上，通透明亮、利于采光。

从瓦的铺设上来说，又可以分为合瓦、仰瓦、仰合瓦等几种。

仰瓦就是在铺设建筑屋面的时候，将瓦的凹面向上，或者说，建筑屋面上的凹面向上的瓦，就称为"仰瓦"。仰瓦一般不用筒瓦的形式。

合瓦是相对仰瓦而言的，也就是铺设屋面时，凹面朝下的瓦。合瓦盖合在每两列仰瓦之间的缝隙上，以防雨水渗入屋瓦下腐蚀木质的梁架。合瓦可以是板瓦，也可以用筒瓦，但要依据建筑等级而定，普通民宅房屋一般只能用

图3-4-4 鱼鳞瓦屋面　鱼鳞瓦屋面即屋面铺瓦为鱼鳞状。图3-4-4是河北承德外八庙中的普陀宗乘之庙的万法归一殿殿顶，顶面即覆盖鱼鳞瓦，并且是金色的鱼鳞瓦。一片一片接近半圆形的薄片状金瓦，真的有如鱼鳞，耀目生辉

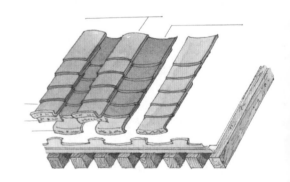

图3-4-5 仰合瓦屋面　仰合瓦是仰瓦和合瓦的合称，即屋面铺瓦中面朝上和面朝下的瓦，面朝上者为仰瓦，面朝下者为合瓦。一般的仰合瓦屋面主要是指板瓦屋面。如果合瓦为筒瓦的话，则称为筒瓦屋面。图3-4-5即为板瓦铺设的仰合瓦屋面

板瓦，而上等官家房屋和皇家宫殿可以用板瓦也可用筒瓦。

仰合瓦也称"仰合瓦盖瓦顶"。其形象就是板瓦和筒瓦或者板瓦和板瓦相对铺设，形成相合之势。在实际操作时，是先将仰瓦凹面朝上一列一列铺在苫背或椽子上，然后在一列一列的仰瓦和仰瓦之间覆以盖瓦（即合瓦），仰瓦和合瓦合称"仰合瓦"（图3-4-5）。

瓦当虽然是瓦家族中重要的一员，但它的作用与铺设在屋面的瓦有些区别。准确地说，它不是铺瓦，而只是屋面铺瓦前部檐端的一块护头瓦，并且是用在筒瓦的下端。

在屋面上覆盖瓦缝的筒瓦，其最下面的一块有半圆形或圆形的端头装饰，这块瓦就是"瓦当"，也称为"瓦珰""勾头"。瓦当最早见于西周晚期，其后经过不断的发展与变化，产生了丰富多彩的形象。在战国时期的都城遗址中，发现有半圆形带花纹的瓦当，其中的花纹有动物纹也有植物纹。

秦汉时期瓦当已比较常见了，瓦当形状多为圆形，瓦当上面的纹样更为丰富，不但有龙、鱼、鹿等动物纹和花草等植物纹，还有如意纹和"万寿无疆""延年益寿"等文字纹（图3-4-6）。南北朝时期的瓦当，除了文字纹外，还有一类极为常见的就是莲花纹，因为南北朝时期佛教极为盛行，而莲花与佛教密切相关。唐代时的瓦当花纹也以莲花为主，比较南北朝的莲花更为华丽。

唐代之后，文字纹瓦当渐少，龙、凤、花草逐渐增多。明清时期，花纹最为丰富多彩。

此外，在建筑物屋顶仰瓦形成的瓦沟的最下面，也有一块特制的瓦，叫作"滴水"。目

图3-4-6　文字瓦当　秦汉瓦当上的雕刻内容有云、花、鸟、兽、吉祥语等，其中的吉祥语也就是吉祥的文字，即在瓦当上雕刻一些带有吉祥之意的文字。图3-4-6瓦当就是秦汉吉祥文字瓦当的一个实例

前可知的最早的滴水形象见于唐代的绘画和石刻。宋、辽时期滴水多用重唇板瓦，明清时期渐渐演变发展成为如意形滴水。如意形的滴水，外形曲折柔美，并且是如意头向下，雨天时的雨水就顺着如意的尖部滴到地面。这种如意形的滴水主要运用于大式瓦作的建筑物中（图3-4-7）。

小式瓦作的建筑物中，滴水大多为略有卷边的花边瓦。不论滴水的整体造型是如意形还是花边瓦，其表面的纹样在明清时都是非常丰富的。

"大式瓦作"是房屋瓦作的形制之一，多用于宫殿、庙宇等建筑。大式瓦作的特点就是用筒瓦骑缝；屋脊上有特制的脊瓦，同时脊上还有吻兽等装饰构件。大式瓦作从材料上

来说，除了可以使用青瓦之外，还能使用琉璃瓦。

"小式瓦作"也是房屋瓦作的形制之一，是与大式瓦作相对而言的。小式瓦作主要在不重要的、一般的建筑中使用。小式瓦作的特点是多用板瓦（小青瓦）骑缝，作为合瓦使用，也有极少数使用筒瓦作为合瓦的；屋脊上没有吻兽等装饰构件。小式瓦作从材料上来说，只能使用青瓦，也就是"黑活"。

瓦垄也是屋面瓦作中的一个名词，但它不是瓦，而是"沟垄"。屋面上仰置的瓦，瓦的凹面是向上的，从屋脊至屋檐铺设完之后，这个凹面就形成了一道凹槽，在其两侧又有凸面向上的合瓦相夹，使仰瓦自然在屋面上形成一条沟垄，这就是"瓦垄"。

铺瓦工程语言

屋面铺瓦主要的功能就是为了防水，但根据建筑的具体形象与要求，以及所铺瓦料的不同，屋面铺瓦又有不同的工程语言形式。

使用仰合瓦形式，不论合瓦用板瓦还是用筒瓦，都可以铺设出较深的瓦垄，便于屋面

图3-4-7 如意形滴水　如意形滴水是明清滴水的常见形式，即滴水的外框形状为如意云头形。图3-4-7即是一座明清建筑中的屋檐滴水，为如意形，滴水表面还雕有行龙纹，滴水表面挂有琉璃釉，可见这是一座等级较高的建筑

雨水的排泄。这样的铺瓦屋面排水是比较理想的。

仰合瓦的铺设还有一种地方做法。一般屋面构造都有很多层，包括表面的瓦层、结合层、防水层、垫层、基层等。层次多的一般多用于官式建筑，而地方民间建筑的铺设层次相对少。特别是在南方地区，因为气候温暖，风力也较小，屋面铺设往往不用结合层和保温层，而直接将仰瓦铺在椽子上，仰瓦上再覆盖合瓦。这种铺设便于检修，同时也能起到较好的遮雨作用。

当然，因为条件的限制，或者反之，恰是因为建筑的需要，不是所有的屋面铺瓦都做成仰合瓦形式，而是另有仰瓦屋面和仰瓦灰梗屋面等不同形式。

仰瓦是凹面向上铺设的瓦，它在仰瓦屋面

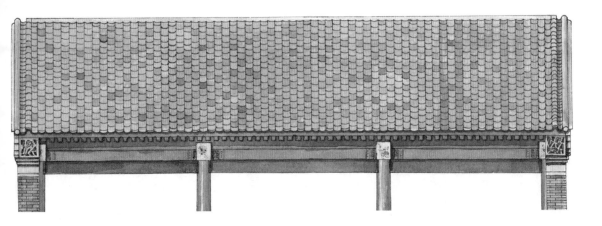

图3-4-8 仰瓦屋面 仰瓦屋面是指屋面铺瓦全部为凹面向上的形式，而没有合瓦，是一种比较简单、素朴的铺瓦形式，没有较高的等级。仰瓦屋面中使用的仰瓦都是板瓦，而不是筒瓦。仰瓦屋面大多用于民间建筑中，特别是北方民间建筑中

中有，在仰合瓦屋面中也有。而仰瓦屋面则是屋面铺瓦只有仰瓦而不用合瓦，各行仰瓦相挨着密集铺设（图3-4-8）。但是再密集的铺设，上面没有盖瓦其防水性也不会非常好。所以，为了更好地防水，在每行仰瓦之间的瓦缝上加抹灰泥制成的窄灰梗。仰瓦灰梗屋面不但增强了防水性能，而且在施工上也比纯粹的仰瓦屋面简单。因此说，仰瓦灰梗屋面是仰瓦屋面的进步形式。

仰瓦屋面和仰瓦灰梗屋面，相对来说，都比较经济，所以很多民间建筑都采用这种铺瓦形式，尤其是少雨的北方地区。

筒瓦屋面的铺设，不但显示出建筑的高等级，同时也比一般的板瓦外观更漂亮，更富有装饰性。带筒瓦的屋面多是用于殿阁、厅堂或亭榭类建筑中，这也是它的高等级的体现。

筒瓦的搭接不像板瓦那样是露六压四式相互叠压，而是靠类似子母榫的瓦唇相互搭接。如果瓦唇处理不当，筒瓦的搭接处就会出现漏水的情况，最初的时候也确实出现了这种情况，后来经过不断的完善，瓦唇形式渐趋于合理化，解决了漏水问题。

筒瓦屋面构件相对丰富一些，因为它还涉及瓦当和滴水的使用。尤其是瓦当，是使用筒瓦的屋面独有的构件。

瓦当和滴水的演变，也同样能体现出瓦身防水工程的进步。根据考古发掘，秦代以前没有圆形瓦当而只有半圆

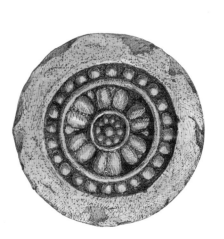

图3-4-9 圆形瓦当 圆形瓦当是瓦当的形状之一。中国古建筑中的瓦当主要有半圆形和圆形两种，半圆形瓦当主要出现在早期的战国、秦、汉时代，汉代以后基本没有了半圆形瓦当，而全部是圆形瓦当

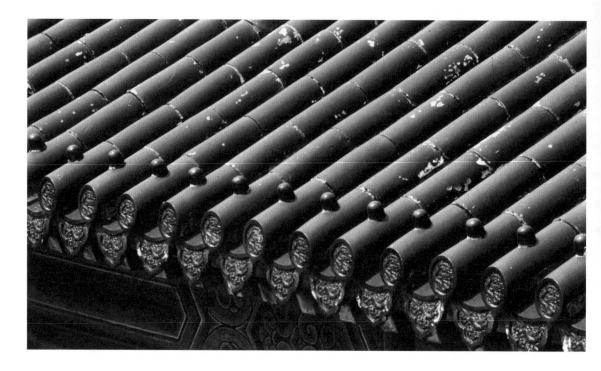

形瓦当，秦汉时期圆形瓦当仍然较为少见，东汉以后才逐渐全部改用圆形瓦当（图3-4-9）。

这种演变除了圆形在外观上美于半圆形之外，更主要的是圆形瓦当比半圆形瓦当更利于排水，因为它的束水性好，雨水不易出现逆流。滴水也同样起着束水作用，可以更好地排除屋面的雨水，它的形式发展也有一个逐步完善的过程。

筒瓦屋面还有一种做法，可以加强屋面的防水性能，即在筒瓦铺好之后，将瓦垄用青灰抹面。这种做法只用于陶瓦屋面，琉璃瓦屋面不必采用。

铺琉璃筒瓦屋面时，为了色调的一致、外观的整洁与美观，铺设黄琉璃瓦时，一般在铺瓦灰中掺入适量的土红，铺绿琉璃瓦时则加入适量的青灰，这样灰缝就不会那么显眼，整体性效果更好。

在中国传统建筑中，有一类建筑的顶形比较优美玲珑，这就是圆形攒尖顶。这类屋顶因为是圆形，其铺瓦也与其他屋顶有着较大的不同，需要一些特殊的处理手法。这种特殊的处理主要体现在瓦形的制作上，用于攒尖顶屋

图3-4-10 瓦钉 瓦钉是用来固定屋瓦的一种构件，一般钉在屋面屋檐处的最末一排屋瓦上。图3-4-10瓦当上面突出的一个个小的圆形是钉帽，钉帽用来防止雨水等对瓦钉的腐蚀。钉帽里面就是瓦钉

面的铺瓦有两种特制形式，一种是竹子瓦，上小下大，每层规格不同，另一种是扇形瓦，用在攒尖顶的近尖处。

铺瓦工程语言中，还有一个问题非常重要，即瓦的固定。中国古建筑屋顶多是有坡度的，并且很多屋面的坡度还比较陡，所以为了防止瓦的下滑，必须要采取相应的措施。而据记载和实例可知，固定瓦的方法主要是采用黏结材料和瓦钉结合。

西周等早期铺瓦的黏结材料

图3-4-11 鸱吻 鸱吻是中国建筑正脊两端装饰的发展形式之一。在中唐至晚唐时期，鸱尾发展演变成带有短尾的兽头，口大张，正吞着屋脊，尾部上翘而卷起，被称为鸱吻，又叫蚩吻。人们将它放在屋脊上既是装饰又有兴雨防火的寓意

主要是泥土或草泥。到了宋代，《营造法式》中记载，铺瓦黏结材料大多使用纯石灰，也有部分用泥。明清时期，官式建筑大多用石灰或石灰加黄泥作为黏结材料，而民间建筑多用草泥。

战国之前瓦钉是附着在瓦上的，与瓦身同时烧制而成。从战国起，瓦钉渐脱离瓦而单独制成，这样一来，

瓦钉更结实，瓦的制作也更为容易。从宋代《营造法式》规定可知，较大的屋面还加用腰钉。明清时，瓦钉使用基本沿袭宋式做法（图3-4-10）。

屋面铺瓦工程，不仅仅是指坡形的屋面，还包括屋脊部分。屋脊是屋顶坡面的相交处，也是屋面防水的薄弱环节，因而屋脊也在早期就发展出了脊瓦。从汉代石阙、明器中反映的建筑形象看，其屋脊多是用筒瓦垒成，屋脊的两端有瓦当头贴面者，也有部分两端向上隆起有如后来的鸱尾。

这种起翘的脊端形式，在汉代时只是将脊端草泥抹厚，目的在于它的实用功能，即保护脊檩处木构的节点。而后来的鸱尾、鸱吻则是功能与装饰性的结合了（图3-4-11）。明清时期的大型宫殿上，正吻非常之大，重量逾吨，那么它的固定又成为屋面瓦作的重要内容。明清时期的解决之法是：将正吻瓦件的空腔套在柏木桩上，其间填石灰、瓦片等加固，瓦件之间再以铁件勾连，正脊也用柏木桩固定。这

种做法基本沿袭宋代，只是明清时期采用了更利于提高整个施工工程进度的预制件。

在民间建筑中，屋脊的做法更为多样，尤其是南方地区。南方地区多采用带花饰的片瓦脊，它是由小青瓦堆砌。北方则较多采用砖垒砌线脚的清水脊。民间建筑屋脊最简单的做法，是在屋脊位置的瓦垄间扣板瓦，外表抹灰，上面不另垒脊。

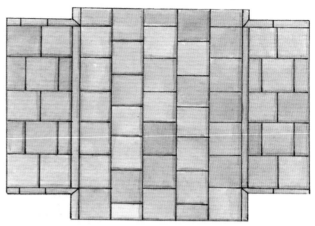

图3-5-1 细墁地面　砖铺地有多种规格，主要根据砖材料加工的粗细程度来分。图3-5-1为细墁地面，就是铺地砖的加工极为细致的一种，属于较为高级的砖铺地形式。它仅次于用在皇家殿堂建筑室内的金砖墁地面

铺地艺术语言

铺地的形式与材料语言

铺地的形式语言

铺地是用一种或几种材料对房屋内外的地面进行加工处理，使地面在实用之外更添美观。因为铺地主要是以砖墁地为主，所以将它一并放在砖结构语言中介绍。

根据建筑的等级和需要等，铺地又有多种等级与形式，主要包括细墁地面（图3-5-1）、淌白地面、金砖墁地面、糙墁地面等。这其中以金砖墁地面最为讲究。

细墁地面做法所用的砖料要经过砍磨加工，加工后的砖规格统一，砖面平整光洁，用它铺墁的地面也非常平整、洁净、美观，并且还比较坚固耐用。细墁地面多用于

室内，较为讲究的建筑才将细墁砖铺地用在室外。

淌白地面略次于细墁地面，其做法较细墁地面要稍微简易一些，对砖料的精细度要求稍低，铺好后的地面与细墁地面外观相似。

糙墁地面是最为粗糙、随意的铺地形式，糙墁地面所用砖料不经过打磨加工，铺出的地面不但粗糙，而且砖块之间的缝隙较大。

其实，还有一种近似于细墁地面的金砖墁地面，它的做法与细墁地面相仿，但比细墁地面更为讲究，可以看作是细墁地面中的高级做法，一般只能用于宫殿等建筑的室内地面。金砖墁地面铺设好之后，踩上去的感觉非常舒服，不滑也不涩。

铺地的形式语言除了指铺法的粗细程度外，还指铺设的位置。比较主要的铺设位置有散水、甬路，以及除甬路之外的院落地面。

散水铺地就是在散水位置铺墁砖石等，或者说因为特意铺设了砖石等，这一小截建筑四周的地面才称为散水。散水是沿建筑前后檐、山墙、台基等四面铺设的地

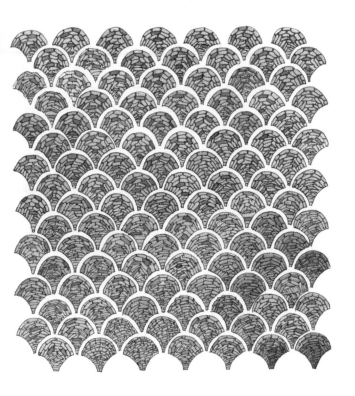

图3-5-2 鱼鳞铺地　鱼鳞铺地就是铺地的纹样为鱼鳞形式。鱼鳞铺地的鱼鳞形外框大多以瓦为界,框内铺设碎瓦片等。一大片的鱼鳞铺地,细看是一片片的鱼鳞,猛然间一看又仿佛是波纹水浪,线条柔美,非常漂亮

面。散水铺地既可以美化建筑周围的地面,又能起到防止地基被雨水侵蚀的实际功能。

甬路就是甬路铺地。在住宅庭院或宫室禁院内的中轴道路,主要起着连通前后建筑的作用,这样的道路称为"甬道"。甬道用方砖铺墁后就称为"甬路铺地"。甬路铺设的砖趟多为奇数,有一、三、五、七、九等,趟数的多少一般由建筑的等级来决定。甬路开始是为了方便行走和显示等级,后来渐渐出现了艺术化的甬路,路面方砖往往饰有雕刻,或者嵌饰瓦片、瓷片、碎石子等,形成美观的雕花甬路。

在建筑群的院落内,除了甬路之外,其余的地面铺墁,因为铺设的面积相对较大又比较完满,所以称为"海墁铺地"。海墁地面一般用条砖,铺法也多是糙墁,而不如甬路精细。海墁地面上的铺砖方向并没有太多讲究,一般以便于雨天能及时流出院落内的雨水为主要目的,除了条砖之外,还有用碎砖瓦铺设的鱼鳞纹等形式(图3-5-2)。

比较讲究而严谨的高级铺地做法,大多用在皇家建筑中。相比较而言,园林铺地就较为丰富而活泼随意,民居铺地则胜在天然。

园林铺地就是运用在园林中的铺地,民居铺地就是民居建筑中的铺地。大部分的民居院落铺地相对于园林铺地来说,要朴素一些,花样上也相对少一些,也更为讲究或是突出主人的爱好。当然,有些民居中的院落铺地之丰富多彩可比园林。

铺地的材料语言

中国传统建筑的铺地材料有砖、瓦、石等许多种。砖墁地又可以细分为方砖铺地和条砖铺地两类。这其中最讲究的材料要数"金

图3-5-3 石子路 石子路是极富观赏性的一类铺地，它的观赏性除了纹样生动多变外，材料也很随意多变。这其中有带花饰的方砖，有砖间镶嵌瓦片、石子的形式，有直接用各色石子摆成的图案。石子路多用在园林之中

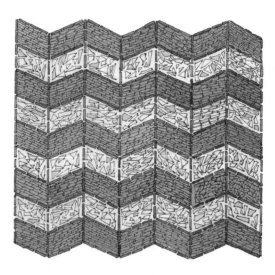

图3-5-4 波纹式铺地 波纹式铺地的纹样也较为整齐，纹样边框如一道道的折线，总体看来就似一道道的水波纹。波纹式铺地是用残砖、剩瓦铺设而成，铺设材料有一定的弧度与厚薄，最终能形成特定的纹路与图案。波纹式铺地大多运用在园林和庭院之中

砖"。用于金砖墁地中的"金砖"，是指制作极为精心、细致、讲究的砖，而并不是黄金做成的砖。这种砖在铺地之前需要打磨精细，铺墁之后还要烫蜡见光。这种方砖都是皇家根据需要特意命令工匠制作，它也只能用在皇家建筑中，并且大多用于重要宫殿的室内地面。

铺地材料除了砖之外，还有石、土、瓦等。石材料铺设的地面称为"石铺地"，土材料铺设的地面称为"夯土地"。瓦一般都是和砖、石等混合使用，而极少单独作为铺地材料。夯土地实际上已不算是我们现在所说的铺地了，并且现在留存的古建筑中也确实难见到夯土地面。我们这里要说的铺地材料主要是砖、石两大类，另外还有一类较为常见的就是砖、石、瓦等混合材料。

全部用砖材料铺设的地面，一般都比较规整、平坦，没有太多的花样。即使有一些拼合

图案，也大多极具规律性。而石子、卵石、瓦或它们的混合运用，所铺设的地面却极富有观赏性。

石子路就是主要以石子为材料的铺地。石子路中有带花饰的方砖，有砖间镶嵌瓦片、石子组成的图案，有纯用各色石子摆成的图案等众多具体材料形式的运用，丰富多彩，非常漂亮。这一类铺地多用在园林之中（图3-5-3）。

砖瓦石混合铺地更明显地是从材料的综合使用方面来分类的，也就是由砖、瓦和石料共同铺设而成的地面。一般来说，这种混合地面所用的砖、瓦、石材料都较为碎小，以期能在较小的面积之内即铺设出清晰可辨的图案或花纹。砖、瓦、石混合铺地的最大特点是变化丰富，因为材料多样，再经过一定的铺设，可以变幻出较多而随意的图案，是极富有装饰性的

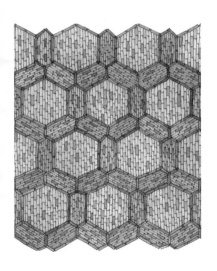

图3-5-5 六方式铺地 六方式铺地是铺地纹样中比较规矩的一种，其纹样大形为六方形。它的砌法是先用砖立砌一个六边框形，然后在其中嵌入不同的卵石或碎瓦片等，以形成一定的铺地图案。六方式铺地还包括它的变异形式

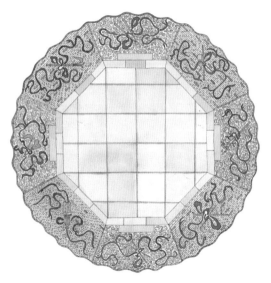

图3-5-6 暗八仙铺地 八仙是中国传说中的八位神仙，关于他们的故事可谓是家喻户晓。八位仙人所使用的法器被称为"暗八仙"。暗八仙和八仙本身一样是中国古建筑中常用的装饰题材。暗八仙分别是洞箫、玉板、荷花、扇子、渔鼓、花篮、葫芦、宝剑，常用来象征或代表八位仙人，这八位仙人就是韩湘子、曹国舅、何仙姑、汉钟离、张果老、蓝采和、铁拐李、吕洞宾。在地面上铺设出暗八仙作为装饰纹样，就是暗八仙铺地

一种铺地。

鹅卵石铺地就是用鹅卵石铺墁的地面，古时候中国小城街道、院内、门前，甚至是驿道都常用这种铺地，现在仍然有一些农村的宅子内外铺设这种鹅卵石的铺地，非常富于自然气息与生活趣味。

全部用砖材料铺设的地面，大多出现在皇家宫殿建筑群中，而石、瓦或砖、瓦、石的混合材料，大多用于园林和民居中。

铺地的题材与艺术语言

铺地的题材也就是铺地材料所表现或组合出来的图案内容，这些图案内容突出地显示了铺地的艺术语言形式。铺地图案内容非常丰富，有波纹式（图3-5-4）、球门式、六方、八方等几何纹，有万字纹、寿字纹、龟背锦、盘长、套钱纹及五福捧寿等吉祥图案，有鹤、鱼、马等动物纹，有海棠花、荷花等植物图案，还有人物故事图案等。

几何纹铺地是一种纹样比较简单而整齐的铺地形式。几何纹铺地所用材料也不外是砖、瓦、石等，只是铺设成的纹样为方、圆、三角、六边、菱形等几何纹，或是几种几何纹样的组合形式，素雅大方。

六方式铺地是比较有代表性的几何纹铺地，它是先用砖立砌一个六方的框形，然后在其中嵌入不同的卵石或碎瓦片等，以形成一定的铺地图案（图3-5-5）。如果立砌成八方形，则为八方式铺地。

铺地纹样除了具有美化庭院、园林地面的作用外，人们往往还追求其吉祥寓意，因此很多铺地纹样都是吉祥图案。如，五只蝙蝠围绕着寿字表示"五福捧寿"、鹤与鹿同在一个画面表示"鹤鹿同春"等。

复杂的吉祥图案大多是多种纹样的组合，而单独

出现的万字纹是吉祥图案中比较简单的形式，它有"万寿""万福"等吉祥寓意。万字纹铺地也就是由砖、瓦、石等拼铺而成的"卍"字图案，暗八仙也属于吉祥图案的一种（图3-5-6）。

荷花、海棠花、卷草等花草和树叶等，铺设而成的地面，都属于植物图案铺地。使用植物图案的铺地，更富有自然气息，给人清新、舒适之感。

动物图案铺地就是铺地纹样为动物形象，如鹤、鹿、蝴蝶、蝙蝠等。动物图案的铺地，从动物形象本身来说，比植物图案更为活泼、生动。比如鹤纹铺地就是用石、砖、瓦等材料，在地面上铺设出仙鹤图案。图案本身的形状不像几何纹那样要求严谨，而是较为活泼、自由。

又因为鹤在古代被看作是不凡的鸟类，有"长寿"的象征意义，常和松柏组合在一起表示"松鹤延年"。所以，这样的动物和植物组合图案也是一种吉祥图案。

人物故事铺地在各种铺地图案中是较为复杂的一种，它是用各种各样的碎砖、碎瓦、小石子等，铺设成历史故事或人物场景等内容，画面以人物为主，兼有一定的故事情节，生动多姿。在北京故宫御花园内就有这样的人物故事铺地，非常美妙。

总的来说，园林中的铺地内容最为多样，形式活泼，而风格清新雅致，这与园林的气氛相适相应；园林铺地材料也最为丰富，砖、石块、卵石、瓦等，材料颜色也多，红、绿、蓝、白、黑等都有。普通民居院落铺地大多使用天然的鹅卵石或其他不能作为房屋建筑材料

的碎石子，更具天然意趣。而皇家宫殿建筑群中的铺地，最为严谨，也最讲究铺地材料的质量。

砖塔建筑语言

砖塔技术语言的发展

砖塔的出现是中国古建筑技术发展的一个重要标志，更是中国古代砖结构技术发展的一个重要标志。只有砖技术发展到一定程度，建造出稳固的砖塔才有可能。

中国早期的塔以木构架为主流，后来随着砖技术的发展，砖塔逐渐代替木塔而成为塔的主流。而就砖塔本身来说，也有一个由初期到成熟的逐渐发展的过程。

中国早期砖塔的形象，大多只能在石窟壁画与雕刻中见到，并且在这些石窟的壁画和雕刻中对于塔的表现还比较多。如云冈等石窟中的中心塔柱，柱身为方形，上面雕刻有佛龛，供有雕刻的佛像，另外还雕有一些小佛和乐伎以及建筑形象。雕刻内容丰富，又基本是满壁的构图形式。

早期这类塔的形象，基本形式是方形塔身，上为半球状覆钵，覆钵上面立木质刹杆，用铁链将之与四角连起来。后来，底层逐渐由单层变为多层，而半球状的覆钵逐渐缩小，最终成为塔顶的塔刹的一小部分了。现存建于唐代的陕西西安大慈恩寺大雁塔，就是这种早期塔演变后的形象实例。

早期砖塔的留存实例很少。这除了自然因素，如地震、风雨侵袭等之外，还因为早

期砖结构技术本身的不成熟，影响了塔的整体稳固性。另外还有一个非常重要的原因，就是灭佛事件，特别是北魏太武帝拓跋焘在太平真君七年（446年）所下的"灭佛令"，影响非常之大，"土木宫塔，声教所及，莫不毕毁矣"。其后又有北周的毁佛运动和一些战争的摧毁，致使隋唐以前的砖塔几乎不存。

现存唯一一座隋唐以前的砖塔是位于河南登封的嵩岳寺塔（图3-6-1）。

中国砖塔在最初时，因为砖结构技术的不成熟，所以大多体量较低矮、层数也较少，甚

图3-6-1 嵩岳寺塔 嵩岳寺塔位于河南登封，是中国早期砖塔中的唯一一座留存至今的实例。这座高达37米的砖塔，因为已经存在1500多年而倍显珍贵。当然，这座塔的珍贵还在于：即便是放在当时它也算是极难得的一座大型砖塔。塔身上的15层密檐全部是以砖叠涩方法砌筑而成，并且由下至上层层缩进，形成优美的抛物线形外观

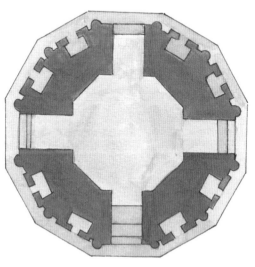

图3-6-2 嵩岳寺塔平面 中国早期砖塔大多为四边形，宋代以后才逐渐较多地出现六边形、八边形等多边形的塔，而建在北魏年间的嵩岳寺塔却是十二边形，不能不说是建筑史上的一个特例，甚至是一个奇迹

至是多数只有一层。后来，砖结构逐渐发展与成熟，砖塔的层数才逐渐增多。当出现了九层，甚至是十三层砖塔时，无疑用事实说明了中国砖结构技术的大大进步。

同时，因为砖塔的体量增高，在建筑时还必须有相应的高空施工技术和测量技术。所以说，砖塔，特别是高层砖塔的出现，不但是中国砖结构技术的进步，同时也是中国古建筑技术发展的重要标志。

中国早期的砖塔不但层数较少，而且平面也相对简单，大多为方形。直到唐代依然以方形塔为主，现存唐代塔的实例中就有很多方形平面的塔。宋代时，六角形、八角形等平面的塔才逐渐普遍起来。不过，中国现存最早的砖塔，河南登封嵩岳寺塔却是一个特例，它建于北魏正光四年（523年），但它却是一座平面为十二边形的塔（图3-6-2）。

砖塔技术的发展，还表现在塔的登临作用上。中国的塔是由印度佛塔演变而来，但印度佛塔并没有登临的要求，而中国的塔则多有可以登临的作用，这也是中国的塔的一大特点。南北朝时北周的著名文学家庾信，就曾有诗描写他登塔的情形："重峦千仞塔，危磴九层台。"

若要塔具有可登临的作用，那么对塔的结构、阶梯，甚至是门窗等，都需要有一系列的改进。

早期的砖塔大多为方形平面，方形只有四个方向，如果登临，登者的视野自然受到限制，因为只能看到四个方向。如果说塔身四周有廊，人能站到廊内并绕塔一周，即使只有四个方向视野一样会很好。但事实却是：当时并没有出现四周带廊的塔，人只能在塔内向外观看，而且这时砖塔的塔壁特别厚，门窗的开口也比较小，这对于砖结构技术不是很成熟的早期来说，厚壁、小门窗、不带外廊等做法，能增强塔的整体的稳固性。

但既已产生登临的要求，砖结构也在不断进步，所以上述各方面的做法都在逐渐改进与发展。首先是六角形、八角形的砖塔逐渐普遍，增加了两个或四个方位的视野。其次是出现了木料和石料结合而制成的悬臂梁，塔身产生了向外的出挑，人可以走到塔身外缘观景，而在砖塔中这种结构主要是通过砖叠涩来实现，砖叠涩出挑出塔身外廊，也就是平座，平座上缘一般设置栏杆，人可以在栏杆内的廊子上观景。

砖塔中出现了叠涩法悬挑而出的平座之后，为了便于人们从塔内出到塔身外的廊内，处在这个"内外"之间的门的开口自然要相应地增大，而为了取得外观谐调一致的效果，塔上的窗口自然也要相应地增大。

砖塔内部的楼梯，原本也是木材料制成，后来因为常有人登临的原因，其坚固性方面的弱点渐渐显示出来，同时，更因为木材料不耐火，所以，砖塔中的梯子也渐渐为砖或石料所代替。

当然，这并不是说所有的塔都能登临，有些塔就是实心、不可登临的，比如，大多数的密檐式塔都是实心而不能登临的。

总的来看，初唐及其之前是中国砖塔发展的初期，而宋代是中国砖塔发展的高峰期，其后渐衰。不过，明代有一个小高潮。

在高峰时的宋代，产生了许多造型优美、

图3-6-3 开元寺料敌塔　开元寺料敌塔位于河北定县，是一座建于北宋年间的砖塔，以形体高峻著称，高达84米。从它的名称也可看出，这座塔与一般的佛塔不同，不是为奉佛、拜佛，而是为了料敌、防御，这与它高大的塔身正相适应

技术精湛的砖塔，目前所存实例也较多。例如，中国现存最高的砖塔，高达84米的河北定县开元寺塔，也称料敌塔，就是北宋皇祐四年（1052年）所建（图3-6-3）。

砖塔结构的类型语言

不同的砖塔，其内部或总体结构会有所不同。总的来说，主要有空筒结构、中心塔柱式，以及实心砖塔等。

空筒式结构语言

空筒结构的砖塔，就是整个塔用砖砌成厚厚的壁体，中心形成一个空筒，"空筒结构"之名即因此而来。中国现存最早的砖塔实例，河南登封嵩岳寺塔就是一座空筒结构的砖塔。嵩岳寺塔是一座带有十五层密檐的密檐式砖塔，其外部平面为十二边形，内部为八边形，塔的高度为41米。塔的外壁全部用砖砌，厚度达5米。塔壁中心形成一个空筒，空筒处以木质楼板分出上下各层的塔室。

空筒结构的砖塔在唐代时最为兴盛。唐代是中国封建社会中非常开放的一个时期，当时的对外文化交流比较频繁，又较能吸收与包容外族文化与事物。这其中就包括佛教文化，唐代时佛教文化不但大量传入中国，而且当时的统治阶级也非常提倡，这也促进了砖塔的大量

图3-6-4 大雁塔　位于陕西西安的大雁塔是中国唐代佛塔的代表，也是唐代四方塔中比较突出的一例。据说它是为了纪念唐代的玄奘和尚而建。整个方塔的塔身接近洁白，由底层至顶层，层层缩进，形成"金字塔"形状

建造。并且，这时的砖塔的结构主要采用空筒形式。正因为比较多，所以空筒结构成为唐代砖塔的一大特征。

　　唐代空筒结构的砖塔，现存实例较多，并且大多分布在河南、陕西、山西、四川等地，这些都是唐代时政治与经济文化比较发达的地区。

　　唐代这类空筒结构的砖塔，极具唐代的时代特点。其平面一般都为方形，四边长短相同。塔上开有门窗，雕有壁龛，壁龛和门窗都采用券顶形式。两个特点合为"方塔券洞"，方与圆相互结合，相互映照与对比，自然生出一种外观形象上的美。

从装饰上来说，唐代空筒结构砖塔的外观比较朴素，只有个别实例采用砖仿木的斗拱、平座等。塔的整体造型是下大上小，底层层高最高，二层以上逐渐缩短，宽度也逐渐变窄，顶部多以叠砖封顶，上安塔刹，使整个砖塔呈现出优美的曲线，自然流畅（图3-6-4）。

唐代时的空筒式结构砖塔，其内部用来登塔的楼梯，大多为木制。而塔的重量则主要以厚实的壁体来承担，因此为了加强壁体的坚固度，特在一些薄弱部分，诸如檐口、檐角、门窗洞口等处，加用一些过梁、角梁、木枋。这种加固法，不但在唐代，在唐代之后仍然相当普遍。

空筒结构用于砖塔，自唐以后一直到明清，都不曾绝迹。

中心塔柱式结构语言

中心塔柱式结构，简单地说就是在塔的内部有中心柱，它是与空筒式结构相对而言的一种砖塔结构形式。

中心塔柱式结构的砖塔，又根据塔内的登塔楼梯的设置还有不同的具体构造形式。其中比较特别的是穿心式。所谓穿心式就是在中心塔柱内开辟登塔的阶梯通道。这种结构方式因为需要相当大的塔心柱柱径，所以感觉很厚重。

中心塔柱式的砖塔，尤其是穿

图3-6-5 开元寺料敌塔内景 图3-6-5为开元寺料敌塔内部，这是一座以塔柱为中心的可以进入的砖塔。塔身的内廊，即塔内的走道，其上部为拱券形，皆由砖材料砌筑而成。图中高敞的拱券空间是环绕塔柱的内廊部分，而较低矮的拱券洞则是出入塔的口

心塔柱式的砖塔，其中的塔心柱，是塔的结构主干，因为有了这样相对厚重的塔心柱作为承重主体，所以塔的外壁就可以相对建得薄一些。因此，当塔的外壁因外力而出现塌毁等情况时，整个塔依然能屹立不动。也就是说，外表有一些塌裂不会影响到塔的整体的稳定。这从现存的河北开元寺料敌塔就可以看出来，这座料敌塔的外壁就曾部分塌毁，但因为中心有厚重的塔柱，所以塔的整体并未因此倒塌，让它能够较容易地被重修而得以实现原貌的恢复。

带有中心塔柱的砖塔，因为登临的需要，而产生了内廊，虽然外壁可以相应地建薄，但因为中心塔柱占据了较大空间，所以内廊一般并不十分宽敞，楼层可以用砖券或砖叠涩构成。整个塔全部使用砖料也就成为可能（图3-6-5）。

实心砖塔结构语言

实心砖塔是相对于空筒结构砖塔和中心塔柱式砖塔而言。实心砖塔就是全部用砖砌成的实心体建筑，它的外观可以做成楼阁形式，也可以做成密檐形式（图3-6-6）。

实心砖塔最初是用作墓塔和小型佛塔，辽代时渐扩建为形体高大的塔，外形主要模仿常见的密檐式塔和楼阁式塔。这时的实心砖塔的塔身，布满雕刻，非常富有装饰性，整体造型也很美观，成为中国塔中一个非常特别而吸引人的类型。

实心砖塔的建造以辽代最为兴盛，其后的元、明、清，甚至是几乎与辽同时的金代，虽然也有建筑实心砖塔，但在数量上和体量上，

以及精美程度上，都无法和辽代相比。

辽代实心砖塔主要分布在辽代时的京城附近，以及辽代时较为发达的地区，其中主要的地区有：辽宁、内蒙古、吉林、河北、山西等。辽代留存至今的实心砖塔约有百余座。

中国目前所存实心砖塔中较有代表性的有：北京天宁寺塔、河北易县泰宁寺塔、宁城大名城塔、辽阳凤凰山云接寺塔等。从这些现存实例来看，辽代的实心砖塔中，以密檐式居多，并且它在形式上基本承袭唐代密檐塔的风格；楼阁式的实心砖塔的数量相对较少，它们的式样基本承袭宋代楼阁式塔的风格。

实心砖塔的总体形象是：塔的平面大多为八角形，由基座、塔身、塔刹等几部分组成，与其他结构的砖塔并没有太大的差别。塔身上的雕刻往往非常烦琐，极富装饰性。如在塔身上刻出券门、券窗、梁枋、莲花、云朵，以及佛像、力士、飞天等佛教人物形象。

楼阁式的实心砖塔还多雕出斗拱、塔檐、平座等，仅斗拱又可细分出柱头斗拱、补间斗拱、转角斗拱，雕制非常复杂。这些构件全部为砖材料制成，但无论在形象还是尺度上，却都是完全采用的木构手法。这也是中国砖技术发展的一个重要表现。

实心砖塔的内部构造比较简单，它是在施工时先砌外壁，紧接着就将内部全部填平，一般都是逐层填砌。内部的填砌并没有严格的规律：材料可以用砖，可以用砖加土，甚至也可以全部用黄土；填砌时的砖料可大可小，砌法有顺砌，也有顺丁结合等。

图3-6-6 永安万寿塔 永安万寿塔位于北京城西八里庄京密引水渠西岸山坡上。始建于明代万历四年（1576年）。因为此塔初建时，是慈寿寺的中心塔，所以又称慈寿寺塔。又因为塔身玲珑俊秀，人们将它称作玲珑塔。塔为砖石砌筑，密檐式，上有十三层塔檐，塔身为八角形

04 中国古建筑的石结构语言

石结构建筑语言

石结构建筑就是由石材料构筑而成的建筑或建筑部分，石结构建筑的基本语言就是石材料，中国古建筑中常用的石材料主要有：青白石、汉白玉石、花岗石、花斑石、青砂石等。

青白石是一个大类，根据花纹与颜色等的差别，又可分为青石、白石、青石白碴、豆瓣绿、砖碴石、艾叶青等。总的来说，青白石的质地较硬，质感细腻，所以多用于宫殿建筑，又因为青白石不易风化，所以还比较适合作为雕刻材料。

汉白玉石是皇家建筑中比较常用的一种石材。石料质地轻软，纹理细腻，质感洁白莹润，比青白石更适于做雕刻材料。不过它的强度和耐风化性不如青白石。

花岗石的细分类别也很多，主要有豆渣石、虎皮石、麻石、焦山石、金山石等。花岗石的质地坚硬，不易风化，比较适合作为台基或地面等的材料。同时，也恰因为它坚硬，不易雕刻，加上纹理粗糙，所以不适合用作高级石雕材料。

花斑石因表面带有华丽的斑纹而得名，一般作为重要宫殿建筑的铺地材料。

青砂石相对来说，质量较差，它的质地细软，又容易风化，一般用于小式建筑。

在具体的建筑中，根据不同石材的性质进行搭配使用，会更为经济合理，也能更好地提高建筑质量（图4-1-1）。

图4-1-1 天坛圜丘坛 圜丘坛是皇帝祭天的地方，位于天坛坛区的南部，与祈年殿南北相对。圜丘坛是一座三层的汉白玉的圆台。圜丘坛的建筑形式与阴阳五行学说相对应。如，其所用数字都是奇数，而且还多与"九"字相关。它的第一层台面中心是一块圆形大石，大石外围有九圈青石环绕，第一圈有九块青石，第二圈为十八块青石，第三圈是二十七块青石，以至第九圈为八十一块

中国早在原始社会就已开始在建筑中使用石材料，春秋战国时期因为工具的发展而促进了石材料的开采与使用，秦汉以后石材料开始普遍用于建筑中。

中国传统建筑中，使用石材料相对突出的主要有房屋、塔、桥、墓室，以及石窟等。

纯粹石材料的房屋并不多见，规模也不大，大多只是一些小石屋、石亭或是辟于山洞中的石室。而且，单独存在的这种小型石建筑，大多也都是仿木结构。真正全石结构的建筑，大多还是诸如经幢、石阙之类的小品。

塔的材料有很多，有木、砖、琉璃等，用石材料建筑的石塔只是塔中的一部分。石塔主要有不带塔室的小型塔、空筒塔、塔心柱塔等。在形式上并未突破其他材料建筑的塔。

因此，要说利用石材料建筑的中国传统建筑中，比较突出者还要数桥和陵墓。石窟也非常突出，但它是一个石材料建筑的特别类型，所以另外单节介绍。

石材料建筑的桥就称为"石桥"。桥的用材虽然也有木、石、砖等多种，但因为桥是重要的交通工程，需要承受的荷载大，又处于露天环境和水中，因此使用石材料最为理想。事实上石桥的数量和留存实例，在各种材料的桥梁中也最多（图4-1-2）。

石桥中又以石拱桥最为突出，最具代表性，最能表现石桥建筑的工程技术语言，同时，也是中国石桥发展史上的一项重要成就。中国建于隋代的河北赵县的安济桥，建成至今已近1500年，仍然屹立不倒，就充分说明了中国石桥，特别是石拱桥建造技术的高超

图4-1-2 颐和园玉带桥　在北京颐和园内有一道湖堤，堤上建有六座各具特色的小桥，玉带桥即是其中一座。玉带桥是中国现存尖拱石桥中极富代表性的实例，拱形优美，桥面上设汉白玉石栏杆，洁白优雅

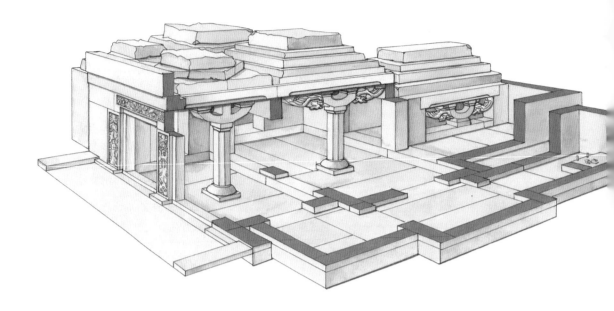

水平，也是中国石材料建筑史上的一个经典实例。

安济桥又名赵州桥，跨建在河北赵县城南五里的洨河上。它是一座敞肩式单孔石拱桥，净跨度37米多，拱矢高7米多。它的具体形象是：在中间大拱的两肩上各开有两个小拱，所以称为"敞肩"，这样的设置更利于桥洞的排水，同时也能减轻桥身的自重；桥面两边设有栏板望柱，栏板上面浮雕龙、兽，中间部分望柱头还雕有狮头。整个桥身稳重又轻盈，雄伟又秀丽，坚固而实用，是功能性、艺术性与科学性的完美结合。

陵墓也是石构建筑中比较突出的一类。中国古代有很强的"事死如事生"思想，对墓葬非常重视，那么墓室的坚固性与耐久性自然成为造墓的重要内容。

早期墓室多使用木椁墓，后来逐渐为砖石墓取代，坚固度更强。石室墓在东汉中期以后非常盛行，其中又以平面长方形的单室最多，上下用石板铺盖，壁体也用石块叠砌。现存最

图4-1-3 东汉石墓 石墓就是用石材料建造的墓穴，这主要是指墓葬的墓室，墓葬处于地下的墓室使用石材料建造，自然比用木材料更为坚固，保存更为长久。图4-1-3即是现存的东汉石墓墓室内部结构图，它发掘于山东沂南

早的石墓遗物即为东汉建造，如东汉辽阳石墓、山东沂南石室墓（图4-1-3）。

辽阳石墓，主要用石板建造，石材是青色大块石灰质板岩，这种石材在开采时可根据自然纹理层层揭取。而墓室中所见石板形象看，其打制方正而表面光滑，表明当时已有不错的处理石材的工具。此外，这座石墓还考虑到石材的抗拉强度低的问题，而特意在顶上的石板下加用条石横枋，石与石间还使用石灰勾缝。这都说明了当时在石材料建筑技术上所具有的水平。

山东沂南汉墓，从石建筑结构与技术的发展来看，比较具有代表性。这座石墓为仿木结构形式，但是又能兼顾石材料的特性而有灵活处理。比如，石材料虽然坚硬，但挠性差，

跨度不能太大，所以室内采用中柱。藻井则用抹角叠涩重叠，极好地发挥了石材料的抗压性能。

在陵墓中，除了地下石室之外，运用石材较突出的还有地面上的石阙、石柱。

中国石阙以汉代最为兴盛，它不但用在陵墓中，也用在当时的一些祠庙、衙署和宫殿等处。但现存最多的是陵墓石阙。现存汉代陵墓石阙主要分布在河南、四川等地。

河南登封的太室阙就是一座较有代表性的石阙，阙全部用石块垒成。阙身下是平整方直的基座，基座上的正阙和子阙连成一体，正阙高于子阙。正阙就是阙内侧较高大的部分，子阙也称副阙，是阙外侧较矮小的部分。石阙阙身的最上一层石块平面增大，上面承托挑出的阙顶。

除此之外，像四川雅安的高颐阙、冯焕阙（图4-1-4）等，也都是现存较有代表性的汉代石阙。

南北朝时的石结构建筑，比照汉代有了新的发展，这主要表现在石柱的建立上。现存比较有代表性的例子有：南京梁萧景墓神道石柱、河北北齐义慈惠石柱等。

义慈惠石柱位于河北定兴，北齐天统年间建立，所以称为"北齐义慈惠石柱"。主体的柱身为八角形，所占比例最长；柱顶为长方形平石板，上面雕有石屋，完全仿木构；柱底为雕刻莲花的基座。整个石柱就是一个完整的石构建筑，同时又使用了木构架形式，因此它对于研究石结构和木结构都有一定的价值。

除了石桥和陵墓石构建筑外，在一些寺庙建筑中还常常立有石经幢。经幢是一种柱体上

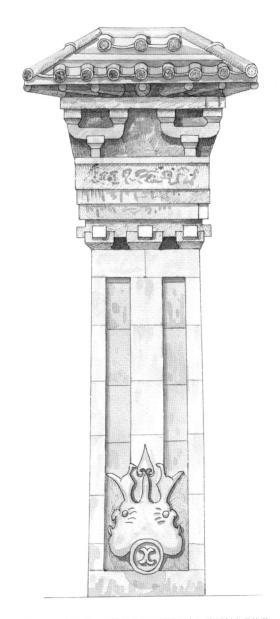

图4-1-4 冯焕阙 冯焕阙位于四川渠县东汉豫州刺史冯焕墓前，原阙为双出阙形式，但现今所存仅剩东侧的母阙，图4-1-4是它的正立面图。阙高4米多，最宽处约2米。由上至下为阙顶、斗拱、梁枋、阙身。阙身由整块石料雕琢而成

图4-1-5 赵县陀罗尼经幢 赵县陀罗尼经幢位于河北省赵县。因为经幢的柱体上刻有陀罗尼经而得名。这座经幢的整体形象非常高直纤细，亭亭玉立，由幢的基座至顶尖宝珠，微微有一些收分，所以看起来在纤细、独立中又透着稳重的朴素感

刻有陀罗尼经文等的纪念性建筑，一般都是石材料制成。

现存经幢实例最为著名者，当属河北赵县陀罗尼经幢，非常精美。尤其是其底部，由三层须弥座构成，须弥座上雕有莲花、小龛、金刚力士、柱子等，雕工细腻、精湛。须弥座上主要有三段柱身，每段之间以莲花和华盖连接，其雕制的精美不亚于下面的须弥座。柱身上部是幢顶，尖处立圆润的摩尼宝珠（图4-1-5）。

▌石窟寺语言

石窟寺是一种依据自然山石开凿的佛教寺庙，它既是佛教寺庙中的特殊形式，也是石构建筑中的一种特殊的形式。中国石窟寺的开凿自佛教传入之初就陆续开始了。而它的开凿高峰与鼎盛期主要是在南北朝和隋唐，唐代之后逐渐走向衰落。

中国石窟寺的主要分布地区有：新疆、甘肃、河南、河北、山西、陕西、四川等。而现在保存较好的、又较有代表性的石窟寺，主要有：山西大同的云冈石窟、河南洛阳的龙门石窟、甘肃敦煌的莫高窟、甘肃天水的麦积山石窟等。这些石窟的主要凿建时间，都在中国石窟寺的凿建鼎盛期，即南北朝和隋、唐时期。

这一时期的这些石窟寺，极精彩而全面地表现了中国石窟寺的各种语言形式，包括石窟寺的开凿形状与形态语言、石窟寺的雕塑语言、石窟寺的壁画语言等。石窟寺是佛

教在中国发展情况的重要印证，是中国佛教艺术语言的重要载体，或者说它本身就是一种佛教艺术语言形式。

云冈石窟

云冈石窟位于山西省大同市西北的武州山南麓，整个石窟东西绵延约1公里，东西相连、上下交错，排列有众多洞窟，仅现存比较主要的就有50多个，其中著名和具代表性的有昙曜五窟，以及1、2、3、5、9、10、12等窟。石窟内造像全部为石雕。

昙曜五窟是云冈的早期洞窟，也就是现今被编为16、17、18、19、20号的五个洞窟。昙曜五窟是高僧昙曜总领开凿，所以才得名"昙曜五窟"。这从《魏书·释老志》的记载可知："初昙曜以复法之明年，自中山被命赴京……昙曜白帝，于京城西武州塞，凿山石壁，开窟五所，镌建佛像各一。高者七十尺，次六十尺，雕饰雄伟，冠于一世"。同时，这段记载也清楚地说明了云冈石窟初开凿于复法之后，即"复法之明年"。这里的复法指的是北魏文成帝的复法，复法之年在452年，即文成帝兴安元年。在这之前的太武帝实施了大举灭法，而文成帝即位元年便立刻复法，恢复人们对佛教的信仰，也促进了佛教与佛教相关建筑的发展。云冈石窟在复法后的第二年开凿即是实证。

第16窟是昙曜五窟的第一窟，居于五窟最东方。窟长12.5米，深近9米，高15米多。窟中的主供站立佛像高达13米（图4-2-1）。佛像面貌英俊，面容沉静肃穆。头顶梳波状发髻，身着褒衣博带，身材挺拔。除主像外，还

在窟壁上凿建有佛龛，内塑佛、菩萨、交脚弥勒、胁侍等石像，石像周围又密布着一尊尊较小的佛像，俗称"千佛"。这也是云冈石窟早期洞窟的一大特点。

第17窟的地面要比其他四窟低1米左右，这是它的特别之处之一。石窟内主供一尊交脚

图4-2-1 云冈第16窟主像 图4-2-1是云冈第16窟中的主供站立佛像，高达13米多。佛像面容沉静，又显自然温和。佛像大耳垂肩，正是佛的双耳常见形象。佛像的腰身处有较严重的毁损，微垂的左手手指也有部分残缺。据说，此尊大佛对应的是北魏文成帝拓跋濬，石窟开凿时他正是在位皇帝

大佛像，风化较为严重。佛像胸前的蛇形纹饰是早期交脚佛服饰的特点之一。主像的左右分别塑有一尊端坐与站立的佛像，面容丰满、身体匀称、挺拔健硕。窟的东南、西南壁上雕刻有合十、跪立的供养人形象，面容丰满、线条流畅、形象优美，是云冈石窟成熟期的作品。

第18窟是昙曜五窟中雕像较多的一窟。主像两侧立有胁侍菩萨以及佛的十大弟子。弟子像头部采用圆浮雕手法，突出墙壁，而身体渐渐由上至下隐于墙壁内，这是云冈石窟雕塑的特例。窟内的主像高15米多，佛像身披袈裟站立，气宇轩昂。左手抚胸，有强烈的动感。

第19窟是昙曜五窟中规模最大、组合较为特殊的洞窟，在椭圆形的平面之外还开出了两个耳洞。窟洞大小非常合于山势，石窟内坐佛主像高近17米，是五窟中第一大佛，也是云冈石窟内第二高的佛像。主洞两旁耳洞内，各置一尊倚坐佛。如此安排，庄严而又有变化。

第20窟的前壁在洞窟竣工后不久就倒塌了，因而主佛成了"露天大佛"。虽然如此，但佛像却较少风化，形体、面貌乃至衣纹都较为清晰。其右肩袒露的服装穿着，是云冈早期佛像的服装形式，同时，此佛像也最大限度地体现了石窟早期雕塑的艺术精神，是云冈石窟的代表作品。这尊大佛虽然不是云冈石窟的最大一尊，但却是最著名的一尊（图4-2-2）。

昙曜五窟的窟洞形状，总体看来都是近似椭圆形的平面，穹隆顶。五窟各有一尊高大的主供像也是五窟的一个特点。据说，这五尊大佛像分别对应的是北魏的五位帝王，

图4-2-2 云冈第20窟大佛 云冈石窟第20窟是云冈早期洞窟之一，这一窟最为突出、最为闻名的是窟中的大佛，被称为露天大佛，虽然露天但是保存的却较为完好。佛像身披敞右肩式袈裟，袈裟衣纹线条流畅。佛像嘴角带笑，面颊较为丰腴，面容慈祥端庄

即文成帝拓跋濬、景慕帝拓跋晃、太武帝拓跋焘、明元帝拓跋嗣、道武帝拓跋珪。

云冈石窟中有很多形制相近、开凿时间相同的双窟。如，第1、2窟和第9、10窟等。

石窟群最东端为第1窟，是中心塔柱式窟洞，塔柱为两层四方形，柱子的上层四面各雕一佛，均带两胁侍，下层则各雕一佛，上下佛都是四方佛。洞窟内四面墙壁上都有技法精湛的丰富的雕刻，真是满窟皆佛。第2窟挨着第1窟，窟形、窟内雕刻等都与第1窟相近。

第9窟和第10窟的洞口前面各立有两柱，将其前部各分为三开间门殿的形式，在云冈石窟中是这两窟独有的，这是它们的一个重要特色。柱内窟壁上雕凿有层层佛龛，装饰极尽技巧，华美非常。连通前后室的洞门的明窗、窗楣、门框等处，也皆有奢华多彩的装饰。

此外，还值得作一介绍的是第3、5、12窟。第3窟是云冈石窟中最大的窟洞，平面呈凹字形，在云冈石窟中独一无二。而第5窟也是一个有特点的石窟，前有壮观的楼阁式木结构建筑，同时石窟内石雕主像是云冈最大的佛像，像高近18米（17.4米）。

第12窟是个非常有魅力的石窟，它的魅力就在于舞蹈伎乐人的浮雕颇为明显而集中，又极具代表性，因此被艺术家们称为"乐舞窟"。石窟内明窗上部雕有一排奏乐伎人形象，因演奏需要而各呈不同姿态，统一而又灵活多变，或是击鼓，或是吹箫，或是弹琴，在为身姿曼妙的舞蹈者配乐，整个场面精彩活跃。色彩以红、黄、橙为主调，丰富而热烈（图4-2-3）。

图4-2-3 云冈第12窟雕饰 在云冈石窟的洞窟内，不论是带有中心塔柱的塔柱体上，还是不带塔柱的窟洞四壁上，或是带有塔柱的柱体与四壁上，几乎都满布着各式佛教题材的雕饰。图4-2-3即是其中之一，画面主体纹样为龙，龙尾随着拱形洞门高扬，龙爪踩踏莲花，龙首则回望后方，姿态很是生动

龙门石窟

龙门石窟位于河南省洛阳市，坐落在伊水两岸的龙门山和香山的石灰岩崖面上。石窟于北魏孝文帝太和十八年（494年）开凿，又经隋、唐、北宋续凿，前后历时四百余年。因为洞窟是在不同朝代开凿的，所以在风格上比云冈石窟更显多样。因为云冈石窟的主要开凿活动都在北魏时期。

龙门石窟中具有代表性的洞窟有北魏时开凿的古阳洞、宾阳洞、莲花洞，唐代辟建的万佛洞、奉先寺等。

奉先寺很是闻名，这主要是因为其中精雕细琢的佛像。此外，它的水崖相连、绿树拂岸的优美环境也是闻名的重要原因。

奉先寺凿建于唐高宗咸亨三年（672年）至上元二年（675年），是唐代石窟艺术中的精品。它前临伊水，水面开阔，水流清冽；北倚西山为天然的屏障。因为窟洞多是利用天然溶洞开凿，所以与青山绿水更为相融相应，一片自然清幽的景象。

奉先寺卢舍那大佛龛位于龙门西山南部山腰，龛内以卢舍那大佛为主，居中，两侧立有弟子、菩萨、供养人、天王、力士，共十一尊雕像。这是一座"大纪念碑"式的东方佛雕群像龛。这组佛龛造像，其群像雕凿技艺的精湛与总体的设计，显示了中国唐代雕刻艺术的非凡水平，及当时匠师们在艺术

创作上的杰出成就。佛像与龛壁、崖面既相连，又各自独立，这既能突出佛像，又使崖、龛、佛像合为一景（图4-2-4）。

佛龛、佛像和龛旁崖壁，经过风雨洗刷和不断风化，显得有些零乱突兀，这让它看起来倍显苍凉、古朴，更有一种迷蒙、悠远的意境。

在龙门石窟中有一个非常漂亮的莲花洞，堪称龙门石窟装饰艺术的代表。

莲花洞内顶部雕刻有一朵非常精美的莲花（图4-2-5）。这朵盛开的巨莲有三个明显的层次，最凸起的一层是莲蓬，第二层为双层莲瓣，外围再以二方连续忍冬纹组成的圆盘来烘托，几者浑然一体。

莲花有红、白、蓝等颜色，别名很多，是一种倍受人们喜爱的花卉。佛教对莲花非常崇拜，佛教信徒将之看作是佛教的象征，这除了莲花有特别的花色与幽香外，更因为它出淤泥而不染的高尚节操。因此，在佛教石窟的窟洞中以莲花作为装饰并不令人奇怪，但是像莲花洞这样巨大的高浮雕莲花图案却非常罕见。

开凿于初唐的万佛洞，洞内顶部也有一朵莲花，洞内壁的万余尊小佛像，堪称龙门之最，所以窟名称为"万佛洞"。

古阳洞和宾阳洞是龙门石窟中开凿很早的两个洞窟。

图4-2-4　奉先寺大像龛　奉先寺是龙门石窟最为著名的一窟，整体雕成一个大龛，龛内以卢舍那大佛为主，左右对称，共雕有十一尊佛像。图4-2-4是其中的主要佛像部分，中心大像为卢舍那佛，佛衣飘逸潇洒，神态肃穆温和，正是信徒心目中慈悲为怀的神佛的最标准形象。他的两侧是二弟子和二菩萨

古阳洞是龙门石窟开凿较早的洞窟（图4-2-6），位于龙门西山南部。洞窟的规模宏大，宽约8米、深约10米、高约11米。古阳洞在北魏时已开凿，直到唐代高宗时仍有续凿，如此长的一段时间，让一个原本天然质朴的洞穴蜕变成了一座佛教艺术的殿堂。

古阳洞内的造像之丰富精美，令人眼花缭乱，洞内不但有数列大龛，在大龛之间还挤有密密麻麻的小龛，就连一般不凿龛像的窟顶都被凿满了佛龛和大小佛像。仅以大龛计就有数百个之多，小龛则是不计其数。

宾阳洞是继古阳洞之后，龙门石窟开凿的第二大窟，位处龙门西山北部。它是北魏的宣武帝为其父母孝文帝和皇后所建，不过，宣武帝死时只建成了宾阳中洞。隋唐两朝又继续在中洞开凿出南北二洞，形成宾阳三洞格局。不过，我们今天所说的宾阳洞，主要指的还是北魏时开凿的宾阳中洞。

宾阳洞是龙门石窟中北魏所凿建的唯一一座三世佛窟洞。窟内主供三世佛，即现在世释迦牟尼佛、过去世燃灯佛、未来世弥勒佛，雕刻手法写实，细腻逼真。

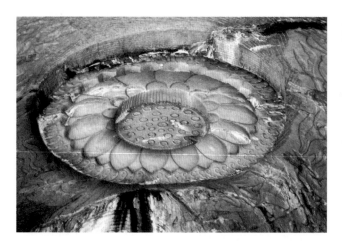

图4-2-5 莲花洞顶莲花 莲花形象优美，性情高洁，出淤泥而不染。它是谦谦君子的象征，也是佛教的象征。很多佛教造像以莲花为座，石窟寺洞窟中也有很多莲花藻井或是以莲花作为洞顶装饰。图4-2-5即是龙门石窟莲花洞中饰有莲花的洞顶

图4-2-6 古阳洞雕像 古阳洞是龙门石窟中较早开凿的洞窟之一，洞内四壁满雕佛龛和小佛像。洞内的主像为释迦牟尼，结跏趺坐在方形高台上，台座没有莲花装饰，比较朴实。佛像后有背光，外圈为火焰纹，热烈多彩

麦积山石窟

麦积山石窟位于甘肃省天水市。麦积山及其附近景致优美，古迹众多。麦积山的形状非常特别，整个山形有如一垛农家的麦堆，四面圆润、顶部尖尖，非常富于形象性。在这座麦积状的山峰的陡峭壁体上，设栈道、开窟造像，创造了传颂千古的"麦积奇观"（图4-2-7）。

据有关资料记载，麦积山石窟最早开凿于十六国的后秦时期，也就是400年左右。北魏时期开始大盛。麦积山石窟与其他石窟相比，胜不在造像，而在于窟形、栈道和一些石雕崖阁建筑上。

麦积山洞窟形制艺术语言非常丰富，主要有崖阁、拱楣穹窿顶、人字坡顶、方楣锥顶、方楣平顶、方楣覆斗藻井、摩崖等数种类型。其中以崖阁式最为突出，最具特色。麦积山石窟中的第1窟、第3窟、第4窟、第5窟、第9窟、第28窟、第30窟、第43窟等，都是崖

图4-2-7 麦积山石窟 麦积山石窟位于甘肃省天水市东南，因山状如农家堆积的麦垛，所以叫作"麦积山"。麦积山石窟大约开凿于十六国的后秦时期。在南北朝时的北魏、西魏、北周达到鼎盛，尤其是在北魏时。北魏孝文帝时期佛道大盛，麦积山石窟的凿建也达到了高潮，当时的一些高僧、禅师多隐居麦积山，聚众讲学布道，弘扬佛法。隋、唐、宋、元等朝代，都对麦积山石窟有所凿建与重修，隋唐最为突出。麦积山原来是一个完整的山体，唐代开元年间因地震致使崖面中部崩塌，石窟自此分为东西两部分

阁式洞窟，并且这些建筑都是仿木构的石雕殿堂。

麦积山崖阁洞窟中最为著名的要数第4窟。第4窟的崖阁，原是一个七间八柱式殿堂，石柱均利用原崖面雕凿而成，高大雄伟。这部分石雕的崖阁建筑，面阔七开间，单檐庑殿顶。但是后来，由于地震等自然与历史的原因，中间的六根柱子都已毁坏，仅存两端两根巨大的八角柱了（图4-2-8）。

柱子的后面就是长长的窟廊。廊的长度达30多米、高近9米。对应的每开间内有一佛

龛，佛龛的上部为七组伎乐、散花飞天，塑、绘巧妙结合，每组四人，或奏乐，或散花，鲜花随乐音飞舞，画面精美华丽、生动飘逸。七佛阁之所以又被称作"散花楼"，就是缘于这些美妙的壁画。

廊内的东西两侧各塑一尊高4米多的力士像，其上部壁间分别雕龛，内塑文殊与维摩像。廊子的顶部雕平棋藻井，据残迹可知共有四十二方，每方绘一幅中国佛传故事壁画。

麦积山第4窟始凿于北周，后又经隋、宋、明等朝的增凿与扩建，它是麦积山石窟群中最大、最精美的一窟，位于麦积山东崖的最高处，距离地面约80米，而海拔高度则在1600多米。

除第4窟外，第30窟也是较有代表性的崖阁式洞窟，同时也是麦积山石窟崖阁式洞窟中保存最为完整的一处。这座崖阁面阔三开间，单檐庑殿顶，檐下廊前立四个石雕柱子。柱子

为不等边八角形，上下有收分，下粗上窄，稳固、粗壮。

讲到麦积山石窟的洞窟形制的特别，我们不能不提第133窟。第133窟又称"万佛洞"，洞窟为民族古墓建筑形式，不但独具特色而且结构复杂。洞窟的面积达100多平方米，窟内凿建有堂，堂内又套凿有阁，壁上大小佛龛交错重叠，堂、阁之间以石雕仿木斗拱相连，堪称是巨型的崖宫式建筑，实属罕见。

麦积山石窟中洞窟形制的特殊与丰富性真是非常少见，第133窟是以窟内结构的复杂引人注目，而第69龛和第169龛，则是因相连而

图4-2-8 第4窟崖阁 麦积山第4窟是一处崖阁式窟龛，即洞窟的前方是一座崖阁式建筑形式。建筑的面阔为七开间，八根廊柱，廊柱内每一间雕有一龛，每龛一佛，共有七佛，所以称为"七佛阁"。这座崖阁建筑的顶为庑殿式，筒瓦覆盖顶面

成为特别的双龛而为人注目。

第69龛和第169龛，根据佛像特色来看，是雕凿于同一时期的，而佛龛的形制也相同，都是圆拱券形龛。在两龛之间有浮雕的两条相交的龙，作为左右的连接，这是麦积山石窟中仅有的一例，也是两龛同时凿建的一个依据，更是两龛最为特别之处（图4-2-9）。

麦积山石窟的险峻在中国石窟中是首屈一指的，古人曾有观者赋诗道："蹑尽悬空万仞梯，等闲身共白云齐"。麦积山石窟的洞窟都开凿在陡峭的山崖壁面上，为了上下方便，自然要建栈道。麦积山石窟崖壁，不建上下直通式的梯道，而建成"之"字形的曲折栈道，上下更安全，搭建也更省事，并且每一折段有长有短，都是根据崖面的实际情况来定，当然也是有利于施工的。栈道的修建并不是今天的事，而是在凿窟的初期已有了。南宋时的阎桂才就曾刻石记载，阁道曾于宋绍兴二年

（1132年）毁于兵火，后又重建。

麦积山雕塑以泥塑为主，石雕所占数量较少，但一样精湛而富有艺术性。现存麦积石雕主要是北朝作品，有圆雕、有浮雕，有高达2米多者、有矮仅几厘米者。

麦积山石雕以第133窟中的规模最大。石窟内有北朝造像石碑18通，因此，洞窟又称"碑洞"，而"万佛洞"之名，则来自碑上所雕的密集的千万尊佛像。石碑的石质颇佳，碑上的雕刻也极细腻、生动，构图和谐、有疏有密、有主有次，是石窟中少有的石雕杰作。

这18通石碑的雕刻，继承与发展了魏晋

图4-2-9 合龙双龛 麦积山石窟的第69窟和第169窟是两个相连的龛，称为双龛。双龛同时雕凿，这不但从两龛相连这一点能看出来，从龛内雕像的风格像也可以看出来。两龛的相连处雕有交缠的双龙

图4-2-10 造像碑 麦积山第133窟内有造像石碑18通，每通石碑上都雕刻有大小佛龛与佛像，并且大多是满雕整个碑身。图4-2-10为18通石碑中的一通，碑的表面正中为雕刻的主龛与佛像，是一尊结跏说法佛，两厢立有菩萨，外侧为凌空飞舞的飞天。主龛像的上下各雕三层并列的小坐佛，主次分明，井然有序

以来的画像风格，综合采用高浮雕、浅浮雕、阴刻等多种艺术手法，形成深浅多个层次，显示出中国古代艺术家的不凡才华与技艺（图4-2-10）。

麦积山石窟中，圆雕比较好的例子当属第127窟正壁龛内的一佛二菩萨。一佛为阿弥陀佛，二菩萨为观世音和大势至，三尊造像均是由一整块石料凿刻而成，完整和谐。造像的配饰精美，尤其是主尊阿弥陀佛，头光中有12身飞天轻盈曼舞，神态各异，又配有火焰纹，充分表现了佛国世界的动人情景。

麦积山石雕不但具有石材光滑坚硬的特点，还同时具有泥塑细腻柔和的风格，更显示出其特别的艺术之美。

敦煌莫高窟

敦煌莫高窟处在甘肃省敦煌城东南50里的沙漠绿洲中，始凿于十六国的前秦时期，北朝时逐渐兴盛，隋唐最为辉煌，五代以后虽然仍有部分营建，但已明显变得不如隋唐，明清时期几乎沉寂。总的来说，莫高窟是中国现存年代最为久远、营造时间延续最长、艺术最为丰富精美、规模最为浩大、现今最受人瞩目的一处石窟宝库（图4-2-11）。

莫高窟从凿建至今，历经自然风雨、沙漠的沙土、人为的破坏，仍然留存有洞窟近500个，分布在1600多米长的陡峭崖面上，上下最密集处达5层，这已令人惊叹不

图4-2-11 敦煌胜景 敦煌莫高窟凿建在茫茫无边际的沙漠之中，但其附近也有极妙的美丽景观，除了闻名的鸣沙山之外，还有月牙泉。图4-2-11中形如月牙的泉水汇聚成一湾湖泊，湖边楼阁高耸，绿草丛丛，在沙漠之中尤显生机无限，令人惊喜

已，可以想见，其昔日的辉煌更非今日可比。

莫高窟还因它所处的边陲环境，而同时具有中原传统文化与少数民族风俗文化，以及外来文化等多种特色，同时受到他们的共同影响，加上由不同朝代来开凿，所以莫高窟的艺术与文化特色呈现出多样性与丰富性，也就在情理之中，这是其他石窟无法相比的。

敦煌现存早期洞窟主要是北朝窟，大约有40个，主要都雕凿在南部崖面的中心。这些北朝窟的形制可大致分为两种，一种是中心柱式的长方形窟，一种是中心无柱的方形窟（图4-2-12）。

中心柱式的长方形窟，又称为"塔庙窟"，即在窟内主室的中后部立有一根石雕方柱直通窟顶，柱前窟顶向上伸展，形成人字坡，并且雕出仿木的椽子与斗拱作为承托。方柱表面与窟室内壁均雕有各种大小佛龛、佛像。

中心无柱式的方形窟，也称为"禅窟"。窟内壁凿有小禅洞，可以容纳僧人打坐参禅，所以称为"禅窟"。禅窟窟顶大多呈覆斗状，如，凿于西魏的第285窟，就是僧房群式的典型禅窟，主室无柱，窟顶为覆斗状，南北壁各开四个小禅洞以供僧人打坐。这种窟形隋唐以后未再出现，但是覆斗式的窟顶却被沿用，直到元代仍有，是莫高窟内延续使用最长的窟形。

南北朝过后的隋唐是莫高窟开凿的鼎盛期，所建洞窟最多，现留存者也大多是这一时期凿建。隋唐石窟开凿之所以能达到鼎盛，一是因当时帝王对佛教的推崇，二是因为当时的国力强盛。

隋代时，虽然统治只有37年，但因为文帝与炀帝都笃信佛教，所以竟在莫高窟凿有70多个洞窟。唐代的前段国力强盛，崇佛又利于其统治，所以也大力凿建佛窟；中唐时期，虽然出现了会昌灭佛事件，但当时敦煌却正被吐蕃占据，躲过了灭佛之难，并且吐蕃一样热衷于佛事，延续

图4-2-12 北凉交脚菩萨　莫高窟第275窟是凿建于北凉时期的洞窟之一，这一时期的洞窟造像以单身像为主，这也是敦煌石窟早期造像的特点之一。图4-2-12中的造像不但是单身像，而且还是交脚佛像，这是北凉时期最常见的造像形象

了建窟凿洞活动；晚唐敦煌复归唐朝，凿窟活动继续繁盛。因此，在唐代时，莫高窟基本没有间断开凿，至今留存洞窟就达240多个。

隋唐所凿洞窟，位置多在早期洞窟的南北端和下层，而洞窟形制则是渐渐取消了中心方柱式和人字顶，而以覆斗顶式为基本形制。当然，这时的覆斗顶比早期的覆斗式顶规模要大，加上纷繁的彩画，显得壮美不凡。现存的96窟到130窟，是盛唐雕凿的中心地带。

五代、宋初是莫高窟最后的辉煌时期，现存洞窟50多个，多在崖壁最下层。洞窟规模之大胜过前朝各代。这一时期的洞窟典型形制，是在覆斗式顶的下面，中心偏后位置设置佛坛，前有登道、后有背屏，这种洞窟被称为"中心佛坛式"。

北宋中期时，敦煌被西夏攻占，其后石窟开凿渐渐走向衰落。

敦煌地处沙漠，土为沙土和卵石的混合物，不适宜雕刻而适宜作泥塑，所以敦煌雕塑主要是泥塑，这就是著名的"敦煌彩塑"，它是中国石窟艺术语言中的一朵"奇葩"。敦煌现存较为完好的彩塑约1400多尊，其中唐代就占了近二分之一，在数量、规模、题材上都堪称第一，同时也极具时代特色。尤其是唐代的菩萨像，雍容华贵，身段优美，亭亭玉立，而描绘写实，就如当时的凡间少女（图4-2-13）。

图4-2-13 唐代菩萨像 敦煌石窟造像中最突出、最具规模的要数唐代造像。唐代造像的特点是雍容华贵，丰腴俊美，袒胸、披帛，衣纹流畅。整个佛像的造型就如同现实生活中的人，具有唐代现实生活中人的影子。尤其是菩萨，花冠、璎珞、羊肠裙，俊美不凡

石基座语言

石基座的类别语言

石基座就是石材料砌筑而成的建筑基座，或者是在砖和土台基的表面贴砌石材料构件。中国古建筑大多为木构架，所以为了解决地面的潮湿问题，往往会在建筑下方砌筑一层台基，以便建筑能够更为稳固长久。这样的台基一般都是石制或是使用石包外层，因为石材料的抗压、耐水性、耐腐蚀性等都比较强。

石基座的运用，在中国古代的大型建筑中，尤其是皇家的宫殿类建筑中，最为常见，也使殿堂建筑更为突出，等级进一步提高。一般建筑中使用的只是普通石台基，而较高级的建筑中使用的则多是须弥座式台基（图4-3-1）。

如，在清代，建筑基座的大小高低，就根据所居主人的身份地位而有不同的规定：公侯以下、三品以上者，所居房屋的台基高二尺；四品以下和普通士、民等，所居房屋的台基高一尺。但是实际上的台基高低并不完全按规定而制，很多都根据具体情况有所改变。尤其是帝王所用所居的建筑，更是没有限制。不过，从宏观的角度来说清代的建筑还是有较明确的等级区分的。

普通台基石构件语言

普通台基的外形看起来比较简单，就是一个相对方正的台子，装饰相对较少，甚至是没有。不过，一座石制台基应有的石质构件却一样也不缺。这些石构件主要有：土衬石、角柱石、陡板石、阶条石、槛垫石、分心石、柱顶石等。同时，还有上下台基的石踏跺，踏跺的石构件又包括有：踏跺石、如意石、垂带石、砚窝石、象眼石等。

土衬石位于石基座的最下面，即在台基露明部分的下面，垫一层平的石板，石板的上皮比地面高出约一到两寸，这块石板就叫作"土衬石"。土衬石也就是衬在基座与地面之间的石板，它是进一步增加建筑防潮性的石件，或者说是直接保护石基座本身的底层石件。

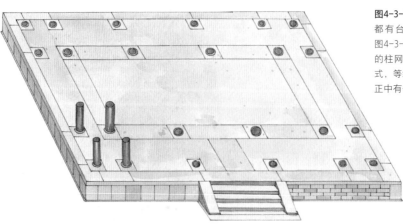

图4-3-1 台基 中国古建筑中，几乎所有建筑都有台基，只是有高低、大小之别罢了。图4-3-1是一座普通建筑中的台基，从台基上的柱网来看，建筑面阔应为三开间带围廊形式，等级并不高。台基由砖石材料砌筑，前方正中有垂带踏跺

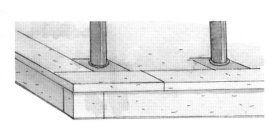

图4-3-2 陡板石 图4-3-2是一座普通建筑台基的拐角部分，台基顶面上立有圆柱，台基的正立面和侧立面为石板，这里的石板就称为"陡板石"

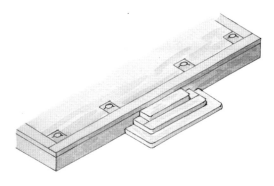

图4-3-3 如意踏跺 图4-3-3是一座普通台基的前部图，台基的前方正中有一台阶，台阶只有上下的踏跺而没有垂带石，这样的台阶就叫作如意踏跺。人们上下台阶时，可以从台阶正中也可以从台阶两侧

角柱石是基座的拐角处立置的石构件。宋代时的角柱石上面还置有角石，清代时的角柱石则直接放置在阶条石下面，不用角石。

阶条石是基座顶面四周沿着台边平铺的石件，一般为长方形。"阶条石"主要是依其形而命名，而依其位置命名又叫作"压面石"，因为它是压在台基边缘表面上的石件。

陡板石也称为"斗板石"（图4-3-2）。它是位于石基座的土衬石之上、阶条石之下，并且是在左右角柱之间所铺砌的石构件。陡板石一般来说都是用石料砌筑，这从它的名称也可以看出来，但是也有极少数情况下用砖代替。

槛垫石就是垫在门槛下面的条石，它的上皮与地面平行。槛垫石有时可以用砖代替。

分心石是一块长形石板，主要用在大型、礼仪性建筑的基座中，它放置在阶条石和槛垫石之间的正中线上。

柱顶石也就是"柱础"，是建筑物所用柱子下面垫的石墩。柱顶石的作用主要是承载与传递上部的负荷，并防止地面潮湿对柱的侵

蚀。柱顶石有隐于地下与凸出于地面两部分，与基座是紧密相连的，所以它也算是石基座中的一个重要石质构件。凸出地面的柱顶石部分，常加工成各种优美的样式，并且上面大多饰有雕刻，在功能性之外又起到一定的装饰作用。

建筑下部只要有基座，都会有一定的高度，因此，为了上下方便，常常依着基座前后或是前后左右设有台阶。踏跺就是台阶中间砌置的一级一级的阶石，因为是人脚登阶时踩踏的地方，所以也称"踏道"。

根据具体砌筑形式的不同，踏跺又有如意踏跺和垂带踏跺之别。垂带踏跺就是台阶两边安有垂带石的踏跺，其形象主要是区别于不设垂带石的如意踏跺。如意踏跺就是踏跺的两侧没有垂带石，从台阶两侧可以直接看到踏跺的退齿形状。有的如意踏跺不仅从侧面看层层退缩，而且从正面看，石阶也是从下到上逐步减短。此外，用天然石块砌成不规则形状的台阶，也叫如意踏跺，或称为如意石（图4-3-3）。

垂带式石踏跺的垂带就称为"垂带石"，也就是踏跺两侧随着阶梯坡度倾斜而下的部分，多由一块规整的、表面平滑的长形石板砌成。

台阶中踏跺的最下一级，叫作"砚窝石"。砚窝石比地面高出约一到两寸，与台基下的土衬石齐平。

象眼石（又称"象眼"）是台阶侧面的三角形部分。宋代时的象眼是层层凹入的形式。清代时的象眼大多是陡直的，有些表面平整，有些表面饰有雕刻或镶嵌图案。另外有一些清式的象眼做成多层叠涩形式，显然是受到宋式象眼的影响。

须弥座式石基座语言

皇家宫殿或寺庙等的主要殿堂，其石基座大多做成须弥座形式，以显示其不一样的等级和非凡气势。

须弥座由传说中的须弥山而来。须弥座中的"须弥"即指须弥山，它是印度传说中的世界中心。最初以须弥山的形象作为佛教造像底座，以显示佛的伟大。须弥座传入中国以后，不但用作佛教造像的底座，也常用来承托较为尊贵的建筑，如，宫殿。

须弥座由圭角、下枋、下

枭、束腰、上枭、上枋等几部分组成。其中，处于须弥座最中间的缩进去的部分，就是束腰，就像是将须弥座的腰部扎束起来一般。这也是须弥座外观形象最显著的一个标志。

须弥座作为建筑基座，与一般的基座做法没有太多不同，只是因须弥座本身具有的层次而形成分层构造的形式（图4-3-4）。

因为须弥座的体量更为高大，等级也不一般，所以，其踏跺的整体形象与构件也更为复杂一些，装饰性更强一些。或者说，我们已不能仅仅称它为"踏跺"，而是踏跺成了须弥座式基座台阶中的一部分。须弥座式基座的台阶，除了一般的石阶之外，在石阶的中间往往还设有一块雕刻精美的陛石。故宫太和殿前、保和殿后都有这样的陛石，雕龙凤、刻祥云。

图4-3-4 满雕刻须弥座 小型的须弥座一般作为佛教造像基座，大型的须弥座一般用作较高等级的大型建筑台基，如皇家宫殿建筑。在各式须弥座中，有很多都是带有雕刻的形式，图4-3-4更是满雕刻，即须弥座的各个组成部分都饰有雕刻

图4-3-5 **垂带栏杆** 垂带栏杆是建筑台基栏杆的一种，或者说是它的一部分，即在建筑的台阶两侧与台阶坡度相一致的栏杆部分。垂带栏杆中除了栏板、望柱外，在其最底下的尽头处还抵有一块抱鼓石

为了增加殿堂的气势，须弥座式基座的前方多突出一块，即前伸的月台。月台的边缘，或是整个基座的边缘，又设置有栏杆、望柱。一般来说，宫殿建筑的基座栏杆与望柱，大多是汉白玉石雕制而成，因为汉白玉石适于雕刻，材质也不错，色泽洁净，风格雅致。

明清时期的石栏杆中除了望柱之外，主要还有栏板、抱鼓石、地栿，以及净瓶或是束莲等（图4-3-5）。一般来说，基座上设栏杆，大多都是须弥座式基座，普通基座大多不设栏

杆（图4-3-6）。石基座石栏杆的雕刻主要集中在望柱头和栏板上，图案的使用也有一定的限制，龙凤图案只能用在最高等级的大殿栏杆中，次要殿堂的栏杆则不许使用。

石基座构件的安装技术语言

石基座构件的安装，与其他石构件的安装相仿，主要也是利用榫卯和灰浆等黏结材料。

石活安装时，很多都是依靠将石件本身做出榫卯，以榫卯对缝安装，加强石件之间的联

系，达到增强整个石座稳定性的目的。一般来
说，平放的石件，头缝可以不做榫卯，而立装
的石件，其上下头必须加榫头，防止错位。

在对基座和细部构件进行设计时，用到榫
卯的地方，其出榫的长度应在同时被考虑。出
榫的长度如何能预先考虑呢，这里有一个相对
的尺度规定：即按构件本身高度或见方边长的
1/10来定，同时榫头一般做成馒头榫形式，榫
的直径是榫长的两倍。基座四角的角柱就是按
这种规定来安装，这里的基座既包括普通的石
基座，也包括须弥座式石基座。

为了使基座更为稳固，在砌筑基座石活构
件时，除了使用榫卯外，还多用灰浆灌缝。一
般石活灌缝，主要是使用灰浆灌注，使石件之

图4-3-6 须弥座上的栏杆 在中国古代大型建筑或是等级较
高的建筑中，在其须弥座式的台基上缘，还往往设有栏杆望
柱，图4-3-6即是这种台基形式。台基下部是须弥座，上面设
净瓶式栏杆，栏杆中的望柱头上雕刻龙纹。在栏杆与须弥座
之间的台基的外缘，还突出一个个的螭首，它们是排水口

间的缝隙能严密结实，相互粘接。在此基础
上，其表面的石缝再用加桐油的油灰或不加
桐油的水灰勾抿，进一步加固并让表面变得
平整。所用浆料主要以白灰加少量的糯米和
白矾混合而成，既有硬度又有黏性。当然，
根据所用石料的不同，或建筑精细程度的要
求的不同，所用灰浆的多少也有差别。

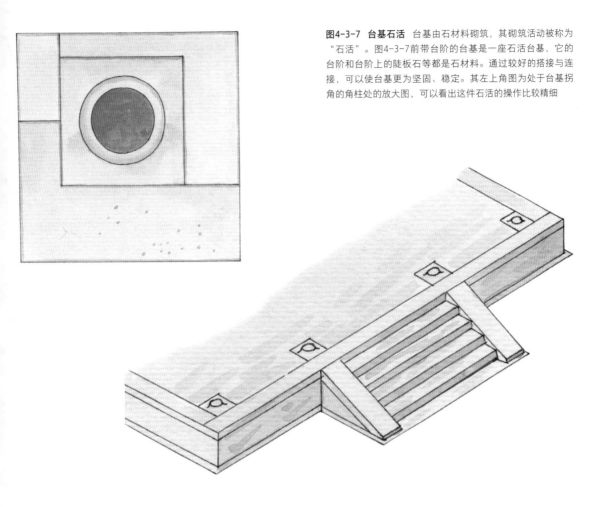

图4-3-7 台基石活　台基由石材料砌筑，其砌筑活动被称为"石活"。图4-3-7前带台阶的台基是一座石活台基，它的台阶和台阶上的陡板石等都是石材料。通过较好的搭接与连接，可以使台基更为坚固、稳定。其左上角图为处于台基拐角的角柱处的放大图，可以看出这件石活的操作比较精细

　　此外，对于石件本身的加工来说，也因粗细要求的不同而不同。对于高等级建筑或是加工细致的建筑，石材或石件本身的加工也要特别细致。但是，相对于木材料来说，石材料较为坚硬，加工难度较大，所以只要不是特别需要，都不用刻意做精。比如，用在相对隐蔽之处的石件，或是石件的不露明部分等，不妨碍安装的都可以相对地做粗，以节省劳力、加快施工速度。

　　石活安装工程，不论使用哪一种材料，也不论是新活旧活，最主要的要求就是稳起、稳落、稳放，对缝安砌，对缝严实，以期石件组合后的基座能够稳固，整体性更强。重要的石件多进行过预制加工，也就是打磨，对于一些未经打磨的石件，放置好后也许会出现不平稳现象，可以使用铁片、小石片等在下部垫实，这个操作很容易，但也是需要注意的问题。垫上铁片或石片后，再进行灌浆，并将表面抹平（图4-3-7）。

05

中国古建筑的土工技术语言

窑洞建筑语言

窑洞语言的发展与窑洞分布

中国原始社会的主要居住形式是巢居与穴居。巢居是搭建在树上的窝棚，穴居是开挖于土坡中或地下的洞穴。

原始社会之后，经济与生产技术的发展进步和人们需要的改变，更多地出现了地面建筑。这些地面建筑，不再是单纯用土的穴居，也不再是单纯用木的巢居，而是土、木结合。这种土、木结合式的建筑，我们可以把它看作是原始巢居与穴居的综合发展，这种综合材料住宅形式成为中国自原始社会之后最主流的建筑形式。但同时，原始的巢居与穴居也同样被保存下来，并有了一定的发展变化（图5-1-1）。

巢居发展成为中国现在南方少数民族地区使用的干栏式住宅，而以土为材的穴居则是中国现在窑洞民居的始祖。窑洞是一种主要以土为材料的建筑形式，并且主要是利用天然土地或土坡，直接在土坡掏挖或地面下挖的类似洞穴的建筑形式。

图5-1-1 原始巢居 图5-1-1是一幅原始人生活想象图，图中的人们或是做饭、洗衣，或是打猎、捕鱼，或是汲水、抱柴，各有其事，忙碌热闹。图中的房屋就是人们居住的住宅，是原始草房，因为它们是在树上搭屋建巢的地面发展形式，所以被统称为"巢居"

之所以说窑洞民居的始祖是原始穴居，主要是因为它们实在是关系密切。除了在开凿方式方法与挖建式样上有一定进步外，现存的中国窑洞民居，与原始穴居一样，是利用土的天然结构与力学性质而成，而不是完全依靠人为。也就是说，窑洞的坚固依靠的是黄土本身的崖壁直立性质，而不是人为将之砌筑坚固，人们只是像原始祖先一样在适宜的土地上开挖出洞穴而已。

原始穴居之所以不能成为所有地区与民族使用的住宅形式，就是因为它需要在适宜的地方开挖，而不是在任何地方都可以。这也是在同一历史时期出现了巢居，后来又发展出了地面住宅的原因。窑洞也和穴居一样，需要特定的土质，因此，中国窑洞也只分布在中国的一部分地区，主要在黄土高原上，如山西晋中南、河南西部、甘肃东部、陕西北部等。

山西晋中南、河南西部、甘肃东部、陕西北部等，这些地区的土质总的来说，比较适宜开挖窑洞，建造窑洞式住宅，但细致处仍有些微的不同。

山西晋中南窑洞有倚山挖掘者，也有平地挖掘者。山西晋中南还有一些富裕人家将窑洞与一般住宅相结合，后部是窑洞，前部留出空地建平房，用院落围合。窑洞口一般做成半圆形拱券或尖拱券形式。河南窑洞也具有自己的特点，其中洞口砌正圆形砖拱，窗子仅仅是在门洞拱券部位开设，而其他部位无窗即是其特点之一。

甘肃窑洞的主要特点是：拱顶做成尖心券形式，上部重量直达壁体，这样的形式使窑洞更稳固，而没有坍塌的危险，同时这样的洞

形也比较美观。此外，这里的窑洞多是前券高、跨度大，后券低、跨度小，这样的构造便于洞内深处的采光、通风。

陕北窑洞也极富特点。首先是用来采光

图5-1-2　窑洞大门门扇　窑洞民居给人的印象是土里土气的，因为它们是由高原地区的人们挖土、掏崖建筑而成的住宅形式，建筑材料几乎都是土。但实际上，土材料建筑的窑洞，其精美之处和吸引人的地方并不在少数，窑洞大门门扇即是一个焦点所在。门扇木质，或浮雕或镂刻着各种图案，有吉祥的福寿字，有美丽的花草等

的窗子，非常富有装饰性，大都做成满花窗，并且它的面积大大超出采光所需要的面积（图5-1-2）。此外，陕北窑洞除了土窑外，还有部分石砌窑洞。

窑洞的主要类型语言

各个地区的窑洞在细微处会有一些差别，但总的来说，都属于窑洞建筑形式，具有窑洞建筑的共通性。总观中国各地窑洞，从其挖建位置与大体形态，以及结构、布局等方面来看，可以将之分为三大类型：一是靠崖式窑洞，二是下沉式窑洞，三是独立式窑洞。

靠崖式窑洞语言

靠崖式窑洞主要开在山坡、土塬或沟崖等地带。在山崖、沟崖的崖坡上或是土坡的坡面上，向内平着挖掘出一个窑洞，这样的窑洞就叫作"靠崖式窑洞"。

一般来说，用来开挖靠崖式窑洞的崖、坡的前面，多是一片较开阔的平地，以便于住在窑洞内的人的外出与活动，同时也能得到更好的洞外视野。从整个崖坡的侧面看，这种可以开挖靠崖式窑洞的坡、崖就好像一只靠背椅，非常形象而具有稳定性。

靠崖式窑洞因为要依山靠崖，所以必然是随着等高线布置更为合理。因此，数口窑洞或一组窑洞常

图5-1-3 靠崖式窑洞 靠崖式窑洞就是靠着山崖或是有一定依靠的窑洞，它是在崖壁上或是土坡上掏挖出的窑洞。靠崖式窑洞的侧立面整体形象有如一把靠背椅，看起来就是那么稳定、舒服

常呈曲线形或折线形排列。这样的排列方式，既能减少土方量又顺于山势，可取得较为谐调、美观的建筑艺术效果（图5-1-3）。

此外，有一种沿沟窑洞也属于靠崖式窑洞这一类型。所谓沿沟窑洞，就是在冲沟两岸壁基岩上部的黄土层中开挖的窑洞。沿沟窑洞的出入口，因为对着沟谷，所以前部空间相对狭窄，没有一般靠崖式窑洞那样的开阔外部空间。但这同时却也带来一个好处：因为其外部空间狭窄，具有避风沙的优点，太阳辐射较强，可以调节小气候，冬暖夏凉，居住更舒适。

下沉式窑洞语言

下沉式窑洞是位于地面以下的窑洞。在适宜开挖窑洞

的黄土高原类地质地带，并不都是可以开挖靠崖式窑洞的地形，有些地方会是一望无际的平地，没有天然的崖、坡、沟壑可以利用来开挖靠崖式窑洞，人们便开挖、建造了向下发展的地下窑洞，称为"下沉式窑洞"。

下沉式窑洞就是在平地上挖出一个凹进去的大院子，再在这个院子的四面墙上掏出窑洞。这个近于方形的大院子，实际上就是凹陷于地面的大坑。这个大院子的四面墙体就是开挖窑洞的崖体，因此必须要做到垂直、平整。在这样的垂直墙体上开挖窑洞，就和在坡崖上开挖靠崖式窑洞的方法一样，即在四面垂直的土壁上向里水平地掏出若干口窑洞。至此，形成一个由四面窑洞组成的位于地下的院落。

在下沉式院落的四面墙的上端，也就是与地面的平行处，盖有窄窄的伸出的屋檐，可以减少雨水对院内墙壁的冲刷。屋檐顶部砌有一圈女儿墙，形成下沉院边缘的标记，可以阻挡雨水流入院内，也能防止地面行人不小心跌入院中。下沉式院落的深度，以十米左右为宜。太深，则人上下出入不方便，挖土量也太大；太浅，则窑洞上方的土层太薄，不结实、不安全。院落的长度和宽度多在九米或以上（图5-1-4）。

图5-1-4 下沉式窑洞 图5-1-4 两幅图是下沉式窑洞实景。上图是窑洞的院落景观，院落四壁开有窑洞，拱门排立。下图是下沉式窑洞的出入口形式之一，走道曲折，不能一眼见到内院景象

因为处于地下，所以棉被之类都放在炕上靠近门窗的地方，以防过于潮湿。同时，每个窑洞口上还都开有气窗，使空气自然形成回流，以平衡洞内外的温度和湿度，让居住者能更舒服一些。除了潮湿问题外，下沉式窑洞还要解决排水问题。因此，还要特设一个向下开挖的渗井，深度一般在十几米。平时可在井内放置蔬菜、瓜果等可以保鲜；万一遇到罕见的暴雨，院内不能承受，渗井就成了排水的好管道。

下沉式窑洞还有一个比较特别的地方，就是它的出入口（图5-1-5）。它不像地面建筑出入口那样明了，还是有很多形式和一定的讲究，主要有直通式、通道式、斜坡式和台阶式。而根据这些出入口形式的不同，其方向也

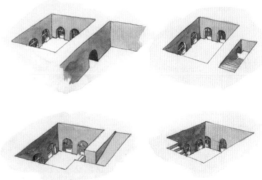

图5-1-5 下沉式窑洞设置及出入口 图5-1-5中大图为手绘下沉式窑洞剖立面图，可以清楚地看到整个下沉式窑洞的设置，甚至是内部结构与组合。上缘的女儿墙和墙外的晒谷场，下面的厨房、牲畜圈、中心院、渗井等。图5-1-5中大图下面的四个小图是下沉式窑洞的几种出入口形式

有所不同，一般有雁行形、折返形、曲尺形、直进形四种。

独立式窑洞语言

独立式窑洞是在地面上用砖砌的房子，券成窑洞式的洞门。实际上就是现代建筑中的覆土建筑。独立式窑洞是三种窑洞中最高级的一种形式，也是造价最高的一种（图5-1-6）。

独立式窑洞因为是脱离崖面而独立存在的，所以院落布置不受崖势限制，不过却受到中国民居传统的影响。一般农家窑洞多为一字形加围墙与大门，院内也只设置必要的生活设施；较富裕的人家，则组合成三合院、四合院，甚至是多进院落。

山西平遥民居中的窑洞，在中国传统独立式窑洞中是最好的。即便和其他历史上的富庶地区的民居相比较，平遥民居在全国来说都能算得上是佼佼者。这是因为平遥人作为晋商的一部分，在清代外出经商致富后回家乡营造住宅的缘故，这类住宅不但舒适、坚固，还非常华丽。作为平遥民居组成部分的窑洞，自然也

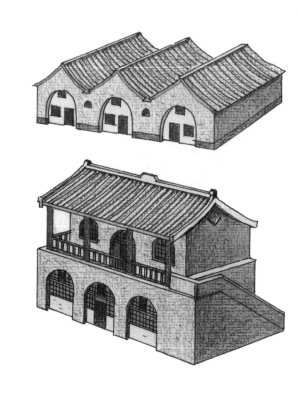

图5-1-6 独立式窑洞　独立式窑洞是黄土高原的一种窑洞形式，它的具体形象又有很多种。图5-1-6三张图各代表一种细分形式，上图为多房并列式，中图为上下两层式，下图是单层的平顶土窑。或砖瓦，或泥土，材料不同，形象各异，各显特色

不例外。平遥传统民居大多是窑洞与平房相结合的形式，并且窑洞多是独立式。当地人们还特别将这种窑洞作为院落的主体房屋，而将平房作为厢房或配房，可见人们对于窑洞的喜爱（图5-1-7）。

一般院落中的独立式窑洞正房多为三开间，当地人称之为"一明两暗"。五开间的也有，只是较为少见。因为作为正房的窑洞多数为平顶，其总体的高度往往还没有两侧厢房高，所以常要在窑洞顶上加设小楼等附属建筑，以提升其高度。特别的是，在这些提升窑洞式正房高度的设置中，居然有通常是放在大门内外，作为遮挡物与装饰的影壁，在这里它们被设置在正房顶后侧边缘的女儿墙上。

独立式窑洞虽然独立建置，但它和靠崖式窑洞、下沉式窑洞的室内感觉相同，后墙不开窗，室内光线比较暗但有严实的感觉。平遥民居的房前设有檐廊，檐廊和门窗是装饰的重点，雕刻非常精细，装饰较为繁复、华丽。就这一点来说，就不是其他地区的独立式窑洞可以比拟的。

庄园式窑洞实例

在全国各地区众多的传统窑洞民居中，比较典型、比较有代表性、规模宏大、堪称"庄园"，目前保存又比较好的窑洞，可以说只有陕西省米脂县的姜耀祖庄园和河南省巩义市的康百万庄园。

虽然，姜耀祖庄园与康百万庄园都是大型窑洞式宅院，但建筑形式各有特色。姜耀祖庄园除了正院的前院有几间平房外，其余都是窑洞，而康百万庄园中平房占有很大的比例。此

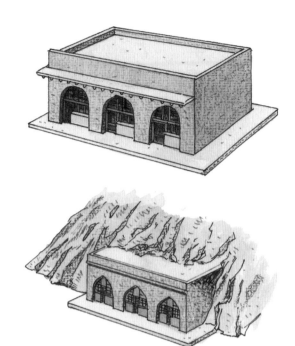

图5-1-7　平顶独立式窑洞　独立式窑洞中有很大一部分为平顶形式，即顶部为泥土或砖铺的平顶而不是覆瓦的坡顶。图5-1-7中上图是典型的平顶独立式窑洞，而下图则是带有半靠崖形式的平顶独立式窑洞，是平顶独立式窑洞中比较特别的形式

外，姜耀祖庄园中的窑洞大多是掩土建筑，是用砖发券后又重新覆盖的土，而康百万庄园的窑洞，则是地地道道的黄土崖上掏出的靠崖式窑洞。

姜耀祖窑洞庄园建筑形式与技术语言

姜耀祖窑洞庄园，位于陕西米脂县桥河岔乡刘家峁村，已拥有一百多年的历史了。庄园分上、中、下三层院落，共有几十孔窑洞。

要进入庄园，首先要上到一个大陡坡，前行进入拱形的堡门；过了堡门，再穿过一条倾

斜的隧道，就可来到管家院。管家院是三层院落中的最下一层院落。如果不进管家院，而是再穿过一条倾斜的隧道，就能够到达正院。此外，在正院与管家院之间还有一条抄近的暗道，暗道也是隧道的形式，里面是陡直的台阶。

到达正院门前向庭内看，首先看到的是一座正对着大门的砖砌影壁，这座影壁的形象很特别：中心是一个圆形月亮门洞。影壁的上部砌有顶檐，檐侧与檐下都施有精美的雕饰（图5-1-8）。穿过月洞门前行，在院落的正北有一段台阶，台阶上面就是高高矗立的垂花门。垂花门的两侧各有一个神龛，龛内分别供奉着灶王爷和土地爷。进入垂花门，便进入了臻致雕琢的窑洞四合院。上院的这一部分就有上下两层院。这部分是庄园的主体，也是庄园主人所居。

姜耀祖庄园这种层层跌落的庭院布局，本就优美不凡，令人赞赏，加上其精到的细部装饰与点缀，更让人流连不已。且不说月亮门洞上的精美雕饰，就是管家院内的几个用整块巨石雕凿而成的牲口槽，都极有艺术美感。可以说"美"在庄园无处不见。

宅子的外围是土悬崖，由隧道相连，所以要到土悬崖上，必须接着穿过另一条隧道。这种来回不断

图5-1-8 姜耀祖庄园影壁 姜耀祖庄园是一座大型的窑洞式庄园，庄园中的建筑主要为窑洞形式。图5-1-8是庄园内景观的一部分，图中心是一面近于方形的影壁。这块影壁非常特别，它的中心不是和一般影壁一样做成实墙形式的，而是开出一个圆形的月洞门，透过月洞门可以若隐若现地看到后部的建筑景观，增加了建筑与景致的层次

穿行，忽儿狭窄，忽儿又豁然开朗，步移景异。其环境的清幽曲折，仿佛江南小园林，而其巧妙天然，则又如自然山林。

姜耀祖窑洞庄园在总体规划上，巧妙地利用了地形，使建筑完全融于自然，富有生活气息又宛若天成。建筑布局先抑后扬，又能收放自如。

康百万庄园建筑形式与技术语言

康百万庄园位于河南省巩义市城西三公里处的邙山脚下的康店村，依着山坡而建。

康百万庄园并不是一次性建成的，而是经家族的几代人陆续营造。但其总体的布局却并未因此而变得散乱，依然完整统一。尤其令人佩服的是，营建者能随着山坡的走势巧妙地利用地形，使每个四合院内都有窑洞存在。院落

在布局上既沿袭了传统的四合院，又随着地形条件安排出变化丰富的多进院和比连院，使人能感受到其参差错落的空间序列变化，带给人不同的美感。

康百万庄园内共有靠崖式窑洞七十多孔，并且其中的很大一部分都是被作为四合院中的正房来使用的，而院落中的东西厢房，则大多为硬山顶平房。

康百万庄园内最为典型的院落是里院和新院。院落的东西两侧建楼房，正面山脚崖壁上筑有砖砌窑洞三孔，正中一孔最高、最深，且窑洞为二层，上下层之间设置有木制棚板，这是康百万庄园中最大的窑洞。而庄园中最高的窑洞内部是三层（图5-1-9）。

康百万庄园虽然建在黄土山坡上，但规整的砖砌墙体多，而土、石墙较少，加上房屋各处细腻的砖雕木刻装饰，色彩深沉富丽，庭院中又种植有名贵的花草、树木作为点缀，使得整个庄园更添了几分豪华与气派。

图5-1-9 康百万庄园 康百万庄园是一座位于河南省巩义市的大型窑院。院内大小建筑有数十座，有普通两面坡房，也有土筑窑洞。图5-1-9为康百万庄园院景局部鸟瞰，一排排的房屋整齐有序，两面坡的屋顶高耸峭立，鳞次栉比，与平整的墙面和远处的平阔场地形成对比

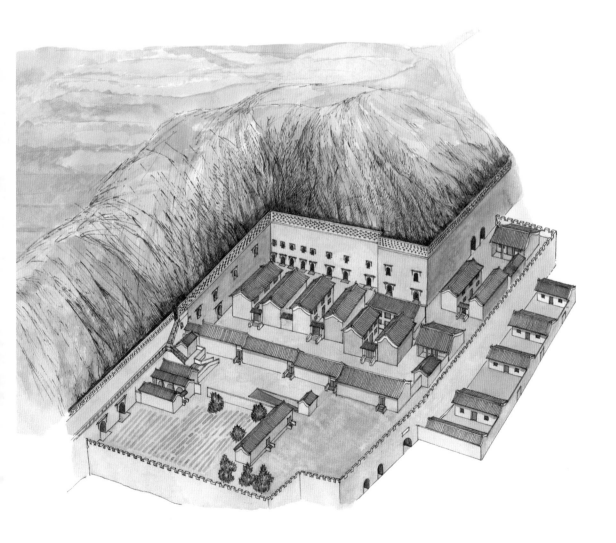

生土、土坯与版筑建筑语言

中国古代传统建筑的材料语言，主要就是土和木两种材料形式，尤其是在早期。虽然，后来出现了砖、瓦、琉璃等更丰富的材料语言形式，但从根本上来说，它们仍然属于土、木，或者更准确地说，它们的主要原材料是土。土经过烧制可以成为砖、瓦，琉璃的本质也是陶土，只是表面挂有琉璃釉而已。

因此说，土是中国古建筑中使用最为广泛的材料。当然，就土材料的使用来说，也有一个发展进步的过程。最初的土材料使用，只是生土，也就是在黄土塬上开挖窑洞；用夯土的形式建成古代帝王所喜爱的"台"；用土坯的形式建造墙体；用泥加草调拌后而修造的挑土墙；用版筑的形式而夯造的版筑墙等。总之，生土建筑的最大特点是土材料未经烧造，仅在营造使用手段上有一些变化而已。

原始社会人们挖洞为穴，也就是后世所说的"穴居"。穴居是一种最初级形态的土工建筑。准确地说，它根本没有"建筑"之意，也就是说它不是后世建筑中使用的加法形式，而只是将原有的土坡或地面的土减去一部分，使之成为一个洞穴，然后将之作为居住之处而已。但正因为此，它才更是地地道道的"土"材料建筑，完全使用土，几乎不存人工痕迹（图5-2-1）。

土穴只是生产力低下的原始社会使用的一种居住形式，其后随着生产力的不断发展，人们对于住宅的要求也越来越高，便不再使用穴居了。但是，土却被作为一种重要的建筑材料而得到更长久的使用。这主要是因为土材料分布广泛，又方便易取，同时，又有较好的防寒、防护作用，可谓经济实用。

此外，还有一个很重要的原因，就是随着社会的不断发展，生产技术也在不断提高，土工程本身的技术也在不断提高，在使用土材料之前，对之有了较好的加工，使之更符合营造的需要，使建成的房屋更舒服、更安全、更富有使用价值。

在土材料的加工技术语言中，最突出的就是夯土砌筑技术和土坯的出现与使用，并且夯土技术和土坯是共同存在的，它是中国土工技术中并列发展的两个系统。

夯土技术语言

在中国土工建筑中，夯土砌筑技术得到了长时间而又大量的使用，并且在使用过程中又有所发展、进步。夯土技术在原始阶段的表现并不明显，并且大多只是对地面进行了简单的夯打，比如，在新石器时代仰韶文化的淮安青莲岗遗址文化层中，就发现有经人工夯打过的地面。而西安半坡遗址竖穴中出现的矮墙、隔墙等，虽然采用了泥土堆积的方法，但还不是版筑。"版筑"也就是夯土。

进入奴隶社会以后，开始出现了工程较大的夯土砌筑。如，商汤时期的都城亳就有近万平方米的夯土台基，工程可谓巨大。同时，商代已出现了目前所知的中国最早的夯土城墙，全部由黄土分层夯筑，每层夯土层面上布满了大小不同的夯杵窝，具有明显的捣固痕迹。商代之后，经西周、春秋、战国，以至秦汉，夯土技术的发展越来越

图5-2-1 原始穴居 原始人所居住宅除了巢居外，另一大类型就是穴居。穴居经过不断地发展，其后逐渐由在地面以下挖掘土洞改为半地面建筑，也就是半穴居形式。图5-2-1即为原始社会半穴居聚落想象复原图

快，水平也越来越高（图5-2-2）。

夯土技术的发展，主要表现在工具的发展和施工方法的进步两方面。

夯土工具的发展进步是夯土技术发展进步的一个标志。早期的夯土工具主要是夯杵，这种夯杵是由原始社会的杵发展而来。在原始社会，虽然杵很常见，但仅是作为生活中的一般工具使用，并且主要是单人操作。到了商代，一些遗址中才发现有石杵运用于夯土墙，作为夯土墙的夯土工具。

秦汉时期，夯土技术有了新的发展，作为夯土工具的杵也有了较大的改进。在陕西栎阳建筑遗址和汉武帝的茂陵中，都发现有夯土的杵形工具，杵为石制，上面带有孔可以穿柄。

宋代以前的夯土建筑实例，基本只剩遗址，夯土工具的形象和夯土技术的发展情况，主要也是依靠遗址发掘与考古研究得知。到了宋代，虽然也没有太多相关的建筑实物，但却有一本非常好的建筑工程方面的书籍，这就是

图5-2-2 原始住宅遗址　中国直到商周时代，基本还都使用土、木材料建筑住宅，没有砖瓦。原始社会更不用说，在材料使用上自然比商周更简单、更原始，所以当时的建筑现在早已无存，只在部分地区留有残缺的遗迹。不过，由遗址也能发现一些当时的建筑技术情况，图5-2-2地面即带有柱棍夯杵的痕迹

《营造法式》，书中较为详细地介绍了夯杵工具的情况。当然，宋代不但有书籍记载，也有建筑遗址中出土的工具实物。

由建筑遗址中发现的元代石制夯土工具更多。而明清两代，其种类比元代更多，并且很多都是有建筑实例与实物可考的，甚至有很多的这类工具在现在的某些农村还在使用，因为这种可以用来打夯的工具，也可以用来作为舂米工具等（图5-2-3）。

正因为明清时期有很多实物保存，所以我们可以看到当时的夯杵不但有石制，还有木制、铁制等，木杵的木料又有柏、槐、枣、榆

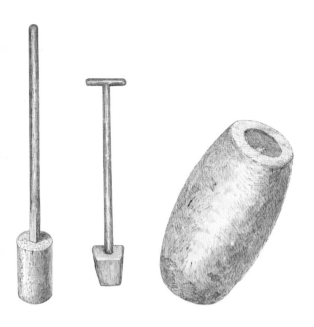

图5-2-3 夯土工具 中国古建筑中有很多使用夯土建造，因此，夯土工具就成为必不可少的建筑用具之一。图5-2-3中三件夯土工具都是比较简单的形式，两件为带长柄可以手握的形式，一件为全石件，只能低身用手抱着它夯土

等多种。而之前的各代，因为年代久远，大都是遗址发掘，所以只能看到较为耐腐蚀的石制杵，而较少发掘，甚至没有发掘木制杵，但这并不能代表当时没有木制杵，因为也许木杵只是被腐蚀不存而已。不过，铁制杵的耐腐蚀性也很强，但明清之前的实物发掘也不是很多，这却是由于当时夯土工具发展水平的限制。

在夯土工具发展的各个时期，还相应地产生了很多其他的夯土砌筑工具，如，打墙板、绳子、立柱、抬筐、插竿、横杆、扁担等（图5-2-4）。

夯土工程的施工，主要是依靠人对工具的使用来实现。清代的《工程做法则例》中对清代夯土工程有着清楚的记载，清代夯土筑法主要有大夯灰土筑法和小夯灰土筑法。而根据工程质量、所用夯土工具、建筑等级等的不同，打夯的方法也有所不同。打夯方法一般按工程对象来分，有墙基、台地、筑城、筑台等。

图5-2-4 椽打墙墙架 椽打墙墙架也是夯土工具的一种。明清以来，在民间一些地区仍然有使用夯土墙的情况。而打制夯土墙又有一些区别，其中用板的为板打墙，用椽子或木杆的为椽打墙。图5-2-4工具为中国关中地区所使用的椽打墙墙架

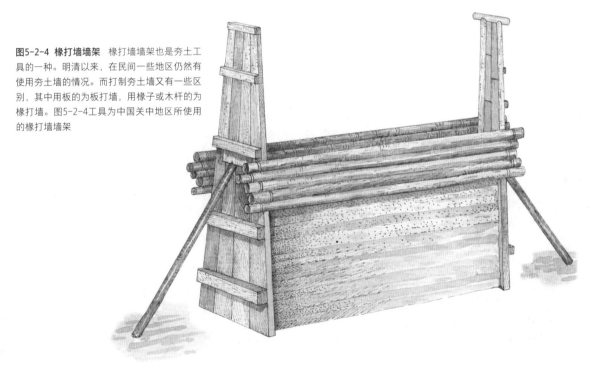

在每一种打夯方法中，又有不同种类和地方性差别。比如北京地区的墙基打夯，就有相对法、相背法、纵横法三种。相对法就是两人或四人执夯由墙基两端相对进行；相背法就是由墙基中段往两端进行，与相对法的方向相反；纵横法就是分两组进行，一组横向，一组纵向，左右交错。

夯土技术是中国古代土工建筑技术的重要成就之一，使用夯制技术可使建筑的地基、墙体等更为稳固。它不论是对于古代大型的宫室建筑，还是一般的城市建筑，或是小型的民间建筑，都同样有意义。

夯土技术在不同建筑中的运用

高台建筑中的夯土技术语言

高台建筑是中国古建筑的类型之一，并且是楼阁产生以前中国古代大型建筑营建的重要方式。奴隶社会的夏、商、周，以及封建社会初期的秦、汉，是中国高台建筑的盛期。

夏、商、周遗留下来的建筑遗址，大部分都建在较高的地方。从现存的高台来看，低者约6米，高者可达20多米。现存河北易县燕下都的炼台夯土遗址，其上部的夯层比城墙还厚，夯窝也比城墙深，可以想见这座炼台当初的气势。

高台建筑的盛期是商、周、秦、汉，但直到唐代时它仍然有所使用，它甚至影响到了明清时期的某些建筑。

高台建筑的主要特点就是建筑下面有高大的台基，这种高大的台基造就了建筑的高大、宏伟的气势，而在中国古建筑中，具有高大不凡气势的建筑主要是一些等级较高的建筑，如宫殿、寺庙、城楼等，因此，高台的主要运用对象就是这一类大型建筑。

图5-2-5 居庸关 居庸关建于距离北京100多里的关沟中。在居庸设关汉代已始，但在居庸关修筑长城则始于北魏。现存居庸关是明代重建，墙体多改为青砖砌筑，另有部分使用石墙体，土墙几乎不见。砖石材料使之更显巍然壮观，雄伟壮丽

高台建筑之所以能得到一定的发展，甚至是兴盛，一方面因为它符合统治者的需要，富有气势、宏伟壮观、居高临下；另一方面因为它能更好地接纳阳光、通风防潮，并且安全稳定。

高台建筑的台，可以是天然存在的土台，也可以是人工夯筑的土台。虽然人工夯筑的土台，在规模上可能无法比拟天然土台，但它却充分展现了古代劳动人民的智慧，反映了中国夯土砌筑的技术与水平。从理论上说，利用人工夯筑的土台，人们可以在任何地方建造想要的房屋。

从历史的发展来说，正因为有了人工与人为，而不仅仅依靠天然，中国传统建筑才有了更为丰富、甚至是辉煌的发展，人们的居住环境和住房才更为舒适，生活状态才有了不断的改善（图5-2-5）。

城池中的夯土城墙技术语言

城墙是城池的一个最重要的组成部分，而城池则是中国古代重要的防御工事。防御工事的主要作用，一是为御敌，二是为自我保护。或者说，二者的作用其实一样，是御敌同时也是为了自我保护。

既然是防御，必然是因为有侵略与战争。战争在原始社会基本是不存在的，因为当时是公有制而没有出现私有制。不过，即使是在出现私有制以后的夏、商时期，也只是在朝代更迭时有讨伐战争，并没有长久的纷乱。直到周代后期，也就是东周时，出现了诸侯割据现象，社会遂进入了春秋五霸、战国七群的混乱战争时代。

若说春秋五霸还基本是相继出现的话，战国七群则基本是同时存在，并且这七国还仅是指当时最有势力的七个诸侯国，其他小国还有不计其数，大国与大国之间，大国与小国之间，战争连年，每个诸侯国都希望能统一天下，但依据自己的势力又都不能实现。因为这样连年不断的战争，又是没有规律性的战争，谁都可以是攻击者，也都可能是被攻击者。所以，各国为增强自我的防护性，纷纷修筑城池。

因为在战国时代，砖的制作技术还处在初级阶段，它的普遍使用还不可能。因此，作为大规模的城池修筑工程，其材料还不可能使用砖。而石料的开采也需要大量的人力与时间，这对于战争纷繁的战国各诸侯国来说也是不可能的。所以，取用随处可得的土作为筑城材料自然而然，并且对于战国时代来说，土也是自原始社会起一直被最常使用的建筑材料。

战国时，夯土城墙的大量砌筑，使本就稳步发展的夯土砌筑技术，有了更为长足的发展。从现存很多战国时代的夯土城墙遗址都可以看出当时的夯土墙的坚固程度。如，郑国故城遗址城墙，分内外两重，全部用夯土分层砌筑，每层夯层上面都满布夯窝，十分坚固，使得它至今看来依然宏伟壮观。

战国之后，夯土城墙在秦、汉、三国、隋、唐、宋、元、明也都有使用，并且有不断发展，技术也逐渐进步。尤其是在明代，城墙的建筑数量是中国历史上最为突出的一个时期，夯土技术在这一时期得到了极大的发展。城池建筑的质量达到了历史高峰（图5-2-6）。

明代城池质量的提高，不可否认得益于补

用包砖。但同时也绝不能否认夯土城墙本身的坚固性，这是夯土技术与夯土材料发展的结果。明代夯土城墙有的用纯黄土，有的用黄土夹杂砖、石、沙，均分层夯筑，外包青砖。同时，明代对于分层分片夯筑更为注意，对墙体基础使用灰土的方法增多，这都是夯土技术的发展与进步的表现。

长城中的夯土技术语言

夯土技术除了应用于台基和一般城墙外，还被较普遍地应用于各国修建的长城防御工事中。

长城作为闻名世界的华夏奇迹，其修筑也同样是闻名世界的壮举和伟大工程。长城的修筑从春秋战国时代一直延续到明代，前后历时二千多年，修筑的城墙总长度超过万里，所以称为"万里长城"。

虽然修筑时间延续长达二千多年，但主要的修筑朝代只有战国、秦、汉和明代。从这几个朝代所筑长城的现存情况看，可以清楚地看出其在建筑技术上的不断发展进步，以及各代长城的不同特点与各时期的施工方法。

长城的主要砌筑材料是土，在这一点上来说，几个修筑朝代中最

图5-2-6 嘉峪关夯土城墙 嘉峪关是中国长城的一道重要关隘，也是建造较早的一个关隘。关隘城楼座座，高耸林立。关外更有墙垣绵延数里。图5-2-6即是嘉峪关夯土城墙的一段，经过风雨的洗礼，所剩土墙仅有低矮的一截，在空旷开阔的茫茫大地上更显古朴、苍凉

图5-2-7 残损的长城　中国的万里长城从战国时代即已开始修建，其后在秦、汉、明三朝为三个盛期。由战国至明代，前后延续约一千五百年，早期的夯土墙与后期的砖墙并列共存，记录着历史与风雨的沧桑变幻

为特别的一个要数明代，因为明代时已相对普遍地在长城工事中使用砖和石材料。不过，即使是相对普遍使用砖、石材料的明代，其长城的主要用料还是土，砖、石只是夯土墙体外表的保护层（图5-2-7）。

战国时期，诸侯国为了防御外族入侵，便采取了修筑长城等措施。同时，战国各诸侯国之间也常有战争，所以一些没有外族侵扰之忧的诸侯国也于本国边界筑长城。

战国时的齐国、楚国、燕国、魏国、赵国等，都修筑有长城。这些长城的情况大部分可以从文献记载了解，也有部分存有遗迹。

在陕西省的韩城市南就遗留有战国的魏长城两道，

因为有毁损，不得确切高度。其中，居南者所存墙基宽7米、上宽4米、残高4米，居北者墙基宽5米、上宽3.5米、残高约4米，两道长城均为黄土夯筑。除了夯土的城墙外，还有夯土的烽火台，总高约10米，上下有明显的收分。

不论是从记载还是从遗迹看，战国长城的规模都无法与后来的汉代、明代的长城相比，也无法和紧接其后的秦代长城相比。

秦代长城由战国时期即开始修筑，不过大规模地修筑却是在秦始皇统一六国之后，我们通常所说的秦代长城也就是指秦始皇时修筑的长城。秦始皇长城于前213年开始正式修筑，直达万里，《汉书·匈奴传》载："始皇帝使蒙恬将数十万之众北击胡，悉收河南地，因河为塞，筑四十四县，城临河……自九原至云阳，因边山险，堑溪谷，可缮者缮之，起临洮至辽东万余里……"

秦代的万里长城，不但有新修筑的，还有以前作为诸侯国时修筑的，另有部分是利用原有的战国其他诸侯国长城，即将几者互相连接起来，才形成了气势不凡的万里长城。秦代这道万里长城，西起临洮，东达辽东，比明代长城偏北。秦代长城比明代长城还长，但现存仅有少数遗迹，从这部分遗迹看，全部是用黄土夯筑而成。

图5-2-8　嘉峪关关城　图5-2-8为嘉峪关关城景观，整齐的土坯墙围绕成方正的城，虽然土坯没有砖的坚硬，但因为砌筑得平整、细致，所以墙体也非常坚固。高高的墙体上建筑着座座城楼，或两层，或三层，高大壮观

汉代长城主要是汉代王朝为防范北方匈奴而筑。汉代长城无论在规模、长度，还是在建筑工程质量等方面，都毫不逊色于秦代长城，甚至比秦长城更出色。汉代长城有很大一部分是全新修筑，另有部分是对秦代长城的重新修筑。汉代长城也大部分用夯土砌筑，比如，所筑玉门关长城，其关城的四面都用夯土墙。

在修筑长城的几个朝代中，明代因为距离现在的时间最近，所以长城保存得最好。其全程由西部起自嘉峪关，至东部止于山海关，总长将近13000里（图5-2-8）。明代还

图5-2-9　明代砖筑长城 明代是继秦、汉之后唯一大肆修筑长城的王朝，明代长城与前朝各代长城最大的区别，就是大部分以青砖为材料，砌筑的长城更为坚固、结实。图5-2-9两图即是明代所筑长城的两处敌台部分，砌筑精心，砖墙稳固，敌台高耸

同时在长城沿线设立四大镇，以加强防守。四镇分别是辽东镇、宣府镇、大同镇、榆林镇，后又加设宁夏镇、甘肃镇、蓟州镇。

明代长城从砌筑材料上来看，可以分为东西两大段，以山西为界，山西以东为东段。东段长城地势相对险峻，都建在崇山峻岭之间，城墙大部采用砖贴面，另有一些局部用石砌。城墙下部宽6米左右，顶宽约4.5米，顶部外缘设2米高的垛口，内砌1米高的女儿墙，城墙总高近9米。城墙上每隔不到百米就设有敌台一座（图5-2-9）。

相对于砖、石使用较多的东段长城，明代西段长城则全部为夯土筑成，并且在高、宽等数据上要比东段长城小很多：其城墙下部宽4米，比东段少2米；墙顶宽约1.5米，比东段少3米；墙顶垛口只有0.8米，比东段矮约1.2米；墙的总高5米多，比东段矮了近4米。嘉峪关长城就是由夯土版筑而成，实物至今留存，厚实的城墙、高大的城楼，让其雄伟的气势仍然存在。

土坯技术语言

土坯就是使用模具将土制成一定形状的土块。土坯作为建筑材料使用，会使建筑施工更为灵活方便。

土坯也是中国古代主要的建筑材料之一,并且土坯砌筑技术早在原始氏族公社时就已被运用。目前所知最早的土坯使用,出现在河南永城龙山文化晚期遗址中。土坯砌筑技术一直是和夯土砌筑同时向前发展,一直被古代广大人民所用。即使是在现在的某些农村,仍然有使用土坯建筑住房或是附属用屋的情况。

土坯墙砌筑技术的产生,是中国古建筑技术中一项巨大的进步,也是一次建筑材料的大革新。同时,可以预制形状的土坯为砖的出现打下了基础。

土坯的使用在奴隶社会渐趋广泛,西周时期已经开始使用大块的土坯,说明了土坯制作技术的发展与进步。不过,当时还只是用土坯砌筑台阶和一些建筑边线位置。到了战国时期,土坯开始在城门洞口和城墙的局部使用,它的运用范围有了明显的扩大与延伸。

在秦代和汉代的某些建筑遗址中,都发现有土坯砌筑的墙体。唐代时的交河城,其部分墙基和城内庙宇建筑的墙壁都是用土坯砌筑。到了宋辽时代,土坯不但用于墙体砌筑,还同时被用作建塔材料。元代时土坯的运用非常广泛,有普通建筑,有城墙,也有塔,在敦煌就有元代土坯塔实例留存。

明清使用土坯作为建筑材料就更是随处可见了,所存

图5-2-10 土坯城墙 使用土坯材料砌筑墙体,比一般的夯土墙更省时省力,图5-2-10为嘉峪关关城中的一段土坯墙,虽然经过风雨的沧桑,墙体已变得古旧,但依然有较好的稳固性

各类型的土坯建筑遗物实例,几乎是分布全国各地(图5-2-10)。不过,因为中国地域广大,土质不同,风俗习惯也不同,所以土坯的制作与具体使用方法,也是各有不同。

土坯的制作要经过选土、制泥、坯模、制坯等几个主要工序。其中,仅在制坯上就有很多不同的方法,主要有:手模坯,即将泥土装满坯模,再用手将泥面抹得与坯模相平,过一定时间将坯模拿掉;杵打坯,即将坯模放在平整石面上,装土后用石杵捣固,过一定时间拿掉坯模;水制坯,即先将制坯场地放水引

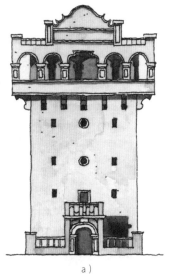

a)

b)

c)

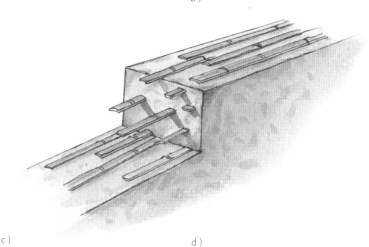

d)

平，等水分蒸发后而泥土尚处于半湿状态时，将之切成坯块、取出，晾晒后即可用。

这几种制坯方法中，"杵打坯"相对好一些，也就是使用杵打坯法制出的土坯，更为坚固，土坯的性能好，可承受较大的压力。

土坯运用的位置也是五花八门，如，房屋的墙壁（包括外墙和内部隔断墙等）、火墙、火炕、火炉、烟囱、小型土台、院墙、仓库、城墙等，当然比较常见的土坯使用主要还是墙体（图5-2-11）。

根据使用土坯的多少，土坯墙体主要可分

图5-2-11 形式多样的土墙体 中国古建筑墙体材料有砖、石、土多种，其中仅土类一种就有很多细分形式，有夯土墙、挑土墙，有土坯墙，有竹筋土墙等。图5-2-11中四图分别是a）使用夯土墙的开平碉楼，b）福建土楼，c）使用土坯的长城关隘城墙，d）竹筋土墙

为五种：一是上下内外全部使用土坯的全土坯墙；二是上下四面用砖壁、内填土坯的填心墙；三是上半截用土坯、下半截用夯土的半土坯墙；四是在墙内用土坯全部做空心横砌的空心墙；五是土坯墙部分用砖包边的混合墙。

06

中国古建筑装饰语言

装饰的内容

装饰的内容可以指装饰的手法和题材两个方面，但一般所指主要是装饰的题材。中国古建筑的装饰手法主要有两种，即雕刻和彩画。彩画主要运用在建筑内外檐的梁、枋等处，而雕刻所运用的范围比彩画要广得多。建筑外部的栏杆、墙壁、铺地、柱子等，建筑内部的梁架和各类隔断等，都可以使用雕刻。

雕刻和彩画这两种装饰手法，在各朝各代的名称相同，但具体的使用又具有各时代的特色，但这种变化要和它们本身的题材相比，还是不值一提。雕刻和彩画的题材，不要说综合各个朝代来看，就是单看某一个朝代，也已经是非常丰富了。

纵观整个中国古建筑装饰的历史，其每个阶段的装饰题材相对来说，都有每个时代的特征，或是受当时经济的影响，或是受当时政治的影响，或是受当时宗教的影响。尤其是南北朝时期，装饰题材受佛教的影响极为明显，当时的装饰题材最为流行的就是佛教中的莲花和飞天，同时，忍冬草等植物纹样也开始兴起。

莲花是十分常见的植物，也是极受人们喜爱的植物，因它的特性被演绎出众多丰富而特别的含义。尤其是在佛教中，莲花更是一个重要角色，它在佛教中是清净、吉祥、圣洁的象征，因为它出淤泥而不染，品格高贵，所以佛教用它来比喻佛与菩萨，因为他们像莲花一样出于世间却能清净无染，因此，我们在很多的佛教造像中，都能看到佛和菩萨所坐、立的宝座（须弥座）装饰着莲花（图6-1-1）。

飞天是重要的佛教装饰题材。从东汉时佛教传入中国开始，中国佛教石窟等建筑中就有飞天的形象。不过，早期的飞天大多是沿袭印度飞天的形象，呈半裸体，并且大多是男身，后来就逐渐演变为衣带飘飘的凌空美女了，这一转变与其"飞天"之名，与其飘逸的动作，更为契合（图6-1-2）。

南北朝之前的装饰题材，比较突出的是神灵、鬼怪和

图6-1-1 莲花须弥座 莲花须弥座就是在须弥座上装饰有莲花图案或是雕刻莲花瓣，大多数的莲花须弥座都是上下使用巨大的莲花瓣装饰。图6-1-1即是在须弥座的上缘和下边分别装饰着仰、俯莲花瓣。束腰处施以花卉等雕刻

一些珍禽、异兽等。这反映出了当时人们对自然认识的不足，因而对一些比较特别的现象解释不清，就将之看作是神鬼的行为与力量使然。

此外，还有一些表现忠、孝、节、烈和政治成败内容的，主要是为了警示当世人和提醒生来者，即所谓"恶以诫世，善以示后"。宴乐、狩猎、车骑等，也是南北朝之前较为常见的装饰题材。

南北朝之后的隋唐，尤其是唐代，经济发达，世风开放，在装饰上也同样表现出华丽与富贵的特色。有花中富贵者之誉的牡丹，成为唐代最为突出的装饰题材。唐代的对外开放性，也在装饰题材上有所表现，比如传自西域的海石榴花的流行。而在汉代即已出现、南北朝时运用已较多的忍冬草，到了唐代也逐渐流行。忍冬草形态连贯、飘逸，非常优美，其后的各个朝代也多有运用，是中国古代装饰中比较常见的题材。

到了宋、元、明、清，一方面是自身又有新的题材的出现，一方面是对前朝各代旧题材的继承与发展，因此，装饰的内容越发丰富多彩，一代比一代多样、繁复，非前代可比。明清之际，题材种类最

图6-1-3 五福捧寿　五福捧寿就是由五只蝙蝠围绕着一个寿字组成的图案，它是中国古代常见的装饰图案，寓意吉祥福寿。图6-1-3即是这样一幅五福捧寿图，图案中心为团寿字，寿字四面绕有五只蝙蝠，再外围是回纹。不过，这幅图案中的蝙蝠之间还有"卍"字，又有万福万寿之意

多。植物方面有松、竹、梅，或单独使用，或组合为"岁寒三友"；动物方面有蝙蝠、鹿、鹤等，大多组合为"五福捧寿"（图6-1-3）"鹤鹿同春"等吉祥图案；另有佛教新题材，法轮、伞盖、金刚杵、螺、鱼、盘长（吉祥结）等出现；皇家最常用的则是龙、凤图案。

吉祥图案语言

　　吉祥图案占中国古代装饰图案的很大一部分，中国很多的图案本身，尤其是它们的组合，多带有吉祥寓意。

　　吉祥图案是将吉祥语和图案完美地结合的艺术形式，它在中国民间流行尤为广泛，是中国世代劳动人民为追求美好生活而创造出来，是中国古代劳动人民智慧的结晶，它反映了中国纯美的民风民俗。当然，民间使用的这些优美的吉祥图案，渐渐也被官式建筑吸收、引用，成为官式建筑中重要的装饰内容之一。

　　吉祥图案通常是利用花卉、鸟兽、人物、器物，甚至是字体等形象，表现或组合表现出不同的吉祥意义，有借

喻，有比拟，有双关，有谐音，有象征，总之都是为了表现出"吉祥"二字，包括单纯的吉祥寓意和福、寿、喜庆等，都是寄托了人们的美好愿望。

　　中国吉祥图案的吉祥意义，早在商周时期就已被人们注意，也就是说中国吉祥图案的源起是非常早的，其后经过秦汉、南北朝、隋唐、宋、元的不断发展、丰富，到了明清时期，已非常成熟。

　　下面我们就通过一些有代表性的、常见的吉祥图案和实例，来形象地分析其吉祥意义。

　　万字纹写作"卍"，是中国古代最为常见的纹样之一。"卍"在古代印度、希腊等国家被看作是太阳或火的象征，后来成为佛教的一

图6-2-1 "卍"（万）字芝花纹 万字纹可以表示万寿、万福、万年长存等吉祥寓意，可以单独使用，也可以和其他多种纹样结合使用，总之都是表示吉利、祥瑞之意。图6-2-1是万字与芝花结合而成的图案，运用砖瓦石材料拼成铺地的纹样，不但美而且简单大方

图6-2-2 牡丹图 牡丹花朵大而艳丽，被喻为花中之王，国色天香，又有富贵的吉祥寓意，所以常用作装饰纹样。图6-2-2是一幅牡丹与莲花结合的吉祥纹样，中心为一朵莲花，外围是朵朵相连的牡丹。莲花清雅，牡丹高贵，两相结合，美意无边

种标志物。

万字纹多用于栏杆棂条，"卍"字纹向纵横方向连续展开，形成相互连接的不断的图案，叫作"万字锦"，取意富贵不断头。民间还常将"卍"字的四个旋臂弯成弧形，使整个图形围成一个圆形，就是"团万字"。

万字纹除单独使用外，还和许多其他纹样组合出现。如，苏州狮子林万字芝花铺地，就是万字纹和芝花图案的组合（图6-2-1）；北京故宫体元殿木雕万字锦地卷草缠枝花落地罩，则是万字纹与卷草缠枝花的组合。

牡丹花朵大而艳丽，被称为富贵之花，是著名观赏植物。牡丹在中国被视为花中之王，尤其是在唐代极受欢迎，是富贵与繁荣的象征。唐代诗人刘禹锡曾有诗赞美牡丹："庭前芍药妖无格，池上芙蓉静少情。唯有牡丹真国色，花开时节动京城。"单独的牡丹图案已有"富贵"之意，而牡丹与凤凰组合的凤穿牡丹图，则寓意为富上加富，贵上加贵（图6-2-2）。

莲花出淤泥而不染，清洁高雅，所以也常常作为吉祥之花。一枝莲花图案被称为"一品清廉"；莲花与莲子组合的图案被称为"莲生贵子"，分别用来称颂为官的清廉品格和祝福夫妻多生贵子。

图6-2-3 喜鹊登梅　喜鹊名字中带个"喜"字，这是显而易见的吉利字，所以喜鹊也成为吉祥鸟。梅花是冬天带雪开放的幽香花类，是不畏严寒的代表，是高洁精神的象征

梅花在冬季迎寒开放，是花中傲而高洁者，尤其在下雪的时候，梅花越发开得精神，它使人能感受到一份坚强和高尚，因此古代人常用梅花来比喻具有顽强拼搏精神及心志高洁的人士。

梅花常与松树、竹子组合，被誉为"岁寒三友"，它们代表历代有志者包括普通老百姓都追求和称颂的一种道德与情操。梅花还与牡丹、莲花、菊花并称为"四季花"，代表四个季节。吉祥图案中的"四季平安"，就是以"四季花"为表现题材。梅花和喜鹊组合，称为"喜鹊登梅"或"喜上眉梢"（图6-2-3）。

鹤自古以来一直被看作是长寿的象征，"鹤寿""鹤龄"，

就是表示长寿的祝词。鹤与松树组合而成的图案被称为"鹤寿松龄""松鹤延年"或是"松鹤长春"。"鹤鹿同春"，则是鹤与鹿、梧桐、椿树的组合，也是非常吉祥的图案（图6-2-4）。

鹿是一种性情活泼、模样可爱的动物。不但凡间有鹿，传说中更有仙鹿。传说中的鹿具有凡间鹿的美丽，更具有仙鹿的祥瑞。据说，仙鹿能活千年。"鹿"与"禄"同音，因此鹿又有福气或官俸的代表意义。

龙、凤、云也是中国常见的吉祥纹样题材。龙是中华民族的象征，是中国最伟大的图腾；凤是百鸟之王，集众鸟之美于一身；云洁白、缥缈、轻柔，富有仙意。它们三者

图6-2-4 鹤鹿同春影壁中心盒子　鹤是瑞鸟，常与青松相伴，鹿也是一种可爱、祥瑞的动物，两者与树木等结合的图案被喻为"鹤鹿同春"。图6-2-4即是使用这一吉祥图案与寓意的影壁中心盒子

或是其中两者的组合，其不凡的意味不言而喻。如，"龙凤呈祥""龙飞凤舞"等，都是包含着吉祥、喜庆、非凡意义的图案。

如意与佛教、道教都有一定的关系。《释氏要览》上说："如意之制，盖心之表也；故菩萨皆执之，状如云叶。""如意"二字表示做事能如愿以偿。因此，佛教中的如意便渐渐成为一种吉祥的象征。在道教中，如意则是灵芝草和祥云的组合，细看如意头确实是呈灵芝形或云形。在中国民间，智慧的人们又将如意发展演变，创造出形如祥云凝聚般的如意纹，成为中国装饰中最常用的图案之一。

如意更是常与其他纹样组合，如与柿蒂纹和万字纹组合，称为"万事如意"，将如意插在瓶中则为"瓶中安如意"（"平安如意"）。

葫芦长在长长的藤蔓上，葫芦内又有很多种子，这很容易让人联想到"子孙绵延"之类的词，因此，葫芦便被人们当作一种表示子孙绵延、代代相传的象征物。其藤蔓中的"蔓"字又和"万"字发音相近，葫芦便又有了"子孙万代"的意义。葫芦纹样大多用在建筑雕刻中，如，一些室内的落地花罩就采用透雕藤蔓葫芦图案（图6-2-5）。

各种精美的吉祥图案，装饰在建筑的不同部位，让建筑更添风采，更具艺术性与观赏性，而不仅仅是具有空间使用这一实用功能。

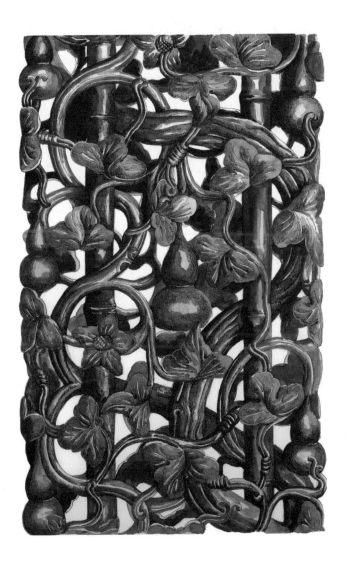

图6-2-5 子孙万代 "子孙万代"也是一种吉祥语，是人们希望多子多孙、万代不灭的意思。子孙万代用图案来表示时，大多使用的是藤蔓葫芦，就如图6-2-5所示，缠绕的藤蔓上挂着一个个的小葫芦。葫芦里面有很多种子，表示"多子"，而蔓与万字音近，所以合称"子孙万代"

建筑雕刻语言

中国传统建筑中的雕刻手法非常多样，有石雕，有砖雕，还有木雕。它们在建筑中，或是单独出现，或是综合运用，既各具特色又能和谐统一，相得益彰。

中国传统建筑大多是木结构，所以木雕也相对最为常见。木雕装饰是利用木材质感进行雕刻加工、丰富建筑形象的一种雕饰门类。主要用于门、窗、屏、罩、梁架、梁头、托木，以及家具、陈设等。并根据部位的不同而采用不同的工艺、技法，像屋架等较高远的地方，常采用透雕或镂空雕法，外表简朴粗犷，适于远观。

木雕在中国整个雕刻史上，始终占据重要的地位，它既不像砖雕那样出现得晚，也不若石雕那样只在几个朝代中比较突出。木雕的细分种类有很多，主要包括圆雕、浮雕、透雕、隐雕、嵌雕、贴雕、线雕等。

圆雕是不附着在任何背景之上，而完全立体的一种雕塑，它可以四面欣赏。

浮雕包括浅浮雕和深浮雕两种，简单地说就是在平面上雕出凸起的图案的一种雕塑。其中浅浮雕又称铲花，古时也称剔雕，它是按所需要的题材在木板上进行铲凿，

图6-3-1 透雕花罩 在中国的建筑雕刻中，手法有很多种，包括圆雕、浮雕、透雕等。图6-3-1是一幅透雕，它是一种相对复杂的雕刻方法，雕刻出的图案没有底，而是镂空的背景。使用这样的雕刻手法雕出的图案，更形象，更有一种立体感

逐层加深以形成凹凸面。浮雕雕刻的层次比较明显，工艺也不太复杂，是最常见的一种木雕做法。

透雕也称通雕，它是一种介于圆雕和浮雕之间的雕刻手法，更准确地说，就是在浮雕的基础上，镂空其背景部分。透雕的雕刻工艺要求更高一些，它是先在木料上绘出花纹图案，然后按题材要求进行琢刻，将需要透空的地方拉通，而将凹凸的地方铲凿出来，有了大体轮廓后磨平，再进行精细加工（图6-3-1）。

嵌雕工艺比透雕更为复杂，它是先在木构件上通雕起几层立体花样，然后为了增强立体感，再在已透雕的构件上镶嵌做好的小构件，要逐层钉嵌，逐层凸出，最后再经细雕打磨而成。

隐雕也称暗雕、凹雕、阴雕、沉雕，是剔地作法的一种。

线雕也叫线刻，是出现最早也最简单的一种木雕做法，是近于平面层次的雕刻。

石雕也是中国古建筑中较为常见的一种雕饰。石材料质地坚硬耐磨，又防水、防潮，经久耐用，外观挺拔，因而多作为建筑中需防潮湿和需受力处的构件，像门槛、柱础、台阶等，这些地方也就往往成为石雕饰的重点部位。

石雕细分种类和木雕相差无几，也主要有圆雕、隐雕、浮雕、圆雕、透雕、线雕等几种。只是因为石材料相对难雕琢一些，所以工艺较复杂的透雕实例就少一些。

目前所知最早的石雕，是河南安阳出土的墓葬石雕件。汉代石雕留存渐多，比如汉武帝陵墓中的石像生，尤其是大将军霍去病的墓前石雕，最为古朴、生动（图6-3-2）。东汉时更有很多石阙留存，由这些石阙雕刻可以看出当时的石雕工艺水平。

纵观整个石雕的发展史，最为突出的时代当属南北朝。南北朝时不但在宫殿类建筑中使用石雕，如《述异记》所载"元祖肇建内殿……阶琢龟纹"，同时更由于佛教的兴盛，佛教类建筑中的石雕更是丰富。

南北朝佛教类石雕，除了佛教寺庙殿堂建筑、佛塔、经幢等之外，最伟大的部分要属各地的石窟寺凿建与雕刻。这一时期开凿的大同云冈石窟、洛阳龙门石窟等，都是极具代表性、雕刻表现出相当高

图6-3-2 霍去病墓马踏匈奴石雕 霍去病是汉武帝时一位大将，立下战功无数，死后武帝便将他葬在自己的茂陵边以示尊崇，同时在他的墓前设置了多种动物石雕，以彰显霍去病的地位和功劳

的技术与水平的石窟。就石窟来说，隋唐石雕比南北朝有了更大发展，但毕竟南北朝具有开拓的意义。

宋、元时期，石雕继续发展。到了明清时期，木雕与砖雕得到了更为广泛的应用，石雕因为材料加工方面的相对复杂性而没有得到更大的发展，石雕工艺也趋于简化。但明清石雕在雕刻技术上的成熟仍然是前代无法比拟的，在雕刻手法的多样上也是前代所不及的。

砖雕是以砖作为雕刻对象的一种雕饰，它是模仿石雕而来，但比石雕更为经济、省工，因而也较多被采用，特别是民间建筑。它多用于民居的大门门楼、山墙墀头、照壁等处，表现风格力求生动、活泼。在雕刻手法上，也与木雕、石雕相类似，有剔地、隐雕、浮雕、透雕、圆雕等。

砖雕的出现相对晚些，宋、辽、金时期才是它的成熟期，南北朝和唐代都还只是它的初期与发展期。不过，砖雕在发展成熟之后，其运用就渐多起来，超过了石雕而不亚于木雕。元明清三朝，砖雕一直比较盛行。明清时甚至因其"斫事"渐繁而另作分工，从而出现了"凿花匠"业。明清时的砖雕非常繁复，而又精美，工艺也极精湛。

北京四合院的砖雕影壁，就是非常突出的砖雕实例，其雕制非常精美，技法纯熟，而又形象自然、生动，线条流畅（图6-3-3）。

砖雕既有石雕的刚毅质感，又有木雕的精致柔润与平滑，呈现出刚柔并济而又质朴清秀的风格。

图6-3-3 砖雕影壁　影壁材料有砖、石、木、琉璃等，其中以砖材料影壁最为常见。而以砖材料砌筑影壁时，还往往于影壁上施以雕饰，这就是砖雕影壁。图6-3-3是一座非常精美的砖雕影壁，壁面用磨砖对缝法砌筑，中心雕近于菱形的卷草盒子，四个岔角雕塑写实花草。雕刻纹样潇洒随意而整体图案对称

色彩及彩画

在建筑中使用带色彩的油漆或彩画，是出于保护材料与装饰审美两大目的。只不过，初期偏重于保护性，而后来逐渐偏重于装饰性。

使用油漆涂刷或彩画覆盖，能够更好地保护材料，防止材料受潮湿、受风雨侵袭、受阳光中紫外线的侵蚀等。尤其是对于木材料来说，这样的保护更具有意义，因为木材料除了怕受风雨侵蚀外，更害怕虫蛀，而很多古代彩画颜料具有毒性，可以拒虫。中国古代传统建筑大多使用木材料建造，那么，这种保护也就更具有必要性，同时这也成为中国建筑，特别是木构建筑的一个重要特点。

相对于保护性来说，建筑中使用色彩与彩画，在其后的发展中来看，主要还是出于装饰性的目的。即使在早期的所谓功能性中，也带有明显的装饰性目的，如，木材或其他材料的表面有斑痕、色泽不佳、纹理不均匀等瑕疵时，用颜料涂刷或彩画掩饰是很自然而必要的，这种遮瑕的目的显然是为了美化（图6-4-1）。

中国很早就在建筑运用了色彩，并且还渐渐出现了贵贱等级。如西周时的奴隶主阶级就利用色彩作为"明贵贱，辨等列"的手段，规定青、黄、白、赤、黑为正色，淡赤（红）、紫、缥（淡青）、硫黄（褐黄）、绀（红青）等为间色，并将间色看作是低等级的颜色，天子所用建筑与所穿衣饰都不用间色而用正色，而身份低的人则不能随便使用正色。

图6-4-1 清式苏式金线包袱彩画 苏式彩画源于苏州一带，是清代常见的彩画类别之一。苏式彩画内容在清式的各类彩画中最为丰富，花、鸟、人物、草、虫、风景，无所不能入苏式彩画。金线苏画是一种较为常用的苏式彩画，即画中的主要线路，如箍头线、包袱轮廓线、聚锦线等，全部沥粉贴金；而在构件中心以花边饰或烟云饰为分界、画一整幅图画的苏式彩画做法，叫作"包袱式苏画"

这种正色为尊的礼制与思想影响非常深远，比如到了明清时期，虽然在具体的色彩的高低贵贱规定上可能有所区别，但明亮、华丽、耀眼的纯色仍然比较高贵，像明清时期的皇家宫殿，大多是明黄色的琉璃瓦配朱红色的墙体、柱子和洁白的石制台基，对比鲜明，色彩明亮、醒目。

彩画更是建筑色彩运用中比较突出的一类装饰。彩画的等级也是非常明显的，它的等级性不但表现在彩画本身，比如图案的具体使用上，同时也表现在能否使用彩画上，也就是说，一般低等级的建筑是根本不能够使用彩画作为装饰的（图6-4-2）。

汉魏及其之前，因为色彩颜料加工技术的限制，彩画的色调都比较简单。南北朝时期，彩画色调开始趋于多样化。同时，更为重要的是，这一时期的彩画中开始出现了"晕"，这是彩画发展史上的重要一笔。《南朝佛寺志》引许嵩《建康实录》，载有梁代画家张僧繇在建康一佛寺所绘图画"朱及青绿所成，远望眼晕如凹凸，就视即平"，就描绘了彩画中"晕"的使用。

南北朝之后，在晕的基础上逐渐发展出叠晕。叠晕增加了色调的深浅变化，加强了纹样的立体感，提高了彩画的装饰性，彩画的形象自然就更为丰富美丽起来。叠晕的产生并不是因为审美需要而能实现的，而是因为颜料工艺和色彩分层技术的发展。

宋元时期，彩画技术普遍提高，彩画史又翻开了新的一页。彩画中的衬底衬色技术、罩染技术、堆粉贴金技术、调色全色技术、叠晕技术等，都有所发展与提高。同时，由于木结构建筑的艺术风格更趋秀丽、飘逸，建筑造型更显精致，所以彩画也越发要求细致、精美，才能与之更好地相配，彩画技法自然要精益求精。

宋元时期的彩画还有一个突出之处，就是产生了以青绿两色为主调的彩画，这使得建筑装饰更趋向

图6-4-3 宋代彩画 宋代彩画就是宋代建筑上绘制的彩画，宋代彩画的发展虽然没有清代成熟，分类也不如清代时清晰，但也已形成了自己的特色，突出地呈现出了清新雅致的风格。图6-4-3是宋代彩画的一种，主要纹样为如意云头，图案吉利，色彩鲜艳

幽雅。因为这一时期不论是皇家园林还是私家园林，都追求一种自然山水与花木之美，建筑环境和建筑本身都表现出清幽雅致的风格和青翠的色调，这当然影响了建筑中彩画的色调（图6-4-3）。

宋代帝王重视绘画，成立了画院，而画院盛行折枝写生花卉和没骨花，写生花卉以牡丹为主，其次是莲花，这些被当时的各地建筑模仿与吸收，成为当时建筑彩画的一大特色。

明清时期的建筑装饰，在工艺与技术上更加精致，在图案的设计与使用上也更趋于定型化与标准化。彩画自然也不例外。明清时期对彩画工匠的培养是有意识的，这使彩画行业的从业人数大大增加。这对于彩画的数量和质量都有极大的影响。

明清时期的彩画是目前保存较好的，而明清之前的彩画大部分已不存在，即使有些存在的也是经过后世重修重绘，没有了原来的风貌。

明清彩画总体来说，构图严谨，搭配均衡，纹样本身也较为稳重大方。色调浓淡区分明显，有的华丽辉煌，有的朴素简单，以配合整个建筑的整体造型需要为主，各具特色。在使用等级上有更为清晰、严格的规定，如贴金的多少、色彩的多少等。

明代彩画大都直接绘制在刨光的建筑木件上，木件本身只根据需要作简单的处理，如填补裂缝、桐油涂刷等。现存明代彩画主要在明代帝王陵墓中可以见到，此外，在一些江浙建筑中也可以见到。

目前留存最多的是清代彩画。清代彩画分类更为细致，这其中以建筑梁枋彩画最为突出。清代彩画按等级分，主要有三类，即和玺彩画、旋子彩画、苏式彩画。

和玺彩画，其构图以人字形曲线贯穿，主要的装饰内容是象征帝王的龙纹，主要色彩是青和绿（图6-4-4）。和玺彩画主要由箍头、枋心、找头三部分组成，找头为横"M"形，箍头、找头、枋心上一般都画龙或龙和凤（图6-4-5）。

和玺彩画是清代建筑彩画中等级最高的，在故宫的第一大殿太和殿的梁、枋上绘制的就是和玺彩画。青绿的色彩配金色的龙纹与殿顶的黄色琉璃瓦交相辉映，又与红色的廊柱与门窗对比，衬托得整个建筑富丽堂皇，恢宏而不失精美。

和玺彩画纹样以龙为主，但也有些微的变化，所以细分起来又有金龙和玺彩画、龙凤和玺彩画、龙草和玺彩画等几种。和玺彩画中的主要纹样和线条都贴金，金线的一侧衬以白粉线，或是同时采用退晕法，整体色彩灿烂、辉煌而又明亮。

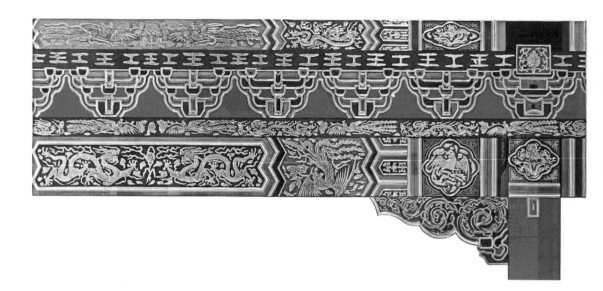

旋子彩画也是清代较有代表性的彩画类别之一，它在等级上仅次于和玺彩画，因此，一般来说，旋子彩画多用在次要的宫殿、配殿或其他建筑上。

旋子彩画在整体的构图上，与和玺彩画相差无几，也分为箍头、找头、枋心三大块。

旋子彩画与和玺彩画最重要的区别在于，其找头部分绘的是一种旋子图案。旋子图案实际上是一种以圆形切线为基本线条所组成的有规则的几何图案，其外形是旋涡状的"花瓣"，中心为"花心"，也称"旋眼"，所以旋子图案乍一看起来就像是一朵花，非常漂亮，但又自有一种简洁之意。

旋子彩画出现于元代，成熟于明清。旋子彩画本身也有明显的等级区分，主要是根据用金量的多少和花色的繁简程度，分为金琢墨石碾玉、烟琢墨石碾玉、金线大点金、墨线大点金、墨线小点金、雅伍

图6-4-4 金龙和玺彩画 和玺彩画是清代彩画中的最高等级，而在和玺彩画这个大类别中，又以金龙和玺彩画为最尊。金龙和玺彩画就是以贴金龙纹为主体纹样的彩画，金光闪耀

图6-4-5 和玺彩画的箍头 一般的彩画不论是哪种类别，主要都由枋心、找头和箍头三部分组成。图6-4-5是清式的和玺彩画，箍头以团龙的盒子为主要装饰

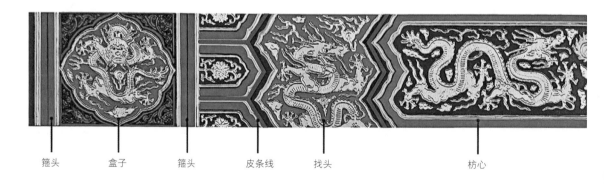

箍头　　　盒子　　　箍头　　　皮条线　　　找头　　　　　　枋心

墨等几类（图6-4-6）。

苏式彩画形式较为自由，题材也极为丰富，花鸟、草虫，人物、故事均有，但等级相对较低，画中不能绘入前两种彩画中的"龙"和"旋子"图案。苏式彩画大多用在园林建筑上，不分皇家园林还是私家园林。

目前留存比较突出而有代表性的皇家园林苏式彩画，就要数北京颐和园内的长廊彩画了。颐和园的长廊彩画几乎遍布长廊，彩画的取材范围非常广泛，有历史故事，有神话传说，有戏曲情节，有古典小说片断，还有诗文与典故等。如取材于《三国演义》的诸葛亮"定三分隆中决策""徐庶走马荐诸葛"，取材于《西游记》的"三打白骨精"，取材于诗文的《桃花源记》，历史故事"岳母刺字"等，描绘都非常生动、传神（图6-4-7）。

图6-4-6 旋子彩画 旋子彩画也是中国彩画的重要类型之一，主要用于明清两代的建筑装饰中。旋子彩画与其他类型彩画的最大区别就是其找头为旋子图案

图6-4-7 人物花草苏画 人物花草苏画就是以人物和花草为主要装饰内容的苏式彩画，图6-4-7即是一个以鸟和花草为彩画主要装饰图案的例子

07

民居建筑语言

院落民居语言

中国古代传统建筑组合大多是院落的形式，也就是说，"院落"是中国古建筑组合中最常见的语言。大到皇家宫殿群，小到一般的民间住宅，都或多或少地利用了院落这种组合形式。因为皇家宫殿群中的个体建筑数量太多，往往给人感觉其院落围合形式不那么明显，而是觉得其更像是一个封闭的围合的城堡。相对来说，一般的民间院落住宅，反倒更清晰地表现出院落组合的语言特点。

中国的院落式民居几乎各地都有，不分南方地区，还是北方地区，不论是多雨潮湿地区，还是干旱少雨地区。在各地所有院落式民居中，又都以四合院最为常

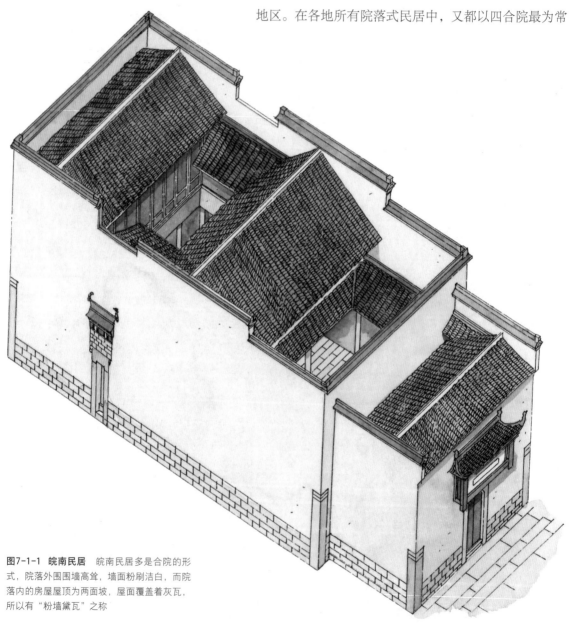

图7-1-1 皖南民居 皖南民居多是合院的形式，院落外围围墙高耸，墙面粉刷洁白，而院落内的房屋屋顶为两面坡，屋面覆盖着灰瓦，所以有"粉墙黛瓦"之称

见，或者说，都以四合院为院落组合的基本形式语言，其他院落组合形式都是由四合院演变或发展而来（图7-1-1）。

四合院是中国民居十分常见的一种形式，也是应用最为广泛的一种院落式住宅，历史悠久。它的雏形产生于商周时期，元代时作为主要居住建筑形式而大规模出现在北京等地区。明、清两朝时，合院式民居作为中国民居中最为理想的营造模式而得到了长足的发展。

所谓四合院，是指由东、西、南、北四面四个朝向的房子围合起来的内院式住宅，老北京人称它为四合房。四合院的布局方式，十分切合中国古代社会的宗法和礼教，家庭中男女、长幼、尊卑有序，房间的分配有明显的区别。四合院四周都是实墙，隔绝外扰兼具相当的防御性能，形成一个安定舒适的生活环境。

四合院的形状、大小、单个建筑的形体等，只要略经调整，就可以适合中国不同地域的条件，因此，中国大江南北，几乎都可以见到四合院的身影。而在所有的四合院中，又有几处地方的四合院最突出、最具有代表性。如，北京四合院就是北方合院民居中的代表，晋中民居也是北方合院民居中比较有特色的一个，皖南民居中的天井院则是中国南方合院民居中的一个代表。

北京四合院是北方院落民居中的典型形式，也是北方院落民居中营造及文化水平最高的一种形式（图7-1-2）。

北京四合院的历史可以追溯到元代在北京建都时。1276年，元代在北京建都后，开展了大规模的城市建设。元世祖忽必烈还特别规定了建宅的一些条例、等级等，"诏旧城居民之迁京城者，以赀高及居职者为先，乃定制以地八亩为一分……听民作室"。"赀高"指有钱人，而"居职"就是指在朝廷做官的人。于是，元朝的贵族、官僚就按此规定，在元大都城盖起了一座座院落。

今天北京仍然有很多这样的明清时的四合院存在，特别是清代时建筑的四合院留存最多。明清四合院是对元代四合院的继承，不过清代时改变略大一些，这种变化主要表现在院落布局的变化和工字形平面的取消上。而且元代四合院中的前院面积大，明清四合院则是前院小、后院大。

现存北京四合院的主要布置形式是：最前排为倒座房，大门建在倒座房的东南位置，倒座房内为前院，前院北是垂花门，垂花门内是正院，院北为正房，正房后是后院，后院北的房屋一般是主人女儿所居。这是典型的四合院布局，前后三进院落。其他的布局形式都是这种典型形式的变化。

皖南天井院与晋中合院，虽然是一南一北两个地区的民居，但因为都是商人住宅，是当地人外出经商以后建筑的民居形式，因此有着很多的共同点。这类民居的出现，除了由当地的地理与自然环境等因素决定外，历史条件更为重要，不论是皖南还是晋中都是如此，因此，两地民居在产生背景与居住文化方面有许多共通之处。当然，其各自的建筑特色也是较为分明的。

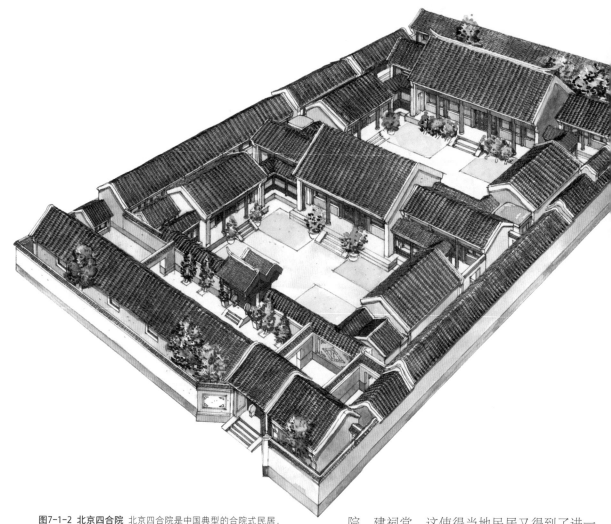

图7-1-2 北京四合院 北京四合院是中国典型的合院式民居，图7-1-2是北京四合院中的四进院落组合形式，中间两院落为主院，前后两院为次院，主院宽敞，次院较窄。由前到后的主要建筑为倒座房、垂花门、前厅、后厅、后罩房

皖南民居是中国民居中极为精美细致的一种民居形式。

明清时很多徽州人外出经商谋生，徽商在明清时盛极一时。大约在明代中叶以后，徽州人开始经营盐业，进而操纵了长江中下游的金融，很多的经商者身家达百万，而且商人们多将所赚钱财带回家乡，用以置宅

院、建祠堂。这使得当地民居又得到了进一步的发展（图7-1-3）。

当然，钱财有了，可是土地却并未能如钱财般增加，因此建筑面积自然受到地少条件的限制，而人们又不想把房屋建得太小，所以只好将中心院落缩减，如此一来，院落就成一个天井形式了。再加上，男人在外经商，家中只有妻小，房子就要格外的私密，所以房子以高墙围合，只留有一个小小的入口。这就是皖南民居最主要的特点。

此外，由于人们外出经商，不再经营土地，自然也就无须农具，民居内也不再设置

图7-1-3 皖南民居院落 皖南民居的院落为天井式，空间相对较为狭小，而四面有高墙围绕，更显院落紧促。图7-1-3是皖南民居合院的院落景观，房屋为上下两层，门窗都是木质，上层一排窗扇全部开启，在上部一线天空的光亮中，营造出无限的韵律与美感

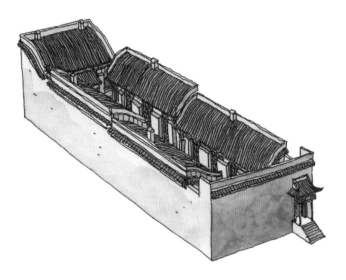

图7-1-4 晋中民居 晋中民居也是合院的形式，并且也和皖南民居一样是四面高墙围护。不过，晋中合院的院落空间又自有特色，和皖南民居、北京四合院都不同。晋中合院的院落是狭长形，有如一根短的带子

存放农具的空间。取而代之的是雕梁画栋、书画满堂。较大的庭院中，还堆有假山、辟有水池，形成美丽的花园景致。民居越发地精美考究。

晋中民居也有同样的历史背景。但晋中与皖南两地合院因为气候的差异而表现出具体不同的形态。晋中因为地处北方，气候比较寒冷，防寒、防风是民居特别重视的问题。因此，晋中合院民居一般都是南北向，并且是南北宽、东西窄，形成一个纵长矩形。这样的布局形式更利于防风、防寒，同时还能更好地吸纳阳光，是适应山西自然条件的布局形式（图7-1-4）。

晋中还有一些合院民居，其房顶为半坡式，即向外的一面为高墙，向内的一面为斜坡屋顶，这种高墙封闭的形式，使居住更安全，院落内的气氛更宁静（图7-1-5）。

皖南合院民居是天井院形式，它与晋中合院最大的不同是，院落只是一个深深的小天井，近似于方形，而不是狭长形。院落中的房间

屋顶也不是半坡式，但外部同样是高墙，也是为了让居住内部更安全、安静。

北京四合院、晋中合院、皖南天井院，是中国传统合院民居中最具代表性的几处，但中国其他地方很多民居也是院落形式，比如，云南大理白族的汉风坊院，也都是合院民居。但因为它们是少数民族建筑，又是受汉族民居影响而形成，我们将另作章节介绍。

其实，除了这些外观形象明显的合院民居外，像福建土楼民居和窑洞中的下沉式窑洞等，也都算是院落民居形式，只是它们更为特别一些，或者说它们在其他方面的特征表现得更为明显一些。

水乡民居语言

水乡民居最突出的语言就是水，水乡民居与水关系密切。民居傍水而建，"贴水成街，就水成市"，形成优美的小桥、流水、人家的水乡集镇景色。

根据水乡民居与水面的远近、向背等关系的不同，可以大致分为几种形式，即背山临水式、两面临水式、三面临水式等。

背山临水式的民居建筑，前部沿河而筑，后有山石可依，建筑与河道之间有街道，而临近街道的房舍大多为商业店铺。假如河道拐一个90°的弯，或呈丁字形，或为十字交叉形，村落可选在河道拐角处，则建筑两面临水，在用水与交通上更为方便。如果三面被河道包围，或是村落类似半岛形深入河中，自然形成三面临水的形式。

因为水乡水面多而可以使用的建筑面积狭小，因此，在不影响河道船只运行的情况下，很多人家还会借取河面空间作为自家屋舍的一部分。其借取的方式主要有吊脚楼、出挑、枕流、倚桥等。

"吊脚楼"是建筑的一小部分伸出在水面上，此部分必须依靠木柱或石柱等来支撑。上部可以是楼房或阳台，下面还可以设踏步，以方便家人洗涤和取水（图7-2-1）。"出挑"是利用大型的悬臂挑出，出挑大的可以成为房屋的一部分，出挑小的可以作为檐廊，类似于阳台，可以乘凉、观景（图7-2-2）。"枕流"是整栋建筑都建在河面上的形式，窄的河面可直接凌空架梁，宽的河面就要在水里竖立石柱，支撑上面的建筑物了。有些人家因为近河两岸都是自家房屋，便用"枕流建筑"把两岸的房屋连接起来。

图7-2-1 吊脚楼 在中国湖南湘西的苗族，有一种非常有特色的民居形式，这种民居的特色之处在于，房屋的一部分向外挑出，并且呈悬空状态，悬空部分的下面仅用一些木柱支撑。这种民居被称为"吊脚楼"，即楼脚悬吊着

"倚桥"也是一种住宅借取方式，不过它更为特别。因为它原是桥，但是被靠近桥的人家拿来作为民居的一面侧墙了。这样的借桥建屋方式，能节约室内的空间，并且可以直接利用桥梁作为楼梯而无须另建，上楼也很方便（图7-2-3）。

也正因为水乡地狭，所以民居的庭院空间都较小，主要用于房间的通风、采光。也因地面的小而珍贵，所以大多民居为楼房，以节省地面空间。高耸而轻巧的楼房沿河而建，倒映于河水中，景色美不胜收。再经来往船只的穿梭，河水荡漾，倒影变幻不定，更衬出江南水乡的活泼灵秀。

水乡气候湿润多雨，民居多设有檐廊，以保护外檐装修免受雨水侵袭。檐廊的位置依据民居的规模与形制的不同而变化，一般设在二

图7-2-2 出挑　江南水乡因为水面较多，可用来居住的地面相对较少，所以民居建筑便有很多自己的处理与特色。其中有很多采用借用法以增加居住使用空间。出挑即是借取方法之一，它是临水居民将自家的房屋临水一面借助木材料等向水面挑出一部分，作为廊

层楼房的底层，也有楼上楼下均设置的。底层檐廊多为开敞柱廊或半开敞的栅栏廊，这种设置多用于民居临街的一侧。民居的前后进之间，多以侧廊相连。侧廊与檐廊形成三面或四面环抱天井的回廊，使前后空间彼此贯通，民居看来更富有层次与亲切感。檐廊的具体布置多是依附于房屋的木构主体，即由大木结构向外增加一步，以落地外檐柱支撑。檐廊的形态多种多样，且大多能与使用功能相结合。

图7-2-3 倚桥店铺 江南水乡的房屋借取方式还有一种倚桥形式，也就是房屋借着、倚着桥梁而建。图7-2-3就是一座倚桥而建的桥头店铺，店铺前摆放着桌、凳也占据着桥头的阶梯。实际上这样的借取并不合理，它影响了公共交通

　　水乡民居的单体建筑，因其所处基地环境条件的不同，及屋主的经济实力、生活需求乃至社会地位等因素的差异，会有不同的规模形态。不过，总的来说，其建筑结构都是极为自由与灵活的，很少生硬、造作。民居的这种朴实、灵活的风格，恰与严格、规范的官式建筑形成对比。

　　水乡民居的平面构图不强求中轴对称，却自表现出一种朴实的风格，拥有一份宁静的生活环境。清新淡雅的水乡，古朴清幽，纯净天然，不知曾吸引多少文人雅士的称赞吟咏。

　　水乡民居的一个极大特点是空间利用率高，无论是平面布置还是空间设置，都尽量让其发挥到最大效用。民居的房屋因使用功能的不同而有堂、室等之分。"堂"主要用于会客、祭祀，及家人平时生活起居。"室"则是卧房、书房等，所以空间结构形态较封闭，不如堂屋那样开敞。

　　"室"出于私密性与安全防卫性的需要，其大面积开窗的部位通常面向天井，底层除开设小店铺者外，临街一侧多设高窗，这显示出民居的内向性特征。但是在民居的二层以上，无论临河或临街，开窗

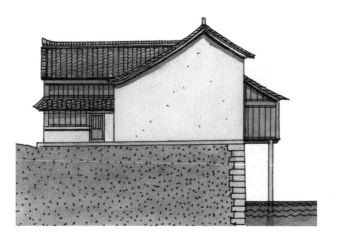

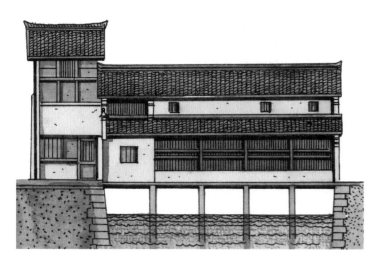
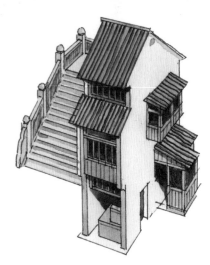

面积都较大，甚至设满堂窗以争取日照及自然通风，或者采用挑廊、槛窗等以增加室内外的交流与融合，这显示出的则是水乡民居的外向性特征。内、外向性格的并存正是水乡民居的重要特点之一（图7-2-4）。

在水乡的构成要素中，桥梁、码头、道路等，都是民居不可分割的一部分。

虽然现今陆路交通发达，但对于江南水乡来说，水路交通仍然具有重要意义。水乡村舍临水而建，几乎除了房屋就是水道，出入主要由水道往来，因此船只是必不可少的交通工具，而上下船则要经过码头，码头是水路交通

图7-2-4 多样的临水民居 水乡民居本就极具特色，临水而建的更是与众不同，搭建、借取方式也五花八门。除了倚桥、出挑之外，枕流、挑廊也是极好的借用空间的方法，也形成了外观多变的水乡民居形象。图7-2-4右侧两图为倚桥形式，左侧上图为吊脚楼，左侧下图为枕流

必不可少的组成部分，所以，各村落临河都建有码头。码头多由条石铺就，分私用和公用两种。私用码头是仅供一家洗涤、取水、出船所用。公用码头主要是供公众洗涤、上下船只。

有水之地自然也必有桥，桥既是连接交通的重要设施，也是水乡一景。在水乡的街河水面上，每隔不远就会有一座桥梁沟通两岸，甚至在池边和屋宇之间，也有各式小桥搭连，造型各个不同，生动灵巧，优美异常，更显出了江南水乡的动人风韵。

因为水面要行船，所以桥梁建的不能太低，多为高挑的石拱桥。在桥梁总数中所占比例较少的平桥也多架设得很高。桥梁的立面形式主要是考虑船只的需要，而桥的平面形式则主要与地形有关，根据行人的来往方向及河面的宽度等因素，桥面的平面主要有一字、八字、曲尺、上字、丫字等形式（图7-2-5）。

水乡中某些重要的桥头地带，人流往来相对频繁，并常常成为人流的集中地。因此，桥头处的居民多利用民居的底层开设店铺，小商贩和集市贸易也往往在桥头路旁展开。原以交通为主要功能的桥梁，实际上已成为商业活动的集聚地带，成为水乡城镇空间的转折和标志，也成为水乡一景。

水乡民居粉墙黛瓦，在碧水、蓝天、绿叶的映衬下，仿佛充满书卷气息的中国泼墨山水

图7-2-5 水乡拱桥 中国江南地区水面分布较密，有些地方是出门即为水，需要乘船才能外出。为了方便来往，除了船只外，还需要建筑桥梁。江南水乡的桥梁大多为拱桥，桥洞呈半圆的拱形，与江南灵巧的建筑风格和温和的气氛相应

画。民居的内外檐装修，多为棕色木质，街巷路面多以灰黄色或青灰色石块铺砌，简朴、素雅、自然，再与小桥、流水、码头结合，极富生活气息而又有诗情画意。

水乡民居在总体上的独特布局及其与水的联系、呼应，形成了风貌独特的群体造型。因而，江南水乡的民居造型的耐人寻味之处，既在于单体建筑的精妙，更在于群体的和谐与韵味，是非常独特的民居建筑（图7-2-6）。

图7-2-6 临水水乡民居 江南水乡地狭，临水一带更是寸土寸金，所以临水民居多建成两层楼的形式，图7-2-6即是一处临水的两层楼房，两面坡灰瓦顶的房屋连着半月形的拱桥，倒映在水中，景致更如画卷一般

山区民居语言

中国的传统民居有很大一部分都建在山区，它们具有一般民居的特色，更具有山区民居的独特性，表现出山区民居独有的语言特点。这一类山区民居中，在个体形态上最富特色的是贵州的石板房民居，在群体布置上最富特色的是浙江山区民居。

贵州石板房不但在山区民居中非常富有特色，而且在全国来说都是一个极特别的民居建筑类型。因为它几乎是全部使用石材料建筑，尤其是屋顶，别的民居都是用瓦来铺盖，而贵州石板房则是全部用石片来铺盖。

贵州石板房主要集中在贵阳市周边和安顺

地区，两地石板房都是石头地基、石头砌墙、石片铺顶，但在造型上略有区别。贵阳地区的石板房为悬山式，房屋的中央开间前部留出一个廊子，铺设屋面的石片比较方正整齐。安顺地区的石板房为硬山式，房屋前部没有廊，造型上只是一个简单的方盒子形，屋面铺设的石片形状比较随意（图7-3-1）。

中国各地民居都是非常注重就地取材的，贵州石板房更是其中突出的代表之一。贵州地处云贵高原的东部，这里山地绵延，并且山上土少、树少而石多，所以人称"八山一水一分田"。当地人便利用这种天然的石头和石片作为房屋的建筑材料，形成了极具特色的石头民居。因此，当我们从当地的山上向下看时，那

一座座的小石头房子，在大自然里是那样的贴切、和谐，与自然如此相融相依。

在石板房屋面的凹角处，石片自然形成弧线，不需要像瓦屋面那样特意留出排水沟。特别是石片铺设的屋面的脊处，不用脊瓦，而是采用一侧屋面伸出压住另一侧屋面的做法来防止漏雨，非常具有创造性。

石板房的墙面虽然也都是使用石头砌筑，但又有具体不同的形式，主要有两种，一是壁头墙，二是砌墙。壁头墙就是在木构架的柱枋之间放置长方形的石板作为墙壁。砌墙就是用乱石片或乱石块垒砌成墙体。

石板房一般都是三开间，中央开间作为堂屋，只有一层，两侧开间都是两层的楼，两层中间用石板作为楼板相隔。这两侧的两间上下层空间各有作用：一端的上层作为卧室，下层作为牛圈；另一端的上层作为储藏间，下层为卧室和厨房（图7-3-2）。

尽管整体看来，这样的石板房是粗糙的、稚拙的，甚至是不合规矩的，但它的美却也是你无法忽视的。它非常突出地表现出了中国传统建筑就地取材这一重要特点。

贵州石板房给我们印象最深的是它的建材和单体形象语言，而浙江山区民居最富特色的地方是它们的随山就势的布置形式。

浙江省有三分之二以上的面积都为山地和丘陵占据，因此，很多民居都只能建在山地上。在山地上建房与平地建房最大的不同就是，在山地建房受地形地势的限制更多，不像在平地上建房那样随意。因为这种限制，山地民居反倒会产生一种非常不一样的布置效果，让它更吸引人，更具有一种与众不同的魅力。

在离河较远的山岳地带建房，不但要考虑到水源，还要考虑到耕地的问题。也就是说，虽然房屋建在山上，但最好依着溪水、池塘，尤其是要尽量少占耕地。有了这样的条件限制，房屋只能在山麓阳面沿等高线布置，或是在山间的平坦谷地建筑。

房屋的建置因地制宜，不追求规整对称，而是非常灵活，这样更利于解决房屋的功能问题，又能形成生动而有特色的村居风貌。

浙江山区民居就是这样一种布置灵活的住宅形式。这些山居较好地利用了地形、地势，使本来所有的限制变成了有利因素，在取得了更多生活便利的同时，又节约了住房的造价，真是因地制宜的建筑典型。

根据具体山地形势的不同，山区房屋的布置又有具体不同的形式。

第一种是屋脊平行于等高线布置。这种布置形式是利用山坡中不同高度的台地，也就是沿山地等高线布置房屋，房屋建在台地上，可以在一层台地上建一进院，也可

图7-3-1 贵州石板房村落景观　由石材料砌筑的建筑在中国古建筑中并不少见，但是连屋面也用石板铺设而成的建筑却不多见，贵州石板房就是这样一种特殊的建筑形式。近于白色的石头、石板砌筑而成的房屋，点点散落在水边、桥头、山前、树木间，虽不令人惊艳，但却自有一派幽然、清新

以两三进院同建在一层台地上。如果是一层台地上建一进院，多进院落之间就要通过廊子或阶梯等相连，使各个院落形成一个完整的建筑群体。

如果用来建筑房屋的山地坡度较为缓和，房子就可以顺着山地的自然坡度而建，只要在室内地坪上调整高低即可，屋面随着地势延伸。

第二种是屋脊垂直于等高线布置。这种住宅布置形式又有两种不同的处理手法，一是让屋顶等高而地面不等高，二是屋顶呈层层递进形式，也就是从外观上看屋顶的高度在逐级下降或是逐级上升（图7-3-3）。

如果地形还没有前两种理想，或是比前两种要复杂多变，那么就要采取一些灵活的处理手法，这就是第三种布置方法。比如在不太适合的坡地、崖壁或者溪水旁，要建筑房屋，就要采用一些别的方法，让建筑的建造更适宜与合理。比如在崖壁处使用悬挑，房子的一小部分向外挑出，为了增加挑出部分的稳定性，就在其下部使用木桩、木架支撑，看起来就像是吊脚楼。这种利用较少的地面面积而能得到较大的建筑使用空间的方法真是非常巧妙。

图7-3-2 贵州石板房空间 贵州石板房的外部全是石，但内部空间仍由木构架搭成。一般的石板房都是三开间，中央开间一层，作为正屋。两侧开间大多为两层，其中一间的上层为卧室，下层为牛圈，人与牛同室方便对牛的照看

总体来说，浙江山区住宅在利用地形的方式上是非常具有典型性的，并且这样的形式在福建等地的山村民居中也有体现，民居与自然地形紧密地结合，丰富了建筑的外观形态，形成了一种地方特色浓郁的住宅形式。

▎防御民居语言

民间住宅，其主要功能除居住之外，还十分重视其防御的功能，在中国的传统民居中，有几种属于居住功能与防御作用并重而且防御功能十分突出的民居形式。防御性是这一类民居建筑的一个重要特征，并且这类民居建筑的本身的外观与造型又是中国民居中比较特别的。

在中国的传统民居中，以防御性著称或是防御性比较突出的形式有：开平碉楼、福建土楼、梅县围拢屋、赣南围子、藏族碉房等。

开平碉楼的产生有很强的功利性，有重要的历史背景。这里的"功利性"也就是它的防御功能性，而它的历史背景是促使它的功能性实现的重要催化剂。开平碉楼的主要建造年代在20世纪初，但它的历史可以追溯到明末（图7-4-1）。

开平位于中国的广东省，处于广东省的中南部。明末崇祯年间，整个社会都动荡不安，对于远离封建统治中心的广东来说，纷乱就更为频繁，在明清交替的大的历史背景下，各方大势力互相争战，而一些盗匪更是趁机作乱，

图7-4-1 开平碉楼 开平碉楼是广东开平的一种建筑形式，说它是民居也行，说它是防御性的堡垒也行。总之它具有较强的防御性，就是为防御而建，建筑非常坚固

常常滋扰百姓。为此，关姓大户关子瑞特地出资兴建了高大坚固的瑞云楼，这座楼的防御性很强，确实保护了一方百姓。当人口逐渐增多，人们也发现了高楼确实有很好的防御性后，便建了更高大坚固的迎龙楼。

到了清代末年和民国年间，社会的纷乱比明末清初更是有过之无不及，人们对于生活的安全性越来越没有信心，大量建筑防御性的碉楼也就成了必然。加上这一时期，广东开平一带很多人漂洋过海谋生活，并且有部分人因此有了钱，为了家乡亲人的安危，便纷纷出资回家乡建碉楼。他们不但带回了金钱，也同时带回了西方的某些先进的建筑技术与材料，甚至是西方建筑的造型语言，并将之与中国原有的建筑相结合，遂产生了中西合璧式的独具特色的开平碉楼。

碉楼的主要功能是防御，人们追求的是楼的高度，这样便于瞭望和射击来犯者，而碉楼的占地面积普遍来说并不大。尤其是主要用于晚间年轻人巡逻、瞭望的更楼，占地面积最小。而供众人集体躲避的众人楼，建筑面积要

大一些。

大部分的碉楼都是用土材料建造，主要有土坯墙和版筑墙两种形式。

版筑墙是三合土材料的墙体。这里的三合土是用黄泥、石灰、砂子加上红糖水搅拌而成。开平碉楼的夯土墙并不算厚，一般也就一尺多，但因为三合土非常坚固，其硬度几乎和低强度等级的水泥墙相等，所以虽然不太厚也一样坚固耐用。不过，因为三合土墙的夯筑非常费时，要一段一段地夯，下段墙体干透之后才能夯筑上一段，因此，对于一些体积庞大的碉楼来说，绝非一时之间就能建成。

土坯墙就是用土坯来砌筑碉楼的墙体。相对版筑墙来说，土坯墙的砌筑就要快得多，因为土坯可以一次加工成型，干透之后就可以一次性从底层砌到顶部。但它的寿命显然要短，所以人们为了加强其坚固度，还常常在土坯墙的外表抹上灰砂，再抹上一层水泥，这样可以增加墙面对抗雨水的侵蚀能力，同时又能有效

地防御枪弹的射击。

开平碉楼的墙体大多是用土材料砌筑，但也有一部分是用华侨进口的钢筋水泥筑成，不过，当时这种水泥的造价很高，所以钢筋水泥墙体并不多见。

碉楼的防御性除了表现在坚固的墙体上之外，还表现在墙面窗户和射击孔的开设上。

碉楼的每一层都开设有窗子，但窗子都很小，这是出于防御的需要。虽然窗口小，但却能起到采光、通风的作用。很多小窗户的外面都有铁皮做的挡板。遇到盗匪来时，可以放下来遮挡窗口。碉楼的下部为平整简洁的墙体，而接近顶部处往往会出挑一圈回廊或是一圈阳台、几个挑斗。这圈出挑的部分更便于防御，

图7-4-3 毓培别墅 开平碉楼主要是用来防御的，起先并不作为居住用房，后来渐渐出现了少量的住宅与碉楼融为一体的住宅式碉楼，毓培别墅即是实例之一。它的楼体上开有较大的长方形窗，是住宅式碉楼的一大特色，楼顶建成攒尖顶小亭形式，屋面均覆盖绿色琉璃瓦。这种住宅式碉楼与一般碉楼相比，建筑更为细致精美

图7-4-4 承启楼环楼内景 承启楼堪称是福建土楼中最为著名的一座，它是一座圆形土楼，平面上从圆心向外围有四环建筑，最外圈的环楼高达四层，分布着数百个房间。环楼围绕的中心是一座祖堂。图7-4-4是承启楼的环楼内景，可以看到灰瓦的屋顶和环楼的内部木构架

首先是廊洞便于四面瞭望，其次更为主要的是挑廊的四面和上下均有射击孔，可以射击进犯者（图7-4-2）。射击孔的设计是外小内大形式，不过，具体的射击孔口形状却是有方有圆，还有T形和长条形。

纵观开平碉楼的用材和造型，可以看出其防御性的强大和防御的全面性（图7-4-3）。

福建土楼也是中国防御性极强的一种民居形式，并且是中国防御性民居中总体造型最为优美、最令人惊叹的一种，尤其是其中的圆形土楼，在世界建筑之林中都是令人瞩目的（图7-4-4）。

土楼的出现，据记载可追溯到唐朝。唐高宗时闽粤边区有民众反抗官府，高宗派人镇压，但反抗者据守山寨，稳如碉堡，极难攻克。那时的山寨就和现在的土楼相似。从这段溯源已可以看出土楼的防御性。

从福建当地的一些族谱，以及官方记载来看，民间建筑土楼始于元朝。而明代是福建土楼营建的高峰期，这主要是因为倭寇的频繁骚扰，加上本地盗贼横行，逼得人们只好被动地躲避。明代万历时的《漳州府志》记载："漳州土堡，旧时尚少，惟巡检司及人烟辏集去处设有土城。嘉靖辛酉年（1561年）以来，寇贼生发，民间团筑土围土楼日众，沿海尤多。"

由这些记载可以明显看出土楼的防御性功能。而从现存某些建于明代初年的土楼又可以看出土楼的坚固程度，表现出了土楼防御功能的强大。比如，华安县沙建镇上坪村的齐云楼，其石刻纪年为"大明万历十八年"，而族谱记载更可追溯到明初的洪武年间，历经几百

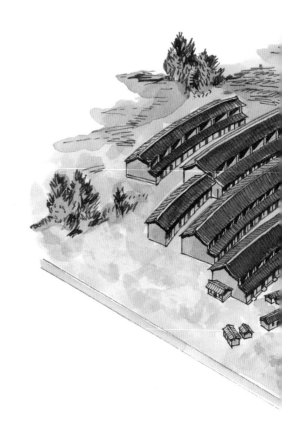

年的风雨，至今保存依然完好。

现存福建土楼主要分布在龙岩市永定区、南靖县、华安县、漳浦县、云霄县、诏安县等地，尤其以龙岩市永定区最为集中。从土楼的造型上看，主要有五凤楼、方形土楼、圆形土楼、半月楼（图7-4-5）、卍字楼等。这些土楼有单独建造的，也有相互连在一起建造的，特别是方形土楼，原本是口字形，但又有两座方形土楼相连的日字形，也有三座方形土楼相连的目字形，丰富了土楼的外观形态。

五凤楼的整体布局形态是：中轴线上有三座楼房称为三堂，前后排列，三堂两侧各建纵向的厢房，有如鸟的两翼，合称为"三堂两横"（当地人称为的"横"，在建筑平

面图上其实为纵向的），其后部是半圆形的围墙，而前部是广场、照壁和半月塘。整个建筑群前低后高、主次分明，布局井然，尊卑有序。龙岩市永定区高陂镇的大夫第就是五凤楼的代表。

但五凤楼的防御功能与方楼和圆楼相比要差，因为方楼和圆楼的围合性更强，尤其是圆楼，如果出现对外防御情况，连一点死角也没有，方楼倒还可能因拐角转折而出现防范不到的情况。

龙岩市永定区高陂镇上洋村的遗经楼和平和县霞寨镇西安村的西

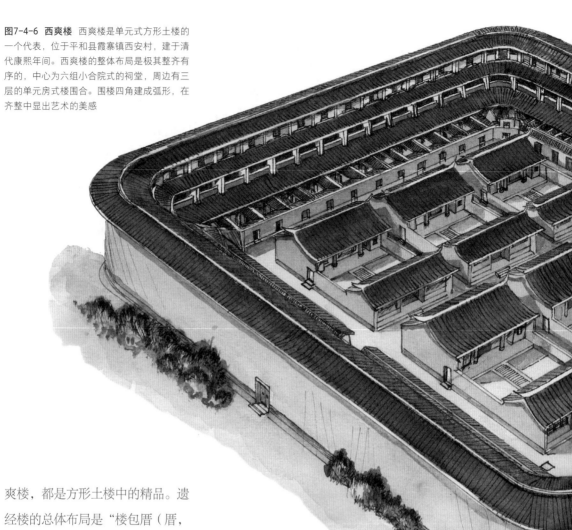

图7-4-6 西爽楼 西爽楼是单元式方形土楼的一个代表，位于平和县霞寨镇西安村，建于清代康熙年间。西爽楼的整体布局是极其整齐有序的，中心为六组小合院式的祠堂，周边有三层的单元房式楼围合。围楼四角建成弧形，在齐整中显出艺术的美感

爽楼，都是方形土楼中的精品。遗经楼的总体布局是"楼包厝（厝，福建方言，指宅屋），厝包楼"的形式，即内院中心单层的方厝被四五层的方楼包围，而方楼前面又有一到两层的方厝相围，形成一个前院。外围墙体和房间的隔墙都是厚厚的夯土墙，并且外围墙还全部用白灰抹面，楼体高大稳固，墙体厚重结实，又四面围合，所以防御性很强。

西爽楼（图7-4-6）是座大型的圆角四方楼，长94米，宽86米。楼的外围是三层高的土楼，外围土墙厚达1.7米，并且仅在第三层开有小窗洞，内院是六组整齐的两进祠堂。俯瞰全楼，正是一座方正稳固的碉堡。

土楼中最为著名、最具代表性的圆楼，应属龙岩市永定区高头镇高北村的承启楼和华安县仙都镇大地村的二宜楼。

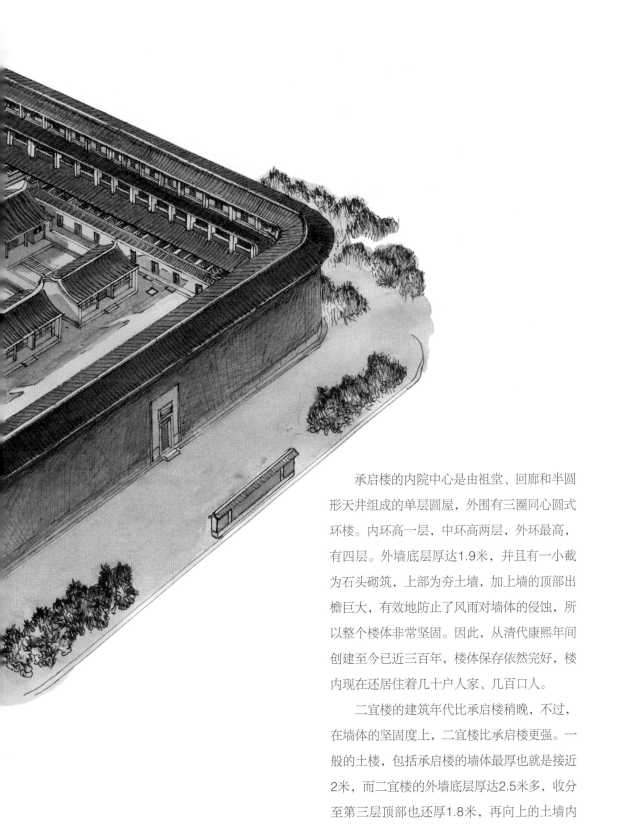

　　承启楼的内院中心是由祖堂、回廊和半圆形天井组成的单层圆屋，外围有三圈同心圆式环楼。内环高一层，中环高两层，外环最高，有四层。外墙底层厚达1.9米，并且有一小截为石头砌筑，上部为夯土墙，加上墙的顶部出檐巨大，有效地防止了风雨对墙体的侵蚀，所以整个楼体非常坚固。因此，从清代康熙年间创建至今已近三百年，楼体保存依然完好，楼内现在还居住着几十户人家、几百口人。

　　二宜楼的建筑年代比承启楼稍晚，不过，在墙体的坚固度上，二宜楼比承启楼更强。一般的土楼，包括承启楼的墙体最厚也就是接近2米，而二宜楼的外墙底层厚达2.5米多，收分至第三层顶部也还厚1.8米，再向上的土墙内

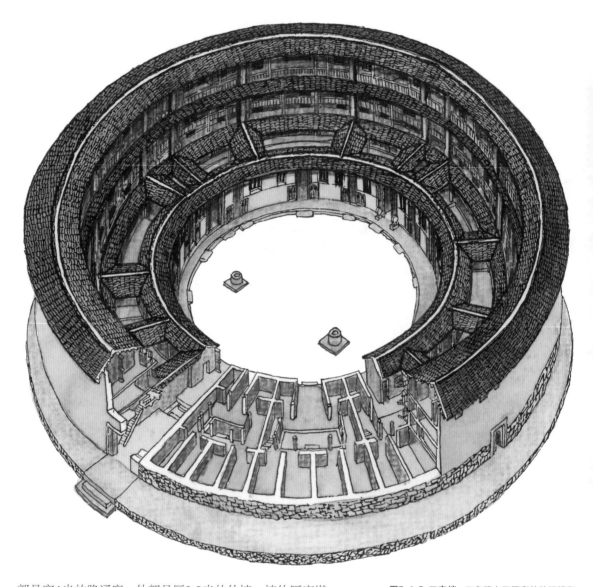

部是宽1米的隐通廊，外部是厚0.8米的外墙，墙体厚度堪称福建土楼之最。土楼的整体设计也是最外围的建筑最高，构成四面围合的圆形楼，所以其防御性的强大是不言而喻的（图7-4-7）。

福建土楼中还有一些变异形式，诏安县秀篆镇大坪村的半月楼就是奇特而优美的一座。楼的中心是祠堂，祠堂的周边环绕着四到五圈马蹄形的两层土楼，圈与圈之间有宽约10米的巷道。整座楼建在平缓的山坡上，随着山势前低后高，远望近观都非常有气势。半月楼这种土楼的变异形式，从防御性方面来看，虽然墙体仍然使用厚实坚固

图7-4-7 二宜楼　二宜楼由四层高的外环楼和单层的内环楼组成，正门、侧门和祖堂都设在外环楼中。外环楼与内环楼之间有短的屋顶相连，这是每个单元之间的分界，每个单元又各自有小院门，可以关闭与开启，这就是单元式圆楼。楼内中心是一个大的天井，用于楼内居民的活动

的夯土墙，但整体的围合性已不那么强烈，所以总体的防御性能有所下降，这也许是后来社会渐趋安定以后产生的土楼布局形式。

广东除了开平的碉楼之外，在梅州市还有一种富有防御性的民居，它就是围拢屋。围拢屋也是一种奇特的民居形式，它的整体平面多为马蹄形，主要是由中间的三堂屋、两侧横屋加上后面的半圆形围屋构成，并且在其大门的前面有一个半月形的水塘，就称为"半月塘"。"三堂屋"则是指上、中、下三座厅堂。

这样的围拢屋乍看起来，与福建的五凤楼相仿。不过，围拢屋前面的半月塘和后面的围屋都是向内弯的半圆形，使整个围拢屋的平面看起来近似一个规整的椭圆形，极具内向性与围合性。比五凤楼看起来更为完整、独立（图7-4-8）。

围拢屋之所以有较强的防御性，首先就在

图7-4-8　南华又庐　南华又庐是一座大型的围拢屋，位于广东省梅州市的南口镇。南华又庐的主要组成部分是中间的堂屋和两侧的横屋，另外还有后面的枕屋和一些杂物间。俯瞰南华又庐的建筑整体，形如一个马蹄

于它四面围合的布局形式，这种围合当然主要是依靠厚实的四面墙体，但在细处也做得非常精心，比如大门。围拢屋的大门都做得非常牢固，门扇的木料很厚实，并且多设置两个以上的门闩。两扇门板还带有企口，一扇凸起，一扇凹进，对应关紧以后，丝毫没有透空门缝，从外边无法用东西将门闩挑开。

围拢屋后部外围半圆形的建筑就是围屋，也称"枕屋"或"围拢"，也是防御性强的表现所在，多为两层楼房形式。围拢屋的中央开间，做成敞厅的形式，称"龙厅"或"垅厅"，是围拢屋最重要的房间，供奉刚死去的

先人。龙厅两侧其他围屋间，则可以放置农具、储存物品，或作为磨坊、织布房等。围屋多为一圈，但也有两圈，甚至是三圈的。

围拢屋的后堂与半圆形的围屋之间有个半月形的院落，是一块相对开敞的地方，其地面拱起，极似乌龟的背壳，称"龟背"，象征长生不老，金汤永固。这种象征其实与四面采用高大坚固的墙体围合，在防御上有着相同的意思（图7-4-9）。

围拢屋的基本形式是三堂四横加围屋。根据堂和横屋的多少，又有三堂两横加围屋、二堂两横加围屋、三堂六横加围屋、二堂四横加围屋等变化形式。而根据围屋圈数的多少，又有三堂四横一围、三堂四横二围、三堂四横三围、三堂两横一围、三堂两横二围、二堂两横一围、二堂两横二围、三堂六横一围、三堂六横二围等不同的组合形式。

在江西有一种类似福建方形土楼的民居，叫作"围子"，因为地处江西南部，所以统称为"赣南围子"。赣南围子的防御性从其名称上已显示出来，因为"围"在当地就是方形围拢型防御建筑的意思。

图7-4-9 围拢屋立面 围拢屋从某些地方看，与福建的五凤楼有相似之处。前方也有晒禾场，由正立面看，也是中部为堂屋，两侧为横屋的形式。不过，两者也有明显的区别，五凤楼从正立面看是横屋层层叠起，前低后高很明显，而围拢屋的横屋屋顶并不做成阶梯状，屋脊做成前低后高的曲线形式

赣南人为什么要建围子，主要也是出于防御的目的。赣南是江西的南部，同时也处在江西、广东、福建、湖南四省的交界处，由于是客家人的聚居地，因而，历史上经常出现土客相争的骚乱，几乎是大乱常有、小乱不断。因此，营造防御性的围子也就成了当地人生存的必须（图7-4-10）。

赣南围子与福建土楼、广东围拢屋有着千丝万缕的联系，墙体建筑材料也多是夯土或自然石块等，另有部分为青砖。不过，赣南围子在外观上来看，比土楼和围拢屋更为拙古、朴素。外观造型上的变化主要在围子的四角，也有两角变化的，这里的角处变化主要是指在四角或两角上建有炮楼，这是围子防御性的最突出表现。

围子的炮楼具体来说，建在四角或建在两角是比较普遍的形式，还有部分是建在墙

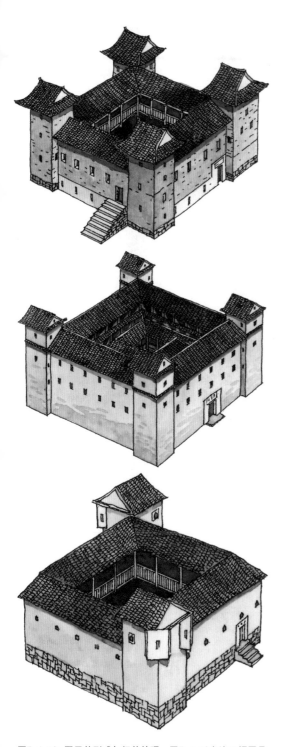

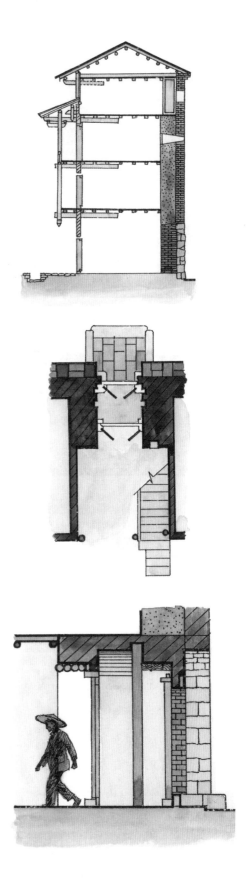

图7-4-10 围子的形式与门的处理 图7-4-10左边三幅图是分别用砖、三合土和夯土建造的赣南围子，围子的防御性很强，这从它们厚实的墙体和墙角的炮楼就能看出来。这三幅图分别是四角均设炮楼和只在两角设炮楼的形式。图7-4-10右边三图为赣南围子中的燕翼围的剖面图及其大门的平面与剖面图。三层的大门，易守难攻

图7-4-11 燕翼围 燕翼围是赣南围子中比较著名的一座，位于江西省龙南市杨村镇。燕翼围的外墙全部是青砖砌筑，下面一截墙体的外层是石块、内层是青砖。结实的墙体配上特别设计的三层大门，让这座围子的坚固度大大加强。围子的四角虽然没有明显的炮楼，但均有凸出部分，并设有射击孔

体中部如同城墙上的马面的形式，另有一部分则是底面不着地，而是悬挑在半空中，有如悬空的小碉堡。站在这样的炮楼中，更利于警戒和打击进犯者。

赣南围子主要分布在龙南、定南、全南三地，并且以龙南围最集中、最具代表性。而龙南围子中又以燕翼围和新围最为著名，两围都设有炮楼以加强防御。

当然，炮楼只是围子中突出的防御设置，但不是围子的防御全部。围子本身四面高墙的围合形式就是重要的防御手段。尤其像燕翼围这样的围子，其外墙是由青砖砌筑，底层更是几乎全部由石头砌筑，比一般土筑墙体更坚固、结实，防御性更强。并且在这样的墙体上，还特意留有外小内大的射击孔，用来打击进犯者。而外墙的厚度，我们通过从射击孔的部位测量，厚度近1.5米，其坚固度可以想见（图7-4-11）。

对于如此坚固结实又四面围合的建筑来说，最薄弱的防御环节就只有大门了。因此，燕翼围特别注意大门的设计。燕翼围的大门有里外三层，最外面是铁门，门上包着铁皮，中间是闸门，里面是木门。同时，门上还设有注水孔，以防止火攻。据说，日本侵略龙南时都对燕翼围无可奈何。

龙南市关西镇的新围，是目前所知最大的赣南围子，也是

赣南围子中最精彩的实例之一。围屋周边建筑高两层，四角炮楼高三层，外墙的下部为三合土版筑墙，而上部则是青砖砌成。说它精彩，除了其强大的防御功能外，更在于其内部的设置与装饰，有镂空的雀替，有雕花的柱础，有石雕的狮子，有水磨方砖的铺地。更特别的是除了宅屋外，还有与之配套的花园、杂物间、佣人房等，房屋之间有墙、廊、门洞、小巷等相连相通，丰富多变又秩序井然（图7-4-12）。

　　藏族碉房是藏族地区人民使用的一种碉堡式房屋，多使用乱石垒砌或是夯土砌筑，高度大多都在三到四层。碉房主要分布在西藏、青海、内蒙古和四川的部分地区。

　　很多地方志和探奇行记中都有关于碉房的记载。《安多政教史》中就记载，青海"三果洛"之一的昂欠本在玛宁卜察地方筑起一个四层的城堡，顶层是石屋，俗称"黑头堡子"。更早的《果洛及阿瓦行记》中记载有附国羌所居的"巢"。附国羌是古代羌人的一支，所居"无城栅，近川谷，傍山险，俗好复仇，故垒石为巢，以避其患。其巢高至十八丈，下至五六丈，每级以木隔之。基方三四步，巢上方二三步，状似浮图（屠）。于下级开小门，从内上通，夜必关闭，以防贼盗"（《北史·附国传》）。

　　以上记载中所提到的"黑头堡子"和"巢"，都是藏族碉房式的

图7-4-12　**新围**　新围也位于江西省的龙南市。它是一座比燕翼围更为精致的围子，内部的装饰与设计更富有吸引力。新围子的最大特点是占地面积大，内部的平面划分规整、对称

防御性建筑。从记载内容能明显看出，兴建这类建筑就是为了防御，目的明确。

　　现存藏族碉房多用石块砌墙，过去的贵族、领主、富商碉房多在三层以上，高至五层，而普通农民碉房则多为两到三层。碉房的四周围墙，墙厚在二尺左右，墙内中间是庭

院，也是对外封闭、围合，而内部向心、宁静的形式。这种厚实、高大的外围墙体，在有战事时可以作为碉堡使用，具有很好的防御性。在窗户的设置上，也有适应防御功能的特点，即窗子多朝庭院开放而院外墙上则开小窗、窄门，这不但增强了防御性，同时也是十分适应藏族地区气候的做法，因为当地比较寒冷，小窗、窄门自然可以更好地抵挡寒风与冷气（图7-4-13）。

在青海果洛的碉楼中，还多在屋顶上垒集有很多卵石，并且设有可以投掷这些卵石的洞眼。据说，这是沿袭了传统设置形式，为了防盗。如果有盗贼入侵，人们便可以从洞眼中投卵石予以打击。此外，每个房间都有可以启闭的箭眼或枪矛眼，这更是明显的防御性设置。

图7-4-13 藏族碉房 藏族碉房是中国西藏、青海和四川的藏族地区普遍使用的一种居住建筑形式，主要的建筑材料是石、土，所建房屋坚固结实，有如碉堡，所以称为碉房，也具有很好的防御性。与其他地区的防御建筑相比自有特色：碉房为平顶、人畜共处一座房屋、顶层设有拜佛的经堂、墙外有悬挑的厕所等

藏族碉房给人的总体感觉是冷峻、坚固、独立、绝世，富有当地风情和古老民居的粗犷风格。虽然与福建土楼、开平碉楼、梅县围拢屋、赣南围子等一样，属于防御性较强的民居，但它更具有其他几者没有的别具特色的边塞意韵。

红砖民居语言

中国的传统民居，不论是什么样式，处在什么地区，一般都是青砖青瓦，与西方使用红砖红瓦有着强烈的差异，因而中国民居总体看来，色调清雅，风格深沉。但是在福建省的泉州，民居却是使用红砖红瓦，这在中国是非常特别的一种民居形式。泉州的红砖红瓦民居的普遍，已经形成了一种"红砖文化"。

之所以出现这种红砖红瓦的民居建筑，主要与当地的地理条件和土质有关，当地的黏土中富含三氧化二铁，不容易烧制成正色的青砖，而烧制成红砖则色彩特别纯正，相当好看。加上红色在中国人的心中代表喜庆，所以当地居民干脆以这种红砖建造住宅，形成了中国独具特色的一类民居。

泉州红砖民居的主要布局形式是四合院，院落中间是一个大天井，在当地叫作"深井"。深井的地面铺满石板，清新、自然，富有乡村风情。深井院近房屋处有一圈排水沟，这是为了方便排水，因为当地雨水比较多。除了中间的大天井外，在四周还有四个小天井，构成相对独立的小空间，又丰富了建筑空间的层次（图7-5-1）。

深井与厅堂非常融合，两者之间有一级踏步的高差。厅堂前铺有一条长石板，这条长石板在当地是很有讲究的，它被称为"大石

图7-5-1 四合院式红砖民居 中国泉州一带的红砖民居，虽然在材料色彩上与众不同，但在建筑形式上依然较多地保持中国民居的传统，大部分都是四合院的形式。图7-5-1即是这样一座四合院式的红砖民居，院落方正，山墙墙头圆润，相互映衬

砗", 其起点和终点都正对厅堂前面的两根廊柱, 石板缝和柱础形成丁字形, 当地人称为"出丁", 据说这样家中可以生男孩。

红砖红瓦民居最显示其特色的地方, 就是屋顶和墙面, 因为屋顶铺瓦, 而墙面贴砖。中国传统建筑外观形态最富表现力的部位当属屋顶, 而泉州红砖民居的屋顶更是在极强的表现力之外又与众不同。泉州红砖民居的屋顶呈现双向凹弧形的曲面, 在其屋顶部你找不到一条真正的直线, 即使有些线条从正面看是直线, 从侧面看则是弧线, 或者是从侧面看是直线, 而从正面看又是弧线, 非常优美。

更为特别的是, 泉州红砖民居屋顶部的正

脊。其正脊两端有几种变化，我们可将之归为两大类，一类是燕尾脊，另一类是五行山墙。五行山墙在其五种形式的变化，即有金、有土、有木、有水、有火，大多结合应用，即在同一座住宅中同时出现这五种形式。而燕尾脊则比五行山墙更优美、突出，它将泉州民居的曲线屋脊的"曲"发挥到了极致，它的端处有如小燕子的尾巴岔开像剪刀，并且高高翘起，

仿佛正凌空飞舞（图7-5-2）。

要说泉州民居中表现红砖特色最显著的部位，还要数其墙面，特别是正面。泉州红砖民居的正面用"华美"二字来形容一点儿也不为

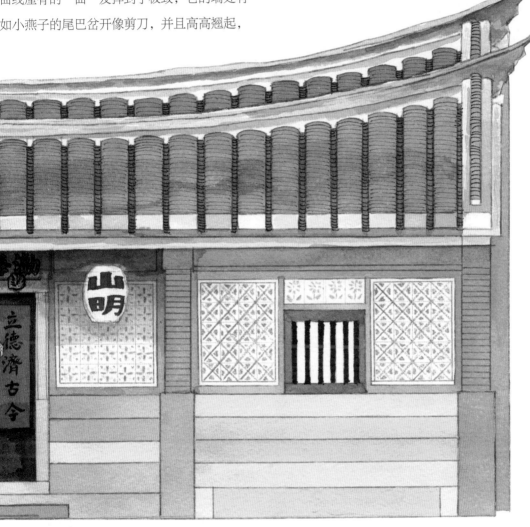

图7-5-2 红砖民居的立面 图7-5-2是一座典型的红砖民居，屋面铺设红色屋瓦，屋顶正脊两端飞翘有如燕尾，从正立面看屋脊，呈一条长长的曲线，柔和优美。房屋中央开间开设一门，安装有木板门扇。两侧墙上各开一窗。在门与窗之间的墙面上贴有花砖，极富装饰性

图7-5-3 红砖墙面 红砖民居的墙面都是由红砖砌筑，红砖在烧制的过程中，由于砖坯的相互叠放，砖头会出现一些深浅的色彩变化。很多民居是利用红砖本身的色彩深浅与花纹，来拼砌出图案精美的各色墙面，形成装饰

过。其房屋的正立面墙体，下面一小截为石头砌筑，有的露出石头的灰绿色本色，有的则是在表面用水泥或石灰粉刷。不论是石头的灰绿本色，还是水泥、石灰的白色，都与上部的红砖墙面形成一种对比，更是一种衬托，让红砖墙体更显出色。

红砖墙体的本身，即使没有下部石墙的衬托也已漂亮至极。因为墙面红砖的装饰性很强，它的装饰性主要来自于砖上雕刻和砖上花纹。红砖雕刻就像其他建筑用砖一

样，是在砖面上雕刻出各种图案，有浮雕，也有阴刻，各显特色，并且泉州这里的红砖雕刻图案较少用平淡的几何形，而多为接近写实风格的花草类植物和人物等，既有浓郁的世俗意味，又细腻优美，形象生动活泼。

红砖上的花纹，则是在烧制时

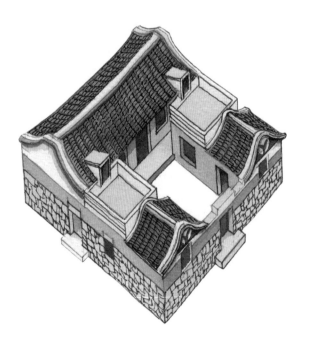

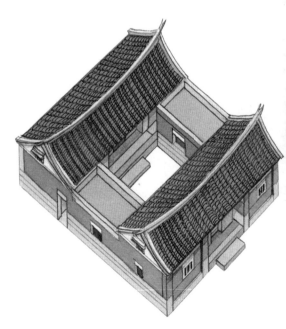

木构架的奇迹
伟大的中国古建筑 **07 民居建筑语言**

即有的，比如在烧制之前微事划刻。而大多花纹是通过砌筑时的拼合而形成，因为红砖本身虽然都是红色的，但由于含铁量的多少不同，而呈现出不同深浅的红色，拼砌墙面时进行略微的组合、调整，以形成不同的图案作为装饰，效果一样不凡（图7-5-3）。

金门岛也是红砖民居的集中使用地。金门红砖民居同样极好地表现了红砖的特色和美，与泉州不相上下。金门红砖民居更有值得一提之处，即传统民间词汇的保留，如，落、榉头、深井头、厝、三盖廊、砖坪、突归、护龙等。

落也叫"大落""正身"，就是一幢三开间的房子。榉头也叫"间仔""挂房"，也就是东西厢房。一落二榉头就是一座三开间的正房前面有东西厢房各一间，简称"二榉"或"挂两房"。深井头也就是"天井"。厝是指院落，如二落大厝就是指一个四合院。砖坪就是以方砖铺墁的平顶房屋。如果在一落二榉头

的两榉之间的前部建一座突出的门楼，这种形式就叫作"三盖廊"，因为俯瞰其顶部为一横两纵三个屋顶（图7-5-4）。

泉州人曾经大量移居中国台湾，他们同时也带去了泉州的特色民居，即红砖民居。因此，中国台湾红砖民居受到泉州的影响很大。中国台湾红砖民居的主要特色之处，基本都是对泉州红砖民居的借鉴。

图7-5-4 红砖民居的布局形式 红砖民居多是院落式的布局，但院落的具体布置方式有所不同。图7-5-4四图即是四种不同的院落房屋组合形式。从左至右第一幅为一落四榉头；第二幅为二落大厝；第三幅也是一落四榉头，只不过榉头间是一顶的两坡屋而没有砖坪式的平顶；第四幅为三盖廊

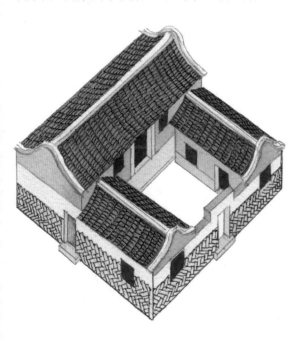

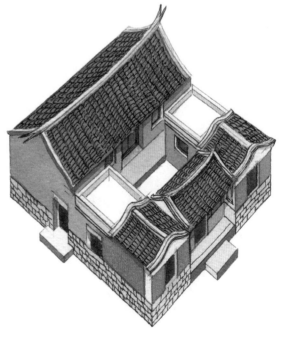

08

园林建筑语言

▎皇家园林语言

　　皇家园林就是古代帝王使用的宫苑类园林，由皇家出资修建。皇家园林的布局、设置、规模、建筑、山水等，表现的都是皇家园林的语言与特色。

　　皇家园林在名词内涵的限定上是相对于私家园林而言的。皇家园林与私家园林的主要区别，首先是在规模与气势上，皇家园林大多规模宏伟，面积辽阔，是私家园林绝对无法与之比拟的。其次在建筑的色彩上，大多还是贴近于皇家宫殿建筑，比较辉煌华丽，而不像私家园林的朴素淡雅。

　　简言之，皇家园林在早期，主要是帝王打猎游乐的场所，因而占地面积巨大，但并不以建筑取胜，而是以自然景色为主要内容。从汉代起，园林的建设开始以某些规划主题对园林进行全面设计，主要是模拟传说中的神仙境界，也就是蓬莱三岛，而成一池三山大布局形式。而自从追求自然山水韵味的私家园林渐盛之后，皇家园林开始逐渐吸收私家园林的长处与特色，尤其是在皇家园林发展的后期，比如清代，清代的乾隆皇帝就曾多次命人模拟江南私家小园形态建园，几乎是将之按照原样用在当时的皇家苑囿中，北京颐和园的谐趣园就是一处，它是仿江南的寄畅园而建（图8-1-1）。

图8-1-1 谐趣园 谐趣园是北京颐和园的园中园，整体平面略呈曲尺形，中心为较大面积的水池，园中建筑都沿着水池四面布置。由西面的宫门开始沿池而行，有知春亭、引镜、洗秋、饮绿、知鱼桥、知春堂、云窦、兰亭、湛清轩、涵远堂、瞩新楼、澄爽斋等各色建筑

图8-1-2 阿房宫图 阿房宫是秦始皇所建的御苑中的著名宫殿，建后不久即被焚毁，早已不存。这幅《阿房宫图》是清代画家袁耀绘制的一幅阿房宫想象图。画面以自然山水为主，山峰高峻，山上石间亭台楼阁高大雄伟，间有灵巧绚丽之风

皇家园林的发展初期，多被称为"苑囿"，这与它当时的实际作用是紧密相连的。据文献记载和考古推断，中国在商周时即已有了专门用来圈养动物的苑囿，主要是作为帝王打猎、游乐之处。

春秋时期游猎之风盛行，苑囿进一步发展。吴王阖闾时，即"笼西山以为囿，度五湖以为池，不足充其欲也。故传阖闾秋冬治城中，春夏治城外，旦食蛆山，昼游苏台，射于鸥陂，驰于游台，兴乐石城，走犬长洲，其耽乐之所多矣"。夫差时的苑囿更是奢靡："吴王夫差筑姑苏台，三年乃成。周旋诘屈，横亘五里，崇饰土木，殚耗人力，宫妓数千人。上别列春宵宫，为长夜之饮，造千石酒钟。夫差作天池，池中造青龙舟，舟中盛陈妓乐，日与西施为水嬉。吴王于宫中作海灵馆、馆娃阁，铜沟玉槛，宫之槛槛皆珠玉饰之。"

春秋战国时期的苑囿虽然奢靡，但并没有形成盛景，中国造园史的第一个高潮是秦汉。前221年，秦王嬴政并吞六国，建立了一个统一的专制君主大帝国，并自称"始皇帝"。秦始皇建国后，不但统一法律、度量衡、货币、文字，做了众多历史性的大事，也修筑了规模宏大的离宫别馆、园林苑囿。《三辅黄图》载其"离宫别馆，弥山跨谷，辇道相属，阁道通骊山八十余里。表南山之巅以为阙，络樊川以为池，……"（图8-1-2）

从客观的角度来看秦始皇，他是一位中国历史上不凡的帝王，做出了很多伟大的创举，但他同时也迷信神仙方术，渴望长生不死，多次派人去海上寻求不死仙药。秦始皇对海外神山仙岛的向往，也表现在他所建的苑囿中，"引渭水为池，筑为蓬、瀛……"。

汉代苑囿形式直接继承秦代，尤其是汉武帝时，国力大盛，汉武帝又是一位与秦始皇一样非凡的君主，同时也和秦始皇一样笃信神仙方术，渴望长存永生。真正的海上神山遍寻不得，便将之幻化在苑囿中。汉代苑囿的相关记载，比秦代更多也更为清晰，苑囿名称大部分比较明确，如上林苑、建章宫等。古文中就记载有建章宫北太液池景象："渐台高二十余丈，名曰泰液池，池中有蓬莱、方丈、瀛洲、壶梁，象海中神山龟鱼之属。"

由秦始皇开始，汉武帝集成，"一池三山"布局正式成为皇家苑囿布局模式。虽然这种带有神仙方术思想的布局与处理手法，还没有后世以少胜多的写意形式与艺术性，但它无疑丰富和提高了园林的艺术设计与构思。同时，它也表现出不同于后世园林的自己的特色，即以体量上的庞大和建置上的逼真取胜（图8-1-3）。

魏晋南北朝是皇家园林的一个转折时期。这一时期由于士人园的兴起和玄学之风的盛行，人们在精神上追求疏淡，在建园风格上也极力追求自然山水意境。帝王宫苑在继承秦汉苑囿的某些特点的同时，开始较多地增加写意成分与自然意味，风格开始趋于高雅，规模则较秦汉苑囿为小。

隋唐时国家统一，经济发达，世风开放，并且时人好华丽富贵之风。皇家园林在这时也趋于华丽、精致。隋炀帝的西苑，规模宏大，以水景为主，内有众多建筑，并且园中有园，开创了皇家在园林之中再建园的造园布置之风。苑内水流荷池、曲桥小径、杨柳修竹、名花异草，或远或近，或开朗疏旷，或幽然深邃，富有自然趣味，显见文士园林特色。但同时在其大水面中又设有方丈、蓬莱、瀛洲三岛，继承的是秦汉苑囿一池三山式的传统布局。

唐代苑囿主要有唐长安城内苑和骊山华清宫等。长安城内苑位于大明宫含元殿北，建在龙首原的最高处。苑内中心水面为太液池，又称"蓬莱池"，池中建有蓬莱山，山上建有蓬莱亭。除了池水外，苑内还建有众多宫殿、亭阁，鱼藻宫、咸宜宫、未央宫、桃园亭、望春亭、春坛亭、临渭亭、流杯亭等，另有园中园数座。

骊山华清宫是一处以温泉为主的离宫别苑（图8-1-4）。唐贞观年间营建宫殿，称"温泉宫"，天宝年间改为"华清宫"。白居易在《长恨歌》中所写"春寒赐浴华清池，温泉水滑洗凝脂"，描写的是唐明皇赐其爱妃杨玉环沐浴华清池的故事，这里的"华清池"和"温泉"就是指的骊山的华清宫温泉。骊山因为温泉出名，也因为唐明皇

图8-1-3 建章宫图　建章宫是汉代著名的宫苑，图8-1-3是它的复原想象图。建章宫建于西汉武帝时，规模宏大，宫中又划分为若干小宫，其中的门、阁、楼、台、殿、堂多不胜数，有"千门万户"之称。《汉宫阁疏》载，建章宫中有"奇华、神明、疏圃、函德、玉堂、鸣銮、铜柱等二十六殿"

图8-1-4 骊山避暑图 骊山是一处避暑胜地，也是唐代时的一座离宫别苑，即华清宫所在地。唐代的玄宗经常带着杨贵妃到骊山避暑。这幅清代画家袁江所画的《骊山避暑图》，就是画家根据传说、记载和诗文想象而作的一幅骊山离宫图。云雾缭绕之中的山峰与建筑，就好像是仙山与仙宫神苑，环境美而气势非凡

和杨贵妃的爱情闻名，更因大诗人白居易的《长恨歌》而为更多人知晓。

骊山华清宫是以自然山水为主要景观而辟的园林，它不追求秦汉苑囿的一池三山布局，而是随着自然山水之势之形，自由地建置殿、阁、楼、台、亭、榭、园内园，因而其自然意境比长安内苑更为浓烈。

与隋唐相比，宋代更是中国皇家园林发展史中重要的一段，可以

说宋代是继秦汉之后，皇家园林发展的第二个高潮，尤胜过隋唐。皇家园林发展到宋代，风格有了更为明显的转变，宋代之后，园林中人为设计与艺术加工的程度显然更重，但其情致却更浓更美，更有意味，更富游赏性。更为重要的是，从宋代开始，中国古典园林进入了成熟期。

宋代皇家园林的第一盛期是北宋徽宗时，宋徽宗赵佶能书、善画、喜文，又爱好山水，所以力建苑囿。宋代写意皇家园林的代表——艮岳，就是由宋徽宗亲自参与的设计。

艮岳是园名也是园的中心，以寿山和万松岭为辅。山下有水，水出山为溪，又有曲径、茂林，形成幽然而天然的景观与意境。艮岳的假山虽非真山，却有自然山体的特征与味道，其中的亭台楼阁，虽然是人工设计、建造，但又都能因势因形布置，或隐或露，引人入胜。

艮岳表现文人园林趣味的另一重要之处，就是园中山水有诗有画，苑内景观、建筑皆有文学气息浓郁的品题，优雅不凡，如雨洲、梅渚、雪浪亭、绛霄楼、练光、挥雪亭、流碧馆、凤池、蹑云台、芙蓉城、萼绿华堂等，景成诗画，诗画映景。

艮岳突破了秦汉以来的"一池三山"传统，而以山水为主，与后世园林，特别是私家园林的布置与意味更接近。同时，秦汉时苑囿作为狩猎之地的功能在宋代已完全消失。

北宋汴梁还有一座著名的苑池，名为金明池（图8-1-5）。这座池苑的闻名，除了文献记载之外，更因画家的描绘，宋代当朝即有著

图8-1-5 金明池 金明池是宋代著名的皇家园林，园中主要建筑有宴殿、宝津楼、仙桥、水心殿、射殿、临水殿等，除了建筑外大片是水面。图8-1-5是仿照元代画家王振鹏所绘的《龙舟竞渡图》而作。图中的两座殿阁都是歇山顶形式，体量较大的一座还带有抱厦。两座殿阁的屋檐下都有朵朵清晰美丽的斗拱，建筑整体华美壮观

名画家张择端绘过这处池苑，元代时的画家王振鹏也画过它，并且王振鹏还是一位界画家，对所绘池苑景观与建筑表现非常工细。这些绘画作品让后人能更为直观、形象地了解池苑形象。

金明池还具有一定的开放性。皇家规定每年的三月初一至四月初八，池苑对外开放，平民百姓都可以入苑游赏。这也是宋代皇家园林的一个特色之处，这也从另一面反映了宋代皇家园林的发展性、进步性与包容性。因为它既能接纳平民百姓入园，那么皇家园林接受其他园林的长处与特色为己所用自然也不在话下。

北宋御苑在规模上远逊于隋唐，更不及秦汉，但在艺术表现与造园技法上，则是前朝各代所无法相比的，其风格渐趋纤细绮靡，注重细部修饰，而不追求大的规模与气势。这恰恰能更好地表现园林的曲折意味与精巧幽深之美，或者说这更好地体现了中国古典园林成熟期的风格与

特色。

南宋时，皇家园林基本承袭北宋风格与特色，不过，因为南宋时赵宋王室偏安南方一隅，国力十分衰弱，所以建筑规模比北宋更小，更简朴。造园方面根本谈不上什么突破。因此可以说，宋代皇家园林的发展、突破、辉煌，仅在北宋。

元代时的皇家御苑主要是承袭辽金的琼华岛。辽代于10世纪初占据了蓟城，将之改称"南京"，定为陪都，其位置在今天的北京城故宫西北，在元代时位于大都的西南角。这里有天然的山水小池景观，成为辽代统治者赏玩之地，当时称为"瑶屿"，人工建筑还很少。金代占据这里的时候，正式建立"中都"，与辽南京位置相仿。金代在辽代瑶屿的基础上，开始大肆经营，使之成为精美的离宫别馆，同时，始用"琼华岛"之名（图8-1-6）。

元代统治者灭了南宋，攻占了金中都，成为中原新的统治者。坐镇中原的元朝第一位帝王忽必烈，在原金中都的东北郊建立新的都城，命名为"大都"。金代的琼华岛即在其中，它与元大都的都城、宫殿同时兴修、扩建。岛上建了广寒殿等殿宇，岛名也改为"万岁山"，池则称"太液"，岛前因辟池而挖出的土堆而成圆坻，也就是

图8-1-6 北海琼华岛 北海的主体就是琼华岛，位于北海的水面中心。琼华岛四面环水，只有几处以长桥连接堤岸，堆云积翠桥即是其一。由堆云积翠桥上琼华岛，首先可到达永安寺，通过层层的永安寺建筑，便可直达岛顶的白塔处。站在这座白色的喇嘛塔前，俯视琼华岛，到处是葱郁的林木，建筑都掩映在林中

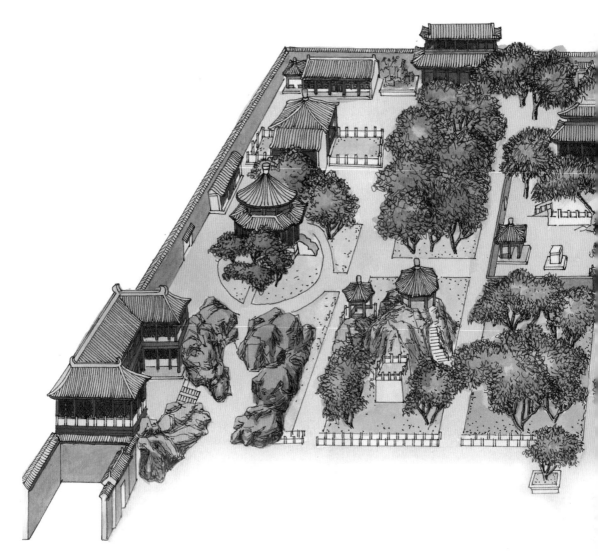

后来的团城。元代这座御苑范围包括今天北京的北海和中南海。

元代这座御苑，与宋代的艮岳相比，更具有秀若天成的意境，空间与山体更为缩小，园林设计与构思更趋向于写意。

明代的几处大内御苑中规模最大的一处是西苑，它是在元代太液池旧址上重修、扩建而成。明代初年的西苑基本保持元代太液池格局，直到天顺年间才进行第一次扩建。这次扩建的主要内容是：将圆坻与东岸间的水面填平，使之变成一个半岛，同时把原来的土台改

为砖砌墙体的团城；将团城与西岸间的木吊桥改为石拱桥；往南扩大太液池的水面，形成北、中、南三海格局；在园中增建部分建筑。自天顺扩建之后，明代对西苑的扩建便不再有更大的规模，而是仅有一些陆续的较少的增建。

明代在皇宫的后部还辟有御花园，俗称"后苑"。后苑居于紫禁城中轴线尽端，与紫禁城同时建于永乐年间，平面近似方形，南为坤宁门，北为玄武门。这座皇家御苑与当时的其他御苑在布局上差别较大，因为它的布局比

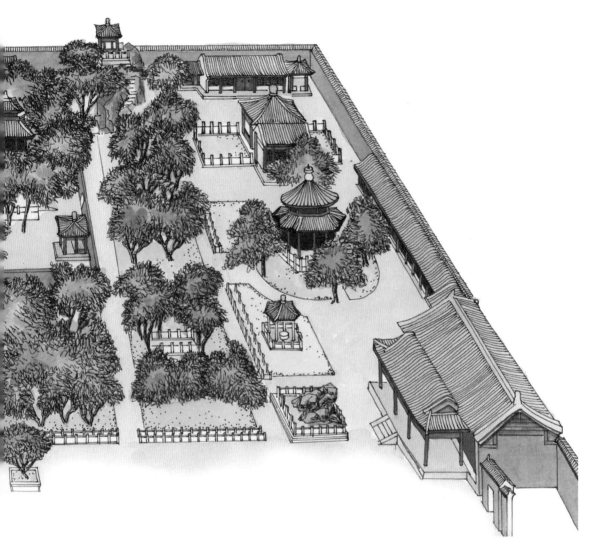

较对称整齐，并且与前部宫殿一样以建筑为主，而不是以山水取胜，面积也不太，与西苑无法相比（图8-1-7）。

　　明代在紫禁城内廷西路北部还建有一处花园，是皇太后、皇太妃的居所，称为"慈宁宫花园"。

　　清代是中国最后一个封建大帝国，也是皇家园林建筑的最后一个鼎盛期与繁荣期，在都城、宫殿、园林等方面，基本都是沿用明代旧物，大多只是略加修建与增建，而不是像有些朝代那样将被自己推翻的王朝的一切都毁掉。

图8-1-7　御花园　御花园是北京故宫的内廷宫苑，它的总体布局比较整齐，大体分为左、中、右三路。以钦安殿为中心，前设天一门，二者占据中路。钦安殿的两侧，东西路建筑大体对称，譬如绛雪轩与养性斋、千秋亭与万春亭、澄瑞亭与浮碧亭、摛藻堂与位育斋、御景亭与延晖阁等一一对应

　　所以，清代的皇家园林中，位于紫禁城内的御花园、慈宁宫花园等，都是沿用明代布局，没有改变，只是做了少量的增补。

　　清代皇家园林的鼎盛，显然并不表现在内

廷宫苑上，而是在于其新辟建的几处大型离宫别苑。如，圆明园、避暑山庄（图8-1-8）、颐和园。同时，这些园林主要的兴建年代都在清代政治最为鼎盛的康乾盛世，并且大多都是康熙时兴建，乾隆时增建完成。此外，清代还继续使用了明代的西苑，后称"北海"。

北海、避暑山庄、颐和园都是现今保存较好的中国古代皇家园林。而在清代时，除了长城外的避暑山庄外，北京实际上有三山五园，即香山静宜园、玉泉山静明园、万寿山清漪园（颐和园）、畅春园、圆明园，可惜后来大多毁于帝国主义侵略中华的战火中，尤其是有"万园之园"之称的圆明园。

圆明园是雍正时在康熙所建畅春园的基础

图8-1-8 避暑山庄湖区 避暑山庄湖区的布局基本是依照中国古代传说中的一池三山的模式来设计，一池就是一个水面，三山则是三座水中小岛。避暑山庄湖区水面主要有如意洲、月色江声、环碧三座岛，另有青莲、金山等几座小岛，它们将水面分为几个小块，从而形成如意湖、上湖、下湖、镜湖、澄湖等九个湖泊

上扩建，扩建后始定名为"圆明园"，并作为雍正帝自己经常性的游览、休息和听政之所。乾隆当政时一直对圆明园进行维修、扩建。乾隆之后，清朝国力渐衰，但在嘉庆、道光、咸丰时，对圆明园的修建仍然没有停

止。圆明园最终成为一座规模宏大的"万园之园"。

避暑山庄位于河北承德，于康熙年间兴建，乾隆时进行大规模的扩建。形成宫殿、湖水、山区三大块景观，建筑参差错落，景观层次分明。康熙、乾隆分别将佳胜处题为三十六景，合七十二景，湖光水色，楼台亭阁，自然风光引人入胜，人工建筑也一反皇家建筑的辉煌华丽，而以清新雅致见长。

颐和园也就是乾隆年间的清漪园，它是慈禧太后在被侵略者毁坏的清漪园废墟上重新修建而成。园林的总体布局并没有改变，只是将部分建筑重修，或是重修重命名，或是新建。

颐和园与北海有些相似之处，也是以山岛为中心，岛周围几乎四面环水。颐和园的山为万寿山，颐和园的水为昆明湖，山上有排云殿、佛香阁等殿堂、高阁，也有须弥灵境寺庙，水中有南湖岛、十七孔桥、西堤六桥等岛屿、桥和堤（图8-1-9）。

清代这些规模与景致俱出众的皇家园林，

图8-1-9 颐和园 颐和园是清代时所建的重要的一座皇家园林，园林有山有水，山水相依。山为万寿山，居于昆明湖水的中央。图8-1-9为万寿山前山建筑与景观，主要建筑是排云殿建筑群和高台上高耸的佛香阁

不论是从单座园林来看，还是从总体的设计与
联系来看，都是非常有味道，有极妙构思与意
境的。清漪园宫殿区、静宜园宫殿区、玉泉山
主峰，三者形成一条东西向的轴线，它又与圆
明园、畅春园两者的轴线中心相交，三山五园
便巧妙地串联起来，形成一个大的园林集群。
同时，它们还充分利用了借景原理，将园外的
自然空间与景致纳入园内，使之不在园内但又
是园之一景，奇妙天然。

私家园林语言

　　私家园林的出现比皇家御苑为晚，不过，
自从它出现之后，其发展就基本与皇家御苑齐
头并进，并且独具有别于皇家园林的个性与特
色，甚至是它的某些长处渐被皇家园林吸收、
引入。

　　早在汉代就有一些贵族、官僚仿皇家苑囿
修建私家宅园，但只是对皇家苑囿的模仿，并
未出现后期私家园林所追求的境界与风格。
真正古典私家园林的诞生，是在魏晋南北朝
时期。

　　思想的自觉促使了艺术的自觉发展，中国
艺术的自觉时代于此时来临。

　　魏晋时期，人们对山水、对林泉有极大的
向往，士人们以玄对山水，从自然山水、丛林
中领悟"道"。诗、书、棋、琴、画，乃至穿
着、饮食、居室、园林，与人们的实际生活相
关的，与人的精神需要、艺术追求相关的，都
或多或少地受到了这种风气的影响。其中，所
受影响最大的，除了文学创作中的山水诗、绘

图8-2-1　桃花源图　魏晋时期私家园林渐渐发展繁盛，尤其
是文士们大多乐山好水，又爱追求隐逸生活，对天然美景有
着无限热切的向往。这在当时文人的诗文著作中就有强烈表
现，陶渊明的《桃花源记》就是传颂千古的名篇。明代的画
家周臣仿此诗文的意思绘制了这幅《桃花源图》

画中的山水画，就要数山水园林了，也就是
我们所说的私家园林。

　　魏晋名士们向往自然山水，有些于自然
山水间建宅辟园，有些则在城市中设计、
引进自然山水景致与意境，一时造园之风大
盛。尤其是对一些不能亲临自然山林享受山
水之乐的人而言，营造富有自然意趣的城市
宅园无疑可相应得到艺术乐趣。《世说新
语》中就记载有孙绰所作《遂初赋叙》：
"余少慕老庄之道，仰其风流久矣。却感于

图8-2-2 辋川图 唐代时皇家园林大步发展，私家园林也不落后。许多诗人画家在吟诗作画的同时，还常常参与私家园林的设计建造。著名山水诗人王维居于辋川，所居即是一处优美的庄园式私家园林。王维还将所居园景绘入画中，题名即为《辋川图》

陵贤妻之言，怅然悟之，乃经始东山，建五亩之宅，带长阜，倚茂林，孰与坐华幕击钟鼓者同年而语其乐哉"。

隐逸自然山水间的隐士园林，其实不过是一些简单的茅屋式的住宅，所谓园景也大多只是借的自然山水与景色而已。这类园林的选址与所能包括、展现的景观，是中国古典私家宅园发展初期能够与自然山水相融，并很好地将外部周边景色巧妙地吸纳至园中的成果。东晋著名的文学家陶渊明，不但静心隐于山川，锄禾种菊，还写有表现他理想中的社会情态的《桃花源记》，也是后世造园者设计的灵感来源（图8-2-1）。魏晋时期的宅园，已有一些非常好的例子，如顾辟疆园、戴颙（宅）园等。

私家园林在隋唐继续发展，并逐渐走向成熟。许多诗人、画家直接参与园林的设计与建造，园林更讲求意境与情趣的创造，富有诗情画意。园林成为文人名士风雅的体现，以及精神的皈依，乃至地位的象征（图8-2-2）。

宋代是中国古典园林的成熟期，尤其是私家园林，其情趣与特色，其所表现出的特别的文人风韵，都已具备。宋代建国之初就确立了"偃武修文""以文治国"的政策，同时，开科文试，不讲门第，以才取用，大大地提高了

文人的地位。这种尚文的政策，形成了宋代倾心学术、崇尚文化的社会风尚，不但饱读诗书的文士增多，而且还多是琴、棋、诗、书、画俱精的多才多艺者。人们的生活情趣与审美情趣普遍趋于高雅，上层士人更是嗜好山林、泉水，热衷于园林雅赏。这些都促进了宋代私家园林的发展，以及园林高雅化风格的转变和山林、自然气息的加重。

宋代的士人园林，大多是文人思想、情感的载体，他们通过园林题咏，将自己的思想、审美、政治态度等抒发出来，托付于园林。

司马光可以说是宋代名士中的名士了，编纂有著名的史书《资治通鉴》。他在北宋朝廷历任高官，但他一样有"自伤不得与众同也"的抑郁。于是在洛阳建"独乐园"，取孟子所谓"独乐乐，不如与人乐乐；与少乐乐，不如与众乐乐"之语为名。

独乐园不大，又简朴秀野，在园林本身并没有什么突出之处可与其他园林相比，但人们仰慕司马光的人品和诗文，所以他的私家小园也就名气大起来。园以人名，可见文士与文化对于造园的影响。

相对于独乐园的以人而名，苏州的沧浪亭则是人也名、园也名（图8-2-3）。

沧浪亭在平江城南，也就是今天的苏州城南三元坊附近，是大文豪苏舜卿在平江时的宅园。北宋庆历年间，时任大理寺评事的苏舜卿，因支持范仲淹推行的庆历新政而被罢官，于庆历四年（1044年）移居苏州。

来到苏州后的苏舜卿，因见盘门之处四面环水，景色宜人，喜爱之心顿生，又听说此地原是五代吴越王时外戚孙承佑的池馆，便即于此购地、建园、筑居。又因感于《楚辞·渔父》中所描写的"沧浪之水清兮，可以濯吾缨；沧浪之水浊兮，可以濯吾足"辞句，而将园子命名为"沧浪亭"。同时，还在园内特建一亭，也称之为"沧浪亭"，又亲撰《沧浪亭记》文记之，并自号"沧浪翁"。

图8-2-4　沧浪亭面水轩　沧浪亭的面水轩紧贴水面建轩，轩身倚连着半廊。这是面水轩室内景观，光从透明的木质隔扇门中照进来，照在木质的雕花圆桌和小凳上，光洁的桌面明亮如镜。桌上的绿色盆景一枝独秀

文人们总是爱将自己内心的感情付诸外界的事物，不仅是看到一山一水，哪怕是见到一草一木，也常常能情思涌动，感慨良多。苏舜卿在沧浪亭临水建亭，闲来时凭风远眺，观水逐浪，忧思、喜悦，便尽付于一湾碧波和婷婷妙亭，有时灵感突至，挥毫留下千古不朽文章。苏舜卿在建园后，就曾撰有《沧浪亭记》，记中有作者对小园的景观描写与赞美："前竹后水，水之阳又竹，无穷极，澄川翠干，光影会合于轩户之间，尤与风月为相宜。予时榜小舟，幅巾以往，至则洒然忘其归。"（图8-2-4）

苏舜卿离世后，沧浪亭几易其主。先是章庄敏、龚明之各得其半，各自对其进行修缮、扩建。章氏在扩园时，更发现有嵌空大石，传为广陵王所藏，遂以此石筑成两山，使成相对状。南宋初年，此处成了武将韩世忠的府第，他在苏氏亭址上大肆扩建，并在章氏以嵌空大石筑成的两山间架起飞虹桥。时人将园俗称为"韩园"。韩园与苏舜卿初筑时相比，丰富、富丽有之，而简洁、飘逸、清雅不凡意境骤减，打破了以自然取胜的山水形态。

这座北宋名园，在后来的元、明，及至清，三代一直没有彻底衰败，而总是有废有兴，特别是在清代的康熙年间的重修，将沧浪亭移离了原址，修建于土阜上。至此，始成沧浪亭的最终布局，但与北宋旧貌已相去甚远。我们如今所见，却又是清代咸丰年间重修的了。

清代重修后的沧浪亭与宋时相比，最大的缺憾在于水与亭相去越来越远，且水面已被圈于园外，没有了"亭水相依"的妙境。似乎在诉说着古典园林的衰退期已来临。当然，既为"沧浪亭"，无水怎起浪，所以清时小园在墙外建亭、廊、轩等以借水势，又在园内南部建"看山楼"，以补救沧浪亭内无法借城外西南山景的缺憾。经过多方改建，远近高低，景致多变，亭台楼阁参差林立、丰富多彩，反倒山水俱全。虽与初时大相径庭，但却也别有一种风光、意味（图8-2-5）。

沧浪亭因为将亭移动，与水面越来越远，及至水面被圈于园外，这恰形成了现今一面临水的形式，且临水景观还成了全园绝胜处。未进园即可见园景，是沧浪亭与众不同之处。又正因为水成了园外之景，所以沧浪亭园内以山石为主景。园内与园外，山与水截然分开，于园外隔水观望，其意境深远，进得园内则顿觉清幽。

沧浪亭园内中部土山高高堆叠，四角石筑沧浪亭耸立其上，参天古木四周掩映。亭上有欧阳修和苏舜卿相合而成的两句诗作联："清风明月本无价，近水远山皆有情。"我们仿佛看到苏舜卿当年携酒独步其间，"返思向

图8-2-5 沧浪亭剖面图 沧浪亭园中的沧浪亭和面水轩一线的剖视图。在开敞池水的水边坡岸上，假山美石参差堆叠，姿态生动，古朴雅致。山石之上建有微曲的半廊，廊内墙上雕有漏花窗，以观内部景致。曲廊一头连着面水轩，面水轩前不远即是园门和曲桥，桥头立有牌坊一座。而曲廊的另一头，园内高处建着沧浪亭。由外至内，由低到高，层层递进

图8-2-6 沧浪亭园中的沧浪亭 沧浪亭是沧浪亭园中最著名的一座亭子，亭为单檐卷棚歇山顶，与一般亭子的攒尖顶有较大区别。飞翘的亭檐下只立有四根柱子，使之形成了开敞的亭内空间。亭柱上题有对联"清风明月本无价，近水远山皆有情"，分别出自欧阳修和苏舜卿两位大文豪的诗句

之汩汩荣辱之场，日与锱铢利害相磨戛，隔此真趣，不亦鄙哉。"（图8-2-6）

除沧浪小亭外，园内还有明道堂、看山楼、翠玲珑馆、仰止亭、五百名贤祠、瑶华境界、清香馆、观鱼处、面水轩等亭、馆、轩、榭。

自苏舜卿建沧浪亭后，由苏舜卿的好友欧阳修的一句"清风明月本无价，可惜只卖四万钱"开始，文人雅士对沧浪亭的吟咏称颂不绝于史。沧浪亭的面积不大，但山水有情，名士争览，千古流传，是现

图8-2-7 苏州畅园鸟瞰图　畅园位于苏州城西庙堂巷22号，占地面积不到700平方米，但其中叠山理水、厅堂水榭、游廊亭阁皆有，让人在一个可以环视的空间中，尽情体验江南私家园林给人们带来的视觉享受和游赏乐趣，这幅透视图是依照北京中国园林博物馆仿建的畅园绘制的

存苏州园林中的佼佼者。

　　明清是中国古典私家园林的鼎盛期，也是封建社会最后的辉煌期。这一时期不但重新改建了诸如宋代的沧浪亭等前代私家园林，还更

多地兴建了新的私家园林。

　　在这个鼎盛与成熟期中，私家园林在全国范围内形成了三大风格对峙的局面，这三大风格主要是根据地区来划分，包括江南私家园林（图8-2-7）、北方私家园林、岭南私家园林。其他地区的私家园林也都表现出了一定的特色，但基本属于这三大风格的变体，或多或

图8-2-8 拙政园塔影亭与浮翠阁 拙政园塔影亭是一座临水小亭，亭子正好可以倒映在池水中，晃动有如塔影，所以称为塔影亭。小亭为八角攒尖顶式，四面安装隔扇，亭基直接建在池岸叠石之上，有如凌空飞架水面。入亭北观，正与狭长池水北端的浮翠阁形成对景。下图高阁即为浮翠阁

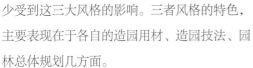

少受到这三大风格的影响。三者风格的特色，主要表现在于各自的造园用材、造园技法、园林总体规划几方面。

明代创建的私家园林中，极富代表性又名声远扬的首先要数苏州的拙政园，它更是中国私家园林成熟期中最突出的江南园林中的佼佼者。拙政园建于明代正德年间，园主王献臣以西晋文人潘岳在《闲居赋》中所写"此亦拙者之为政也"之句，将园子命名为"拙政园"（图8-2-8）。

江南园林叠石多样、技艺非凡，同时以水相映，灵动柔媚，就如江南环境给人的感觉，清新、玲珑。拙政园就很好地表现了这些特

点。园中以水池为中心，池岸叠石、堆山，厅堂亭榭等沿着或环着水池布置，或是隐于山石之间，造型各异，若隐若现，更给人幽然、宁静之美感，更吸引人。

个园位于江苏省扬州市，是清代私家园林的代表，也是一座江南小园。个园初建于清代嘉庆年间，因为园主人黄至筠生性爱竹，于园中种竹万竿，所以借清代文学家袁枚的诗"月映竹成千个字"，而将园子命名为"个园"。个园单从这一个名字，就显出万般江南意韵和文人的雅致高洁。

个园以竹为名，以山为胜，园中分别以石笋、湖石、黄石、宣石作为春夏秋冬四景，并

精心配置竹、木、水、墙等，营造出春夏秋冬的意境，心思巧妙，小而可人。园中现有中心小水池，池边建宜两轩是园子的主体，意谓可以在此轩赏春夏秋冬四山景致。其他建筑并不一定要围绕着小池布置，而是随意地散落各处，并且数量也不多，显得疏朗自由（图8-2-9）。

北方园林与江南园林相比，风格显得稳重、粗犷，没有江南园林的灵动、精巧、秀气。同时，北方因为冬季较为寒冷，夏季又多风沙，所以园林空间较为封闭，这也是北方园林与江南园林的区别之一。

岭南园林的规模相对较小，并且大多是宅园，是庭院与园林的组合，建筑的比重因此较大。它们的组合比江南园林更为紧凑、密集，这样可以取得较好的遮阴效果，更能适应当地的炎热气候。

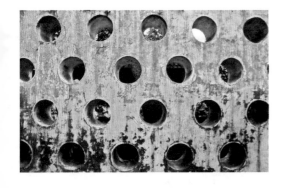

图8-2-9 个园山水 个园以竹著称，更以春、夏、秋、冬四山闻名，但个园的水一样秀美动人，映着山石、亭台，令人流连忘返。图8-2-9一为夏山与水面，一为个园冬山与墙上的四排风音洞口。山、水、树、亭，一处汇聚多种景观，只赏一处已能体味万千意韵

景观园林语言

景观园林也就是所谓"公共游赏园林"，也可称为"自然园林"，因为它是在自然形成的山水景观的基础上，适度地进行人工开发，使其略具园林意韵而能更好地保持自然山水本色，不同于皇家园林的规整、雕琢，也不同于私家园林的灵巧、独立、封闭。

景观园林区别于皇家园林和私家园林的最大之处，就是其自然景观。但这样说，并不表示将它与自然风景名胜混为一谈，自然风景名胜是没有经过人工开发的优美的自然风景地带，而景观园林则因适度的人工开发而具有了

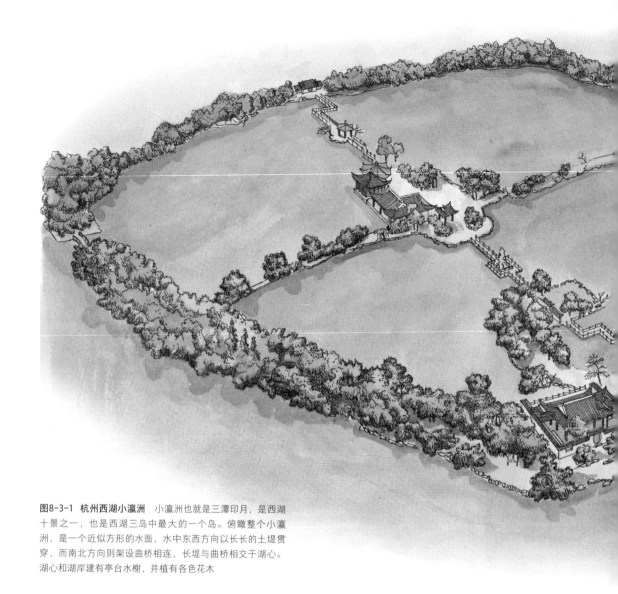

图8-3-1 杭州西湖小瀛洲 小瀛洲也就是三潭印月，是西湖十景之一，也是西湖三岛中最大的一个岛。俯瞰整个小瀛洲，是一个近似方形的水面，水中东西方向以长长的土堤贯穿，而南北方向则架设曲桥相连，长堤与曲桥相交于湖心。湖心和湖岸建有亭台水榭，并植有各色花木

园林的意韵。比如，中国现在的国家级风景名胜景区有几百处，黄山、泰山、九寨沟等，但都不能称之为"景观园林"，而只是自然风景名胜，称得上是景观园林的主要有杭州西湖（图8-3-1）、绍兴东湖、南京玄武湖、济南大明湖、昆明翠湖、西安曲江池等。

中国早期的皇家苑囿和贵族豪绅的别业，大都是将自然山水略事整理而成，是极富现代景观园林意味的园林，但它们却是皇家或私家

园林的初期雏形，并不属于景观园林一类。真正景观园林的开发并没有皇家园林和私家园林时间早。

隋唐时期的曲江池是开发较早的景观园林，这里早在秦汉时就有帝王游赏。隋代时，文帝命宇文恺建大兴城，在城的东南角辟挖水池，因水面呈狭长屈曲状，而称为"曲江池"。池东建有芙蓉园。唐代玄宗时，对曲江池进行了进一步的开发，引义峪水入曲江的黄

（图8-3-2）。

中国景观园林众多，其中名为"西湖"的也不在少数，但其美其妙能与杭州西湖相比的，几乎没有。杭州西湖原是钱塘江口上一个群山环绕的海湾，汉代时，由于长久的泥沙淤积而被隔绝成为一个内湖，这反倒让它成为一个景观园林有了实现的可能。

杭州西湖在唐代以前还算不上著名，在唐代时因为一位著名诗人白居易而开始闻名。

白居易在任杭州刺史时，为了灌溉民田，曾于钱塘门之北修筑堤坝以蓄水。后来，人们为了纪念白居易，将西湖中的白沙堤改称"白堤"。白堤将西湖水面进行了南北分割，使水面景观更丰富而有变化，同时也产生了一条更好的观景线。

当然，人们将白堤作为对诗人白居易的纪念，并不仅仅因为他曾修筑堤坝蓄水灌溉民田，这条蓄水堤坝本身其实与西湖白堤并没有直接联系，所以主要是因为诗人在当地所做出的政绩，以及他在自己所作名篇佳作中描写、赞美过白堤。这首赞美白堤和西湖的诗就是诗人所做的《钱塘湖春行》。诗中有对白堤清楚的描写，更极妙地描绘了当时西湖的景致："孤山寺北贾亭西，水面初平云脚低。几处早莺争暖树，谁家新燕啄春泥。乱花渐欲迷人眼，浅草才能没马蹄。最爱湖东行不足，绿杨阴里白沙堤。"

宋代时，又有一位文史留名的大家来到了杭州，走近了西湖，这就是苏东坡。

苏东坡于北宋元祐时出任杭州知州。与白居易相比，苏东坡对西湖是做了真正的开发，他命人对西湖进行了一次大规模的疏浚，并于

渠，扩大水面，又于水边大量布置建筑，使之成为一处真正的景观园林。这样的一处美景园林，既不是皇帝专属，也不是一般宅子私园，而是上至皇帝、贵胄，下至平民百姓，都可以游赏之地。

这样一座优美的大型的景观园林，因为开发年代距今太远，现已不存，基址大部分变成了平原绿野，建筑遗迹几乎不存。现今最为著名的古代景观园林要数浙江省杭州市的西湖

西湖自然园林示意图。水面中右下的一条堤为白堤，水面远处横向有六座桥的为苏堤

断桥残雪

曲院风荷

图8-3-2 杭州西湖 杭州西湖是一处可称为传统园林的公共景观，面积约6平方千米，而水面面积达5.6平方千米。湖中有白堤、苏堤将水面分为外湖、岳湖、小南湖、北里湖、西里湖五部分。西湖内外突出的美景有十处：三潭印月、雷峰夕照、断桥残雪、柳浪闻莺、曲院风荷、平湖秋月、苏堤春晓、花港观鱼、南屏晚钟、双峰插云

湖中筑成另一条长堤，将湖面东西分割，堤上建有六座小桥，形态古朴优美。同时，为了保护西湖水景，苏东坡还命人特地建立三座石塔作为标志，禁止在其范围内植菱栽荷。这三座石塔形成了著名的"三潭印月"景观。

苏东坡也有一诗赞美西湖，比白居易的《钱塘湖春行》更为闻名："水光潋滟晴方好，山色空蒙雨亦奇。欲把西湖比西子，淡妆浓抹总相宜"。

杭州西湖现在的情景是：水面依然阔大，湖面被堤、岛隔成多个区域，因此有里湖、外湖、岳湖、西里湖、北里湖、小南湖等水面。堤有白堤、苏堤。岛有孤山、小瀛

图8-3-3 晋祠 晋祠位于悬瓮山和晋水交汇处，据《晋祠铭》记载悬瓮山："绝岭万寻，横天耸翠。霞无机而散锦；峰非水而开莲。"而晋水："飞泉涌砌，激石分湍，蒙氛雾而终清……日注不穷，年倾不溢……"因而从选址上来说是非常理想的。

晋祠内祠庙很多。大型的祠庙布局主次分明，中轴对称。小型建筑则注意避让出景观，曲径通幽，繁而不乱，融汇于自然山水之中。主要的祠庙都选择背山临水，沿地势分级而建。佛教空间超尘脱俗，道家空间清静无欲。

晋祠在五代时主要建筑唐叔虞祠就确立了位置，后改为圣母殿。明代时，水镜台、会仙桥、金人台、对越坊、钟鼓楼、献殿至鱼沼飞梁和圣母殿为轴心的建筑群已经建成。在这个时期，道教等民间宗教建筑也占据了以圣母殿为主轴线的南北两侧。

圣母殿左有善利泉作为青龙，右有难老泉和长道作为白虎，前有鱼沼作为汗池，后有悬瓮山，因此坐落在"龙穴"之位。圣母殿前面的鱼沼飞梁，是这座园林的出彩之处。这座十字平面的拱桥是目前国内唯一。往东中轴线上的金人台的建造，估计是受五行之说影响，渴求泉水永逝。

舍利生生塔是这座自然风景园林的高建筑，使园林景观的轮廓线条产生了变化，成为游人必到的登高远望的观赏点。更重要的是园内有一些小巧怡人的亭榭点缀，使建筑的布局有"正"有"变"，在"散""乱"中保持着"秩序"感

洲、湖心岛、阮公墩等，山水相依，堤桥相连，景致优美。其有闻名美景十处：三潭印月、雷峰夕照、断桥残雪、柳浪闻莺、曲院风荷、平湖秋月、苏堤春晓、花港观鱼、南屏晚钟、双峰插云。

景观园林是以自然山水景观为主的园林，只需要少量、适度的人工，但这种人工开发却也是必不可少的，不然，则与自然风景名胜没有区别了。如位于山西太原南边的晋祠，是一处建筑密集的自然风景式园林（图8-3-3）。景观园林更要注意对其自然美的发掘和发扬，将其更突出地予以显示。杭州西湖中的苏堤、白堤即是人工开发的突出例子，它们大大发扬了西湖的美，丰富了西湖的水面景观，但却没有破坏西湖原有的自然美。

在中国景观园林中，闻名程度不输于杭州西湖的并不多，扬州的瘦西湖即是其一。

瘦西湖即以湖名，也与杭州西湖一样是以水最胜、最美。瘦西湖名于清初，其盛景的形成也大概同时或略晚，也就是清代的康、乾年间。

瘦西湖是一条狭长、曲折的水道，最宽处不足百米，清秀、玲珑，有如江南水灵灵的女子。湖区从乾隆御码头开始，沿岸景致绵延，有卷石洞天、虹桥、长堤、徐园、小金山、白塔、五亭桥、凫庄、二十四桥等，一直或断或连，错落到蜀岗脚下。正所谓"两岸花柳全依水，一路楼台直到山"（图8-3-4）。

人说天下西湖三十六，而瘦西湖却只有一个。瘦西湖的美，瘦西湖的特别，就在于一个"瘦"字。瘦西湖的瘦，乍一看很容易看出，它体现在瘦西湖的整条水道上，但细看你会发

现，它更体现在湖中、湖岸的每一座建筑上。以卷石洞天为例，我们就能很好地看到瘦西湖的"瘦"之美。

卷石洞天在瘦西湖新北门桥西，河岸北侧，这里原是清初的古郧园故址。古郧园毁后重修，成为瘦西湖景区的一部分，并且渐形成以叠石假山为主的景致，其间的叠石假山堪称扬州经典。而扬州园林是素以叠石取胜的，扬派叠石是中国叠石造山中的一大派。由此可见瘦西湖叠石之不凡。假山叠石中的石，形态多

姿，玲珑瘦透，不正透彻地体现了瘦西湖的"瘦"吗？真是怎样看有怎样的美！

　　瘦西湖还有一处极美也极能表现瘦西湖之美的建筑，这就是五亭桥。五亭桥在瘦西湖中的地位，就像是北京的祈年殿在天坛中的地位一样，我们在几乎所有提到天坛的书中，以及视频传媒中，最经常看到的就是祈年殿，而在几乎所有提及瘦西湖的书籍等处，最经常看到的就是五亭桥（图8-3-5）。

　　"五亭桥"一名实际包括了两种建筑，一为亭，二为桥，它的韵味，它的美，仅从这个名字已能窥见一二了，更遑论其精巧、别致的造型。五亭桥下为桥基，与横贯水面的长桥相连、相平，桥基下部共有十五个不同的拱券桥洞，映在水面上，形成一个个的满月或半月，微波荡漾中柔媚尽现。而桥基之上的五座亭子，均是攒尖顶式，四角飞翘，亭亭玉立，灵动精巧，在碧波垂柳间尽情展现着它们纤细、轻盈的"瘦"之美态。

图8-3-5 瘦西湖五亭桥　五亭桥是扬州瘦西湖的一座标志性建筑，想到扬州就会让人不由得想到瘦西湖，而想到瘦西湖则自然会想到五亭桥。图8-3-5是五亭桥立面，五座攒尖顶的亭子整齐耸立在砖砌的桥面上，桥下圆拱形的洞门有如日月相映

叠山与理水语言

自然山景丰富多彩，有雄、有峭、有奇、有险，令人流连忘返，而作为自然景观微缩的中国古典园林，要想体现自然山林之美，叠山堆石是不可少的要素，甚至可以说，有园必得有山，无山不成园。

叠山在中国古典园林中的运用，主要是指私家园林，因为皇家御苑中的山大多是取自然的山，虽然没有诸如黄山、泰山等风景名胜山峰广大、高峻，但对于一座园林来说，已足以作为其最重要的组成部分之一了。当然，在一些小型的

皇家园林中也有很好的叠山实例。

在私家园林不太大的空间范围内，通过叠山堆石再现自然山林之美，是生活在城市中的人们的向往与追求。为了更好地达到自然的效果，叠山堆石便要做到是人为而不落人工痕迹，因此非常讲求艺术性与技巧，也因此出现了很多专业的叠山堆石大家。

叠山堆石要根据石本身的形态与特点来使用，也要根据园林的环境需要与特点来使用，结合得恰到好处才能更接近理想的"自然"（图8-4-1）。

叠山堆石里面包括有单体峰石和堆筑的假山两大类。单体峰石多是天然美石，玲珑剔透，兼具园林峰石所有的瘦、漏、透、清、顽、皱、拙等特点，体积也大，千金难求。这样的单体峰石自然不需要堆叠，但其放置一样要有技术。如，苏州留园的冠云峰，至为难得，主人不但将之冠上美名，还专门筑屋、辟院以藏，被视作珍宝。冠云峰的四面有冠云楼、冠云亭、冠云台、贮云庵等多座建筑，皆因冠云峰而名（图8-4-2）。

如果为了制造曲折、隔断，使园子产生幽曲意境，让人在假山处观景能生出"山重水复疑无路"的感觉，以达到增添园林意境之美的目的。那么，在园林中堆叠大的假山，是一个很好的方法。园林假山的堆叠，有的是堆成峭壁凌峰形式，有的是堆成零落绵延形式，有的则是在山中堆留出幽深的峡谷，苏州环秀山庄就是最后一种叠山方法

图8-4-1 环秀山庄叠山堆石 清代园林，特别是江南园林，园中的叠山堆石大多以林立的石峰为妙，而环秀山庄则有较大的不同。它追求的是山的总体走势与气势，以及山的主宾关系。石多堆叠成山，玲珑峭立中更多的是稳重大气

图8-4-2 冠云峰 冠云峰是一座闻名的独立湖石，立于苏州留园之内。石峰形态高耸，亭亭玉立。石形瘦削，岩洞玲珑、参差，几乎兼具了所有美湖石的优美，瘦、漏、透、皱，高而不板，直而不僵

中最突出的例子。

除了大面积的假山和独立的峰石之外，还有一种由几块湖石或其他适于观赏的石头组合形式，也属于叠山堆石中比较巧妙的一种，它在总的形体上介于假山与独立峰石之间。这其中最常见的就是依壁或嵌壁叠山堆石，即将几峰美石依着一段墙壁放置或嵌于墙壁中，石前或石上略微植些花木，墙面不论是带漏窗或是实墙，叠山堆石的意味都很足，景致都很美。扬州个园的春山、冬山就是非常妙的例子。

园林中的叠山堆石不但可以独自成景，还往往可以和水面组合、相依，营造更为引人的景致。《园冶》的作者计成就非常推崇依水筑山，他说"假山依水为妙。倘高阜处不能注水，理涧壑无水，似少深意"。确实，"水令人远，石令人古"，两者一动一静、一刚一柔，相映成趣。

苏州的狮子林以湖石假山多而著称（图8-4-3），有"假山王国"之誉，其山石堆叠以奇巧取胜，并且假山大多依水而叠，玲珑俊秀，非常精妙。园中山石不但堆叠奇巧，而且都依形依状命有动听的名称，含晖、吐月、昂霄、玄玉，只闻其名已让人的心不由向往，更有一些元代遗留的木化石、石笋之类，真是石中珍品了。

叠山堆石除了依水岸而形成水石相依之态外，还有多种联系紧密的做法，如谷涧、泉瀑等。谷涧就是在叠石堆山中留出深谷，谷中引入流水，有如自然山涧、幽谷一般。苏州环秀山庄峡谷、无锡寄畅园八音涧等，谷涧都设计得非常好。

谷涧突出的是深、幽之美，泉瀑则要高、飞、流泻才美，所谓"流泉飞瀑"。江南园林中没有自然落差的水利条件，要形成泉瀑主要依靠雨水。江南恰好是多雨潮湿之地，所以，利用人工堆叠的山石，在雨天时就能形成飞瀑美景，妙不可言。同时，山石多依着高高的房屋墙壁叠砌、布置，便于利用墙头做天沟，蓄水后再漫延而下，在飞瀑之前能形成一段流泉。

叠山是园林造景的重要因素，理水也同样重要。叠山有单独为山者，有与水相依者；理水有与山相结合者；也有独立的水面设计。

理水相对来说并不难，不像建筑，甚至也不如叠山那样，需要花费很大的人力物力。但是要取得好的理水效果却也并不是很容易的事情，除了要有独特的匠心与审美眼光外，还有

图8-4-3 狮子林山石 苏州的狮子林也是一座以山石闻名的园林，虽然山石所占面积不如环秀山庄中山石比例那样大，但也足以令人称奇、赞叹。狮子林的山石以总体而著称，而并不在哪一峰石，但却不像环秀山庄山石那样以山为主，而是仍以单峰石居多，石各有态，石各有名，就是一个石的世界、是一个假山的世界，所以有假山王国的美誉

一点是很重要的，即水源（图8-4-4）。

有了水源，园林理水才能"活"，而不是死水。园林之水若为死水，长久之后则必然腐臭，所谓"流水不腐，户枢不蠹"。同时，水要流动才能不竭，才更富有山林中自然溪水的味道。因此，找水源成为园林理水的一个重要步骤，还是首要的一步。

大型的皇家园林和一些景观园林，大多是

图8-4-4 瘦西湖水面 园林虽是经过人工设计,但它们追求的是自然的山水美态。在园林设计中,叠山和理水便都是重要内容。瘦西湖理水就是人工与自然绝妙的结合,湖面整体呈狭长形,两岸夹树栽柳,绿枝拂水,水面波纹微漾,倒影幽然。由水面尽头远望,五亭桥耸立水面

以自然的河流、湖泊作为水源。比如承德避暑山庄的水源即为山庄东北的武烈河。而较小型的私家园林,多是引河道流水,以河道中的水作为水源。大多江南私家园林即是如此,因为江南城镇多是沿河而置,构成河街。相对于南方来说,北方私家园林在水源的问题上,解决难度就要大得多,这也是江南私家园林更盛的

原因之一。

江南私家园林虽然有河道作为活水源头,但还是不能与皇家园林、景观园林的源头——名川大河相比,因此,私家园林往往还在园内池水中放养鱼虾,防止水腐,或是开挖水井,使地下水与池水相通,以改善水质。苏州的拙政园、怡园、狮子林等,其水池底部都打有井。

有了水源之后,就是水面布置,水面布置首先在水形。自然山林中的溪水流泉之所以美,主要是因为它们态势曲折、悠然婉转。园林理水就是要达到自然水的美态,所以也贵在曲折而非平淡。要实现曲折之意,可以采用藏源、引流、集散等方法。藏源即隐藏源头,它能引起人们循流溯源的兴趣,同时使水态变得悠远无尽。引流是将水面设计得曲折,并以亭

图8-4-5 环秀山庄理水 园林理水各有讲究，但在江南小园林中，大部分水面均采取曲折手法开设，以起到曲折无尽意的作用，营造回味无穷的审美效果。图8-4-5为环秀山庄理水部分，水面窄而曲折，又有高大石峰遮掩，曲妙无尽

榭、山石、花木等作为隔断或掩映，使之曲折而动。集散就是要使水面适度的开、合，开即开敞，合即相连，开敞是开挖大的水面，而相连则是在开敞的水面设置桥、廊等以成合之势。使用桥廊等"合"水面，其实同时也是分隔水面，又使水面得了另一种妙意，一举两得（图8-4-5）。

　　私家园林中的小水池使用桥、廊，即可达到分、合的目的；而大型的皇家园林和景观园林，则使用筑堤、置岛等方法来达到同样的目的。杭州西湖中就有孤山、小瀛洲、湖心岛、阮公墩等岛屿，还有苏堤、白堤两条长堤，打破了水面的单一，形成了多层次的水景。承德避暑山庄的湖区也采用同样的方法，筑有芝径云堤和如意洲、环碧岛、月色江声岛等三岛，不

图8-4-6 荷香满池 园林理水不但包括水本身，还包括水面植物设计。在很多的园林中，都在较大的水面池水中栽种荷花，夏日里坐于临池馆、榭中，既可观赏又闻幽香。图8-4-6上图为瘦西湖静香书屋前水池荷花，下图为拙政园三十六鸳鸯馆前池中荷花，丛丛的荷叶，朵朵碧绿、圆润，仿佛能感受到它们的幽香已飘进馆、榭之中

但丰富了水面，还形成一池三山布局。当然，水面的丰富还不止由一池三山来表现，同时还置有金山岛、青莲岛以及水心榭等。

理水的内容还包括水面动、植物的布置和水面倒影造景。

园林水面植物可用菱、芦苇、荷等，其中以荷最受喜爱，夏日里有一池碧荷红莲，幽然清香中含着丝许凉意，令人心动。荷除了幽香与形美外，更是出淤泥不染的高洁精神的象征，这也是它倍受人们喜爱的原因。所以，在园林中多有荷池，并且有很多以荷为名的建筑，如拙政园面对荷池的远香堂、狮子林面对荷池的荷花厅、避暑山庄面对植荷水面的曲水荷香等（图8-4-6）。

园林水面动物主要有鱼类和鸳鸯等水禽，尤其是鱼最多。在讲究清雅与意韵的园林中，特别是文人园林中，鱼本身并没有高雅的意

图8-4-7 水映成妙景 理水是对水的各种处理，程式化的理水仅限于水形本身，如水的大小、多少、曲折等，而实际上哪怕与水有一点关系也是属于理水范畴的。水面倒影即是一种优美不凡而了无痕迹的理水，它的美是不经意的，是浑然天成的。图8-4-7上图为承德避暑山庄水心榭倒影景观，下图为避暑山庄烟雨楼倒影景观

义，但是古时有一位高洁、不流俗的高士却与鱼有不解之缘，他就是庄子。庄子曾于濮水边垂钓，楚王派人请他去楚国担任要职，但他宁愿一人悠闲钓鱼也不愿为官。

这个故事被记载在《庄子·秋水》中，它是道家主张清静无为、避世隐居的思想的重要表现，被道家信仰者推崇，也被其他很多文人推崇。所以，在很多园林中都有与此相关的设置，如，苏州沧浪亭有观鱼处、留园有濠濮亭、无锡寄畅园有知鱼槛、北京颐和园有知鱼桥、北京北海有濠濮间、杭州西湖有花港观鱼、承德避暑山庄有知鱼矶和石矶观鱼。

以水倒映岸景本来好像不是理水，但没有水则没有水中倒影。倒影的美在于似真如幻，北周文学家庾信有诗谓"池中水影悬胜境"。倒影的美也在于作为倒影的形象的布置，承德避暑山庄的水心榭和金山岛都是倒影布置美妙而成功的例子。清人魏际瑞曾有

诗赞金山倒影："不信山从水底出，却疑身在画中看"（图8-4-7）。

不论是采用藏源、引流、集散法，还是筑堤、置岛法，或是栽植物、养动物，不论要将水面形状布置或设计成什么模样，最重要的都是要求能做到宛若天然，也就是说，是人为但要不落人为痕迹，这才是理水、叠山的艺术标准，也是其真正的目的。

园林小品建筑语言

园林之美在山、在水，也在建筑，特别是园林中的一些小品建筑，是园林重要的景观。园林小品建筑主要有亭、桥、廊、榭等。

亭子是园林中最为常见的一种小型建筑。亭子在古代早期时功能比较多，有歇脚的路亭，有报警的警亭，有驿站的驿亭，有井上的井亭，有立旗的旗亭，有置碑的碑亭等。后来，亭的功能逐渐减少，基本没有了警亭、驿亭、旗亭，而更多的是出现于园林的园亭了。

园亭几乎囊括了亭子的所有形态，并且比其他任何地方的亭子更为精巧、优美，而亭子又是中国古建筑中样式最富于变化的。园亭的主要造型有圆、方、三角、六角、八角、半亭、扇亭，还有特别的梅花亭、双亭等，亭子除了单层檐外，还有重檐、三檐等形式。

亭子大部分是单独建置，双亭稍为少见一些，而像扬州瘦西湖的五亭桥亭和北京北海的五龙亭，是五者相连或组合而建，是极为特殊者，是亭子建筑与发展史上的佳作，倍受人们喜爱，更为闻名（图8-5-1）。

图8-5-1 北海五龙亭 湖面微波荡漾，湖岸杨柳轻拂，岸边石栏玉柱，岸上五亭形体优美，这就是北海五龙亭景观。五座亭子沿着湖岸基本呈直线建置，并以中间一亭为主，两侧对称而设。中间的三亭为重檐攒尖顶，两边的两亭为单檐攒尖顶

亭子运用于园林之后，它的实用意义便逐渐被淡化了，它的审美价值被着重体现出来。在园林的花木间、山石上、池水边，设置一个个姿态各异的小亭，远观近瞻都显令人心怡的美态，与园林的叠山、理水一样成为园林美的重要组成部分。同时，亭子还可以作为观景点，如临水亭可以立亭俯水、观鱼，山上亭可以俯瞰整个园林，高者还能远眺园林风景。

桥也是园林中非常重要的小品建筑，因为园林是山与水组成的景观，但如果水面空无一物也必然乏味，所以人们常在水上搭桥。

园林中的桥与亭一样大多形态小巧，并且桥以曲折见长，而不要直来直往，因为桥在这里也是一种景观，不是为了突出其功能性。园桥首先与水相依，著名的实例有颐和园十七孔桥（图8-5-2）、上海豫园九曲桥等。其次，园林中的桥还往往和亭并立，如北京颐和园的西堤六桥，其中有五座桥上都建有小亭，扬州的五亭桥更是桥与亭结合的突出代表。

园桥除了与亭结合外，还与廊结合，产生一种形式特别的廊桥。廊桥也就是桥上带廊，廊上有屋顶的形式，这样的廊桥可以避风雨，同时也使桥在园景中更显突出。苏州拙政园的

图8-5-2 颐和园十七孔桥 颐和园的十七孔桥建在昆明湖上，连接着昆明湖的东岸和湖中的南湖岛。这座桥面下有十七个拱洞的十七孔桥是中国著名的联拱孔桥，桥形修长，桥面微拱，横架昆明湖上有如长虹卧波。桥面两侧设置汉白玉的栏杆，每个望柱头都立有石雕小狮子，形态各异

小飞虹就是一座形态优美的廊桥，桥形略曲，两面只有柱子和矮栏围护，上有窄顶，空灵雅然。它增加了水面层次，也分隔了水景空间，在造景上是一个成功的设计（图8-5-3）。

当然，桥廊只是廊的一个特殊类别，真正的园林廊子还有很多自己的特点和功能。园林廊子的类别主要有：单面廊、双面廊、直廊、曲廊、复廊、回廊、抄手廊、爬山廊、叠落廊、双层廊等。

园林内廊的运用，不但具有遮风挡雨和交通的实用功能，而且还是增加园林景深层次、分割空间、组合景物和园林趣味的重要设置。

图8-5-3 拙政园小飞虹 拙政园小飞虹是一座形如彩虹的小桥，架设在园林的池水之上。因为形体精致小巧，所以称为"小飞虹"。又因为桥面上盖有屋顶，所以是一种可以避雨的廊桥。桥面两侧安有朱红色的万字纹栏杆。色彩典雅沉静

图8-5-4 何园西园水心亭 在扬州园林中，何园是一座较有名气的私家园林。何园园名"寄啸山庄"，因为主人姓何，所以人们称之为"何园"。图8-5-4为何园西园中心景观，西园以水池为主，池中建有水心亭，有若戏台，亭子四面临水，有曲桥与岸相通。池水岸边建有双层的回廊，廊内墙内开有各式洞窗，可游可赏

相对于亭、台、楼、阁等点类建筑，廊是线，是点景与点景的联络。廊子的形体大多狭长而曲折，空间轻盈通透，有虚有实，非常美妙，可以将人们慢慢引入园林的胜境（图8-5-4）。

水榭也是园林中非常突出而优美的小品建筑，它空灵而优雅，更显示出造园者的设计技巧与独特匠心。亭、廊、桥虽然是园林中比较突出的小品建筑，但在别处也能见到，而水榭几乎可以说是园林独有的小品建筑形式。水榭建在园林，就是为了临水观景，文人雅士的庭园水榭还是他们弹琴、读书、下棋和会友、观画等的妙处。特别是夏日里，临榭凭风，水面凉气随风而来，惬意清爽。

园林因为有了这些形象各异的小品建筑，更显优雅，更丰富多彩，也更美妙。

少数民族建筑语言

维吾尔族建筑语言

新疆位于中国的西北部，是中国西部干旱地区主要的天然林区，气候除干旱之外还很寒冷，所以建筑也相应地具有自己的地方特色。维吾尔族建筑的特色，体现在民居建筑上，也体现在宗教建筑上。

维吾尔族民居风格多样、灵活，外形变化丰富，内部空间开敞。门窗形式也非常多样，有方形，有拱形，窗棂格纹样也较富于变化。古时房屋一般是土坯平顶形式，有钱人家则大多使用砖材料建宅。不论是土坯墙还是砖墙，里面都是木构架，屋内顶部为密肋顶形式，并且大都是多座房屋组成一座院落（图9-1-1）。

一般院落四周的房屋有平房也有楼房，而在一些用地有限的城镇里，如喀什城里，民居大都为楼房。土坯房围合的院落，墙面多是用土坯砌成各种图案，形成花墙。而砖砌墙体则多是用白灰勾缝作为装饰，青砖白灰，素雅大方。相比于室外，室内装饰要更为丰富华丽一些，首先是带有实用功能的壁

图9-1-1 维吾尔族民居庭院 新疆维吾尔族虽然生活在北方，但民居却非常注重装饰性，完全可以与中国南方地区的民居相媲美，特别是在色彩上，以艳丽多样为特色，屋内使用壁毯、地毯，色彩极为鲜艳。民居的庭院内，注重绿化，往往种植有很多植物，尤其是葡萄、青藤类的藤蔓植物，营造出一种大自然的清新气氛

图9-1-2 花砖与壁毯 新疆维吾尔族民居的装饰色彩非常强烈，装饰面也很多，内外皆有，并且感觉各有不同，极具民族与地方特色。内部装饰主要是在墙面，洁白的墙壁上挂着由深红、大红、黑、深黄等色组合的壁毯。外部墙面主要使用不同色彩的砖，砌筑出图案多样的花砖墙

龛非常多，储藏物品的同时也是室内墙面极有特色的装饰，此外，还有石膏花或三合板做成的浮雕装饰，以及色彩艳丽的壁毯（图9-1-2）。

与汉族民居最大的不同是，维吾尔族民居的平面没有明确的中轴线和对称要求，各个房间围绕着户外活动中心布置。而这个中心又不是"形"或"量"的中心，所以建筑的外轮廓不一定整齐。

由于民居内没有专门的祭祀空间，因而没有宗法礼教的限制，内部房间以客室为主。客室、客厅布置在与户外活动场所联系方便，及观赏自然景色最佳的部位。自家人的居室则相对地退居次要地位。居室的布置灵活自由，并可随形延伸，房间多时则可派生出另一个户外活动中心。

建筑布局没有固定的朝向，院落大多按地形及外部道路等情况自由布置，院门开设以方便交通为原则，只有建筑本身为了吸收日照，大体使外廊朝向南方，或是以主要户外活动中心达到冬暖夏凉为目的。

在维吾尔族民居中，适应生活需要，又最精美、典型的形式是阿以旺（图9-1-3）。它是维吾尔族民居中享有盛誉的建筑形式，是维吾尔族民居中的精华部分。阿以旺是居住建筑的一部分，但它与居住建筑内部各个房间又有明显的区别，在功能上是作为户外活动场所

独立于"居住"建筑之外的。

阿以旺式民居历史悠久，它在维吾尔族语中意为"明亮的处所"。从形式上看，它是在阿克赛乃开敞的空间上面再加一个屋顶，屋顶与庭院之间是四个侧面的天窗，作为采光通气的出入口。天窗一般高40~80厘米，用木栅、花棂木格扇或漏空花板作窗扇。内部还有木柱、梁檩、天花板，在它们和炕边的部分，是建筑装饰最为集中也最为讲究的地方。所以说，阿以旺既是完全封闭的室内空间，又是一个带天窗的大庭院。

阿以旺具有十分鲜明的民族与地方特色。居民的日常室外活动都可以在阿以旺中举行，如接待客人、聚会乃至舞会都很合适。四面都有门通向周围房间的阿以旺庭院，也是住宅内全家人共有的起居室。主人在阿以旺里接待客人，是对客人极为尊重的表现。大家盘腿而坐，共同享用主人捧出的美味瓜果。

维吾尔族的喀什地区、和田地区、伊犁地区，都有阿以旺式民居。其中又以和田地区阿以旺住宅居多，而又最具代表性。

在维吾尔族人民生活的这些地区，除了阿以旺之外，还有与之相近的辟希阿以旺、阿克赛乃两种形式，它们比阿以旺式空间更为开敞。但是，阿以旺与它们相比，其户外活动场所更适应风沙、寒冷、酷暑等气候条件，在使用中更为灵活，是外部空间与室内结合得更为完善的发展形式。

如果阿以旺中间升起部分的屋盖过小，形状像个鸟笼，就被称为"笼式阿以旺"，也叫"开攀斯阿以旺"。笼式阿以旺完全失去了户外活动场所的功能，而成了采光通气的天窗。

图9-1-3 阿以旺 新疆维吾尔族的阿以旺，是新疆非常有代表性的、典型的一种民居形式，图9-1-3是阿以旺的剖透视图。由图中可以看到，阿以旺室内可以坐息的束盖炕，以及墙面上特意设置的尖拱形壁龛，还有上部的整齐的密肋顶。在整座房屋的最中间的顶部，凸出有一个四面开窗的小屋顶，这就是阿以旺式房屋的标志，是一般的顶部开敞的院落的缩小形式，接近于完全的室内。开放性与私密性并存

图9-1-4 艾提尕尔清真寺 艾提尕尔清真寺是新疆一座著名的伊斯兰教建筑，也是一座极富新疆民族特色的古老建筑，它的形式、它的形状、它的色彩、它的装饰等，都能显示出它独具的特色。它是新疆民族建筑与伊斯兰教建筑的完美结合。图9-1-4是入口处正立面图，门洞方形，上部砌出尖拱。大门的左右分别立一高塔

维吾尔族的宗教建筑与民居具有很多相同的特色，但也突出地表现出宗教建筑本身的风格。

艾提尕尔清真寺位于喀什市中心，堪称维吾尔族建筑瑰宝，历史已有500年，但初期规模小，现今的规模是1872年大修建后形成的，主要由礼拜堂、教经堂、门楼和一些附属建筑组成，建筑之间广植花草树木，景色宜人，是一处兼具礼拜和游览的胜地（图9-1-4）。

教经堂有能供四百名学生学习居住的近百个房间、供四百人取暖的暖室、容纳一百人洗澡的浴室，还有四个人工水池。礼拜寺则有外寺、内寺、棚檐等几部分。寺顶由雕刻着富有民族风格的花纹图案立柱支撑，其艺术之美令人惊叹。门楼最为吸引人的地方，是上方所刻的《古兰经》，及周围衬托着的精美的维吾尔族风格图案。

苏公塔在吐鲁番县城东南约4里处，被维吾尔族人民称为"吐鲁番塔"，塔和清真寺紧紧相连，所以人们也往往将塔和清真寺统称为"苏公塔"。

苏公塔的外形像一个线条圆润饱满的瓶子，高达37米，底部直径14米，全部用砖砌筑。塔的外表最突出之处是砖块砌成的各种图案，有菱纹、水波纹、变体花纹、折线纹等，成组成段安排，层次清晰，整体具有浓郁的宗教色彩与民族风格。

清真寺寺门向东，门上架高大的门楼和尖拱形门洞。门内即是长方形的寺院，其中有可容纳千人同时做礼拜的礼拜殿。礼拜殿、门楼、门洞与苏公塔相互映衬，参差而和谐。

蒙古族建筑语言

提到蒙古人们就会想到"风吹草低见牛羊"的茫茫的大草原，而想到草原人们也就会想起圆圆的白色的帐篷，也就是蒙古包。蒙古包是蒙古人民使用的住宅形式，也是蒙古族最具有代表性的建筑形式。

蒙古包的"包"字是满语"家"的意思，因为主要为蒙古族人居住，所以称为"蒙古包"。蒙古包的历史已有两千多年，可谓历史悠久。在古时候，蒙古族的人，不论是王公贵族还是平民百姓，全都居住在蒙古包中。元代以后，王公贵族渐渐受到中原的影响而改居木

构房屋，建筑了华丽、宽敞的府邸，但一般百姓仍然使用蒙古包，到今不衰。

前面我们谈到了极富地方特色的维吾尔族民居，蒙古包与之相比，更为特别。维吾尔族民居至少还是砌筑的房屋与院落组合形式，但蒙古包只是一个由简单的架子搭起来的圆形帐篷，并且都是单独搭建，即使是人口多的人家，也只是多搭建几个蒙古包而已，并不组合成一个院落（图9-2-1）。

蒙古包与中国其他很多地方民居一样，是为了适应当地的地理、气候条件与生活需要而产生的居住形式。蒙古族是草原游牧民族，蒙古包就是为适应这种游牧生活而产生与存在的一种民居形式，并且在逐步的发展中日臻完美。

蒙古包主要由木制的骨架和毛毡组成，骨架是最基本、最主要的部分，包括陶脑、乌那、哈那三部分。陶脑是蒙古包顶部的中心骨架，大体看来是两个半圆形，细分来说是由四圈铁环及许多块木头或木片组成。哈那是蒙古包下面一圈相当于墙体的部分，构造类似于栅栏，是用牛皮条和驼毛绳扎、钉的木条片，用时张开，不用时可以折叠得非常小，方便搬运。乌那是陶脑和哈那之间的连接部分，张开有如伞骨（图9-2-2）。

图9-2-1 会客蒙古包 蒙古包是蒙古人民的家，人们在这里住宿、生活，也在这里招待客人。图9-2-1中的蒙古包内，女主人正在烧火做饭，烟囱内排出阵阵炊烟，客人们和男主人靠着蒙古包的内壁团团围坐，有人喝茶，有人吃东西，有人在拉琴，气氛热烈

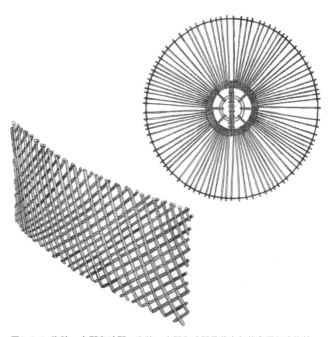

图9-2-2 陶脑、乌那和哈那 陶脑、乌那和哈那是蒙古包的主要组成构件，有了陶脑、乌那和哈那，蒙古包的构架就基本能够搭建出来，安上了门，铺上毛毡，蒙古包就差不多建成了。图9-2-2上图为蒙古包上部构架，即中心的陶脑和陶脑四面的乌那，下图是伸展开来的哈那，也就是蒙古包下面的围合构架部分

陶脑是供平时通风与采光用，乌那是直接承托上面毛毡的骨架，哈那则是起围墙的作用。在哈那上的一段还要开一个口，作为进出蒙古包的门。从整个蒙古包的构架和用料来看，都是非常简单而易于搬运的。这恰恰适应了游牧民族不能长期固定居住于一处的实际需要。

蒙古包没有其他民族住房的下部台基，而是直接置于地面，它是如何实现抗风而稳固不倒的呢？这主要依赖于蒙古包的形状。蒙古包的平面为圆形，并且一直到顶部都是圆形，这种圆形对风的阻力最小，同时又能在背风面形成空气回流，对蒙古包产生回推的力量，抗风性自然强。从立面来说，整个蒙古包垂直于风向的面积很小，仅有哈那中的一段。哈那上面是坡形的顶面，风不会产生直吹的情况。这也是蒙古包抗风性的表现（图9-2-3）。

此外，圆形的蒙古包还有一个优点，即，使用最少的建筑材料，获取最大的居住空间。

▍藏族建筑语言

藏族是中国少数民族之一，主要分布在中国的西藏地区，另外青海、甘肃、四川、云南也有部分藏族居住。藏族建筑历史悠久，结构、形式多样，风格独特。

图9-2-3 科学合理的蒙古包骨架　由陶脑、乌那和哈那，加上大门组成的蒙古包骨架，整体呈圆形，不论从平面上，还是从立面上，都具有极好的抗风性能，因为圆形物体能对风产生回推的力量，同时在直面风的一面受风力面较小，所以虽然蒙古包没有一般房屋的基础，却仍能安然稳立于茫茫的草原上

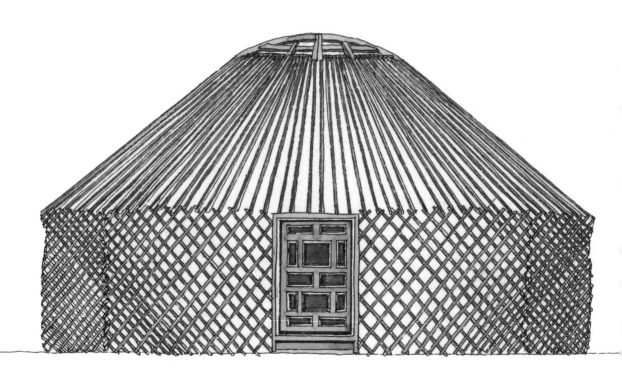

早在四五千年以前，西藏就有比较先进的房屋建筑，如在"卡若"遗址中就发掘有两层的楼房。西藏的建筑史则可以追溯到新石器时期。但西藏建筑发展的鼎盛期是松赞干布时期，也就是中国历史上的初唐时段，这一段时间的西藏，当时称为吐蕃，与外界交流频繁。

松赞干布先后迎娶了尺尊公主和文成公主，两位公主都带来了建筑工匠和艺人，同时，自然将各自国家的建筑技术与风格也带到了吐蕃。现今所存当时的很多著名建筑实例，如布达拉宫、大昭寺、小昭寺等，都带有多种风格，或是部分地使用了各地的材料、梁架结构。当然，藏族建筑最为突出的特色还是藏族特色（图9-3-1）。

藏族人民生活在高寒地区，但是性格热烈，也创造出了一种热烈的环境气氛，它重点地体现在了藏族的建筑上。藏族建筑的外墙以白色为主，是毛石经过粗加工后再涂的白色浆。涂浆的时间是在每年的冬季，人们站在上窄下宽的墙顶之上，直接将桶装白色涂料从上往下浇涂，极富粗犷豪放之风。

在一些等级较高的庄园房屋上，还往往在房屋的墙上沿涂一圈土红色边玛树枝束顶线，很有韵味。还有些普通民居则是在外墙上沿涂两条几厘米宽的红、黑色带。

图9-3-1 大昭寺 大昭寺是西藏著名的佛教寺庙，也是西藏最早的木结构建筑寺院，始建于公元7世纪，也就是吐蕃王朝的强盛时期。寺庙经过几代的扩建，面积逐渐增大，庙中的壁画等装饰与艺术，也随着寺院的扩大而不断地丰富。图9-3-1是大昭寺建筑的顶部景观，坚固的砖石墙体上建有一个个富有当地特色的屋顶，还设有金色的法轮、铜鹿等佛教装饰。建筑壮观，色调华美

图9-3-2　梁架彩绘　藏族民居非常讲究室内装饰，以色取胜，色彩艳丽多姿。图9-3-2是一座藏族住宅，室内梁架上就装饰有精美的彩绘，色彩鲜艳，典雅富丽

门廊檐下和房屋室内梁架装饰有色彩艳丽的彩画，以红、黄、绿、蓝几种原色施绘。家具用色也非常热烈。这些都与藏族人民淳朴、热情的性格相呼应，极突出地体现了藏族建筑

图9-3-3　布达拉宫　布达拉宫是一座世界闻名的建筑群，高高耸立在西藏拉萨的红山上，气势磅礴，威严壮观，世界瞩目。清代乾隆皇帝在承德所建的外八庙中，有几座建筑群的主体还仿照了布达拉宫，特别是普陀宗乘之庙，其仿建的手法最为突出，因此被称为"小布达拉宫"。可见布达拉宫建筑的影响之大

特色（图9-3-2）。

现存著名藏族建筑实例中，最令人瞩目的无疑要数布达拉宫（图9-3-3）。布达拉宫位于西藏拉萨市，始建于松赞干布时期，后毁于兵火。1645年时五世达赖喇嘛重建，建成后的宫殿群包括宫堡群、龙王潭、方城三个部分，宫堡群是其主体，它又包括红宫和东西白宫等主要建筑群。

布达拉宫具有寺庙和宫殿双重性质，是政府和佛寺合为一体的建筑。占地面积40多公顷。主体宫堡群是达赖喇嘛灵塔殿、佛殿、经堂所在地，以及举行仪式、庆典的大殿和当政达赖喇嘛的居住宫殿。方城为行政建筑和僧俗官员的住所。龙王潭是为挖池辟建的，后改建成花园。

宫堡群部分是从山腰开始向上修筑。从建筑的外面来看，可以分为红色和白色两部分。外墙涂白色的部分被称为白宫,建在红宫的两

图9-3-4 布达拉宫墙体 布达拉宫的建筑墙体几乎全部由石头砌筑，石料整齐方正，所以砌筑而成的墙体极为坚固结实。同时，为了加强建筑的稳定性，又特意将墙体由下至上渐渐砌出收分，也就是下部墙体宽大，上部逐渐缩小。在墙体上开设有梯形的小窗，一排排，整齐而有特色

边，用于办公和居住。东部为东白宫，是达赖喇嘛理政和居住的寝宫。西部为西白宫，是僧人居住的地方。

红宫位于宫堡群中部偏西的位置，是布达拉宫建筑群主体中的主体。红宫的平面近似方形，共9层，下面的4层，以地龙结构层的架构将木构基础与内部的岩体取平。上面的5层是可以使用的空间，分布着20多个佛殿、供养殿和五世达赖喇嘛后的几代灵塔殿。这中间比较重要的场所是位于第5层中心的西大殿，

达赖喇嘛的继位坐床仪式和一些重大庆典都在这里举行。红宫是佛殿部分，主体为藏式建筑，但在平顶之上，修建了七座汉式的大屋顶，屋顶的外部材料为馏金铜板瓦，因而看上去金光熠熠。

红宫、白宫的前面设置东、西欢乐广场。西欢乐广场从远处看，正好位于布达拉宫的中部。广场下面是依山建造的9层晒佛台。晒佛台建筑的下面5层不开窗，上面4层开窗，与上面9层的红宫立面上下组合，外观上形成布达拉宫总高13层的雄伟气势。

布达拉宫整体造型十分复杂，其建筑不仅在布置上随山就势，在形体上也进退错落自由。外墙材料全是石头，墙体有明显的收分，下大上小，更稳定、坚实。墙脚与自然山坡有机地衔接，石墙与山岩浑然一体。整座建筑与山体协调一致，建筑犹如扎根在山上（图9-3-4）。

在色彩的处理上，红宫的上部，有一条横向的白色墙带，与白宫的墙面色彩相呼应，而白宫上部的女儿墙和磴道挡墙的上沿，都有一条红色的横向墙带，与红宫的色彩相呼应。布达拉宫是有着非常强烈艺术震撼力的建筑艺术作品，壮丽、雄伟、神圣、宏大，是藏族建筑中的精品杰作。

▎朝鲜族建筑语言

朝鲜族是一个主要分布于中国东北地区的民族，东北三省辽宁、吉林、黑龙江均有，他们都是在清朝时期的灾荒年代从朝鲜国迁入中

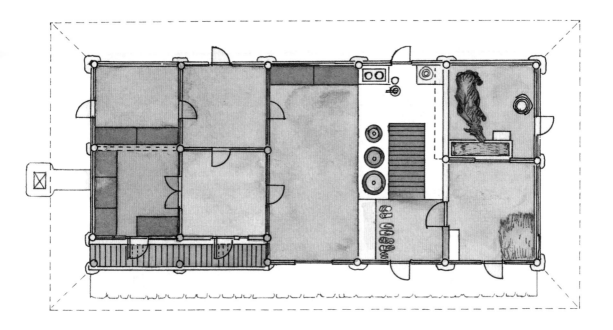

图9-4-1 朝鲜族民居平面图　朝鲜族民居的总体平面比较方正，主要有八开间和六开间两种，图9-4-1是八开间的朝鲜族民居的平面图。虽然房间的分配并不是那么整齐、平均，但作用分明，长辈的卧室、晚辈的房间，还有灶间、主屋、牲畜房，各司其职

国境内的，他们具有自己的生活方式与风俗习惯，同时又渐渐融于迁居之地，形成了特定的生活模式，也建造了极富当地特色的建筑形式。

朝鲜族建筑的主要类别是住宅，它体现了朝鲜族建筑的众多特色。朝鲜族住宅主要有一般百姓居住的一通间、三通间、拐角房等形式，以及富有人家居住的复合形式。

朝鲜族住宅的平面多为一字形，矩形平面多为双通间6间或8间，居室均设火炕。六间房的房间主要包括主间、客间、里间、牲畜圈、仓库等，八间房的房间比六间房多了一个客间和一个里间。

六间房的卧房为"日"字形，前后两间，前住父母，后住子女。八间房类似两个"田"字相接，前四间的外里间为儿童住房，里间是闺房，上房是父母所住的房间，上大房是祖父母所住的房间。后四间的正间为起居室兼餐室，后为灶炕间，剩下两间为牲畜房和杂物

间。无论是八间还是六间的形式，各室均不设床，人直接睡在地板上（图9-4-1）。

在住房内部空间上，朝鲜族民居很有自己的特点，这主要是指它的净高，高者一般2.4米，矮者约在2.2米，尺度适宜而富有亲切感。相对低矮一些的室内空间，也部分决定了屋顶的高度。朝鲜族住宅屋顶面材料，主要是草和瓦，其中瓦顶多为歇山式，歇山的山檐几乎与墙体平行。屋角则大多做成起翘形式，给人轻松欲飞之感，也形成优美的屋顶曲线。草顶房的屋面草的铺设并没有太多特别，特别在屋脊，是用稻草编扎而成，形如一根大辫子，压住屋面的草，可防止漏水（图9-4-2）。

图9-4-2 朝鲜族草屋和瓦屋 不论是朝鲜族草屋还是瓦屋，其大小、开间和其他组件的设置，是基本相同的。但区别主要在于屋顶的形式，草屋多为四坡水屋顶，而瓦屋多为歇山顶。图9-4-2两图，一幅是朝鲜族草屋，另一幅是瓦屋，两屋皆是五间，门、窗的多少和位置设置都相同，房子外侧也都设有一个烟囱，房子的立面呈扁长形

朝鲜族农村住宅，主要为木结构和土墙。房屋的基础不深，只铺有石头围着的夯土，因此柱子下面多设有柱础，以防含水、吸水的土地对柱子的腐蚀。柱子大多为方形。门口地板架空，也是为了防潮湿。

朝鲜族民居的门窗不分，但是数量比较多。过去没有玻璃，都贴的窗纸，开窗很不方便，冬天因寒冷，更不便开窗。所以窗下设小望窗，方便开启，又因为人们通常席地而坐，所以望窗设在人们坐时可平视的位置。

朝鲜族民居还有一个特点，就是民居内设有灶坑。灶坑是土地面，地面比室外低约二三十厘米。灶坑间与主间连为一体，作为家人起居、饮食之处。朝鲜族地处东北，冬天天气寒冷，而民居的墙体又很薄，所以室内便利用烧饭的余热为房间的地板加温。加上房屋较为低矮，也使热气能很快发散至整个屋子，感觉很暖和。到了夏天，四周门窗打开后，清风习习，非常凉爽，显示出了建筑多门窗的优点来。

朝鲜族民居不讲究是否向阳，也不用建筑将院落围合以形成一个整体，而是以单体建筑为主。朝鲜族民居有院落，而且非常大，但它不像汉族民居讲究封闭，而

是在四周采用木板片做成矮篱笆，追求开敞。朝鲜族民居的大门一般开在院子侧面靠近房屋的地方。如果院落前临大道，则另设双扇门供大车出入，但平时家人出入却不用此门（图9-4-3）。

图9-4-3　朝鲜族民居院落　朝鲜族民居大多是白灰墙、草顶，朴素、简洁、大方。朝鲜族民居不太讲究建筑朝向，也不讲究封闭性，所以多不用院墙围合。图9-4-3中的朝鲜族民居，虽然也有院落，但其外围的围护部分只是木条拼成的简单的栅栏，属于一般的篱笆墙形式，从使用功能上来说，起着阻挡鸡鸭的作用，而从空间理念上来说，对于人是一种心理上的场所划分

西南少数民族建筑语言

　　中国西南部有很多少数民族，如白族、纳西族、傣族、侗族、苗族等，这些民族的建筑也都非常有特色。它们大多表现的是各地的地方特色。地方特色浓郁的建筑主要有傣族、侗族、苗族的干栏住宅和侗族的风雨桥、鼓楼等，而受到汉族影响比较明显的主要是白族和纳西族的汉风坊屋。

汉风坊屋建筑语言

　　汉风坊屋仅从名字看，就可以看出是汉族与白族或纳西族两地风格的组合，"汉风"即指汉族风格，而"坊"是当地房屋建筑用词，就是指一个三开间、两层楼的房子，它是白族、纳西族院落民居

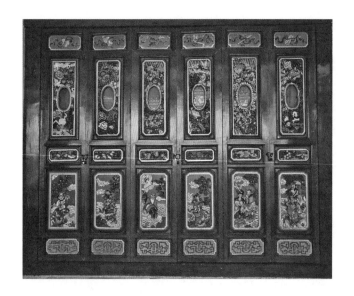

最基本的构成单元，也是当地民众建造、分配、买卖住宅的一种计量单位。

在坊的前面还有一个很特别的部分叫作"出厦"。出厦就是指在房屋底层前面，向前出一步架设的廊子，宽度相当于房间进深的一半，可作为休息或做家务的场所。同时，如此深的廊子，可防止雨天雨水打湿廊下的木质前墙和堂屋的六扇格子门（图9-5-1）。

汉风坊屋在院落布局上，最精彩的是三坊一照壁和四合五天井两种形式。三坊一照壁就是三座两层三开间的房子分别构成主房和两边厢房，加上前面的一个影壁墙将院子的剩下一面围合，中部是个大天井，非常严密完整。同时由于正房正对的是相对低矮的照壁，所以院内房间有较开阔的天空视野，早晨的太阳光也可照射进正房。

为了保证照壁的完整，大门被设在了厢房楼下，一般是在东北角，门里就是出厦走廊。大门为"有厦式门楼"，门楼上尖而长的檐边如翼般翘起，檐下做斗拱装饰或木装饰或有石灰做泥塑，丰富多样（图9-5-2）。门楼有三叠水等形式。照壁是整个建筑装饰的重点部位，内外装饰都非常不错，但里面比外面更精美。照壁两侧

是边框，上面是额联，都用薄砖分出框挡，框中饰大理石或题诗词书画。

四合五天井就是由四坊围合成的四合院，中间是个大天井，四座坊的拐角处又会自然围成四个小的天井，构成四合五天井。四合五天井与三坊一照壁最大的不同就在于前者有五个天井。除了中间的大天井外，四角的小天井均称为"漏角天井"。在漏角天井前的两坊相交处，各有一个转角马头，其主要功能是为了防火以及在修葺屋顶时方便上下，当然也是一种装饰（图9-5-3）。

纳西族汉风坊屋的外观，非常有地方特点，尤其是墙体。其墙体的最下段是由石头砌筑，称"勒脚"。石头都经过了加工，每一块均方方正正，所以勒脚部分看起来

图9-5-2 **有厦式门楼** 白族民居的大门主要有两种形式,一种是有厦式门楼,一种是无厦式门楼。有厦式门楼就是大门上面建有屋顶,图9-5-2即是白族民居中的有厦式门楼。门楼上部尖而长的檐脊有如鸟翼般翘起,檐下有斗拱类的装饰。最精彩的是门楣上部的雕刻,花鸟枝叶还有人物,层层叠叠,图案复杂,雕琢精细,显示出不一般的雕制技艺

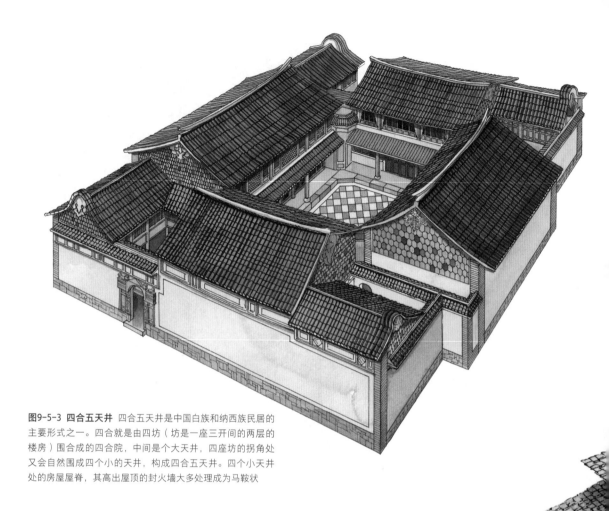

图9-5-3 四合五天井 四合五天井是中国白族和纳西族民居的主要形式之一。四合就是由四坊（坊是一座三开间的两层的楼房）围合成的四合院，中间是个大天井，四座坊的拐角处又会自然围合成四个小的天井，构成四合五天井。四个小天井处的房屋屋脊，其高出屋顶的封火墙大多处理成为马鞍状

也是墙面的一种装饰。勒脚上部是厚厚的土坯墙，也是墙体的主要部分。墙的拐弯处，镶贴青砖，青砖石料是蓝灰色，而土墙体是金黄色。因此，这种墙便有了一个非常优美而华丽的名字，叫作"金镶玉"。

干栏式民居语言

干栏式民居在中国西南部的分布比较多，傣族、苗族、侗族均有。干栏式民居有一些极大区别于其他民居的特点，一是室内做饭的火塘，二是晾晒的晒台，三是为了防潮而将底层架空。干栏式民居恰是根据底层架空空间的高

图9-5-4 傣族民居剖透视图 干栏民居是中国传统民居中富有特色的一种。图9-5-4是傣族民居的剖透视图，从图中可以看到民居中的灶间、卧室、晒台、楼梯和建筑的整个木构架等，基本所有的结构都能看到。干栏民居有高、矮之分，两个小图，上图为高干栏式民居，底层能立人；下图为矮干栏式民居，底层不能立人

矮，而分为矮干栏式民居和高干栏式民居两种形式。

矮干栏式民居一般为三层，上层阁楼较低，但可以作为卧室。矮干栏式民居的底层因为太矮而不可以直立站人，并且火塘的下方往往要柱子支撑。这样的架空底层只起防潮作用。高干栏式民居中，上面阁楼可作卧室或储藏室。底层因为较宽广而高，人可以直立于内。这样的底层除了防潮外，还可用来拴养牲畜、放置大型农具。高干栏式民居相对来说较为结实，火塘下面只要地板托住即可，无须另

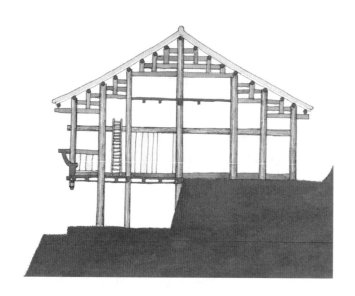

图9-5-5 苗族半干栏式民居 苗族也是中国少数民族之一，他们使用的民居形式主要也是干栏式民居，而半干栏式民居是苗族民居中较有特色的一种住宅形式。图9-5-5是半干栏式民居的构架，从图中可以看出这种半干栏式的民居像是干栏式民居和吊脚楼的结合，前部悬空，下以木柱支撑，后部建在高台上。因为干栏式建筑是底层架空，而吊脚楼是一部分底层架空

加支柱（图9-5-4）。

傣族干栏式民居中还有一种比较特别的竹楼。傣族当地盛产竹子，民居多以竹为建筑材料，一户一幢，称为竹楼。这种竹楼非常适应当地的气候条件。在每年雨季集中的时候，常会遇到洪水袭击，而竹楼的竹篾之间有很多空隙，利于洪水通过不会发生水灾。如果洪水过大的话，还可以将绑在梁架上的竹篾拆除，以减低房屋的浮力，避免被水冲走。

苗族的干栏式民居，同样是在具有干栏式建筑特点的基础上又富有自己民族的特色。苗族房屋多为散置，自由地随山形、地势走向而建，这决定了苗族民居的建筑形态与特色。苗族干栏式民居有全楼居和半楼居两种，也就是全干栏式民居和半干栏式民居，当地俗称为楼房和半边楼。

无论是全干栏式民居还是半干栏式民居，在形式、尺度、构造方面都基本相同，一座房屋一般都是三间，体型不是很大。两者唯一区别在于，半干栏式民居的底层进深减去一半。半干栏式民居相对来说，是一种更具地方特色、更适应当地地形情况的居住建筑形式（图9-5-5）。

风雨桥和鼓楼建筑语言

侗族的干栏式民居，也非常有特色，而当地的风雨桥、鼓楼则更富有地方风格与特色。

风雨桥也称"廊桥"或"楼桥"，它的最大特点就是桥面上建有带顶的廊，这样一来即使雨天行走于桥面上也不会被风雨淋到，所以称为"风雨桥"。在各地风雨桥中，最有特色、最负盛名，也最能表现当地建筑风格的要数侗族风雨桥（图9-5-6）。

在桂北侗族地区逢河必有风雨桥，桥的数量非常多。侗族风雨桥除了具有一般风雨桥的特征外，还具有浓郁的

图9-5-6 巴团桥 巴团桥位于广西三江巴团寨，是一座建于清朝宣统年间的风雨桥，并且是侗族风雨桥中的一个优秀代表。巴团桥与当地其他的风雨桥相比，其最大的特色是人畜分道，也就是供人通行的走道与供牲畜通行的走道分开，各行其道。同时，人行道还比牲畜道要高半层，这有效地保证了人行道的卫生和安全

图9-5-7 程阳桥 程阳桥和巴
团桥一样，也是侗族风雨桥的
典型与代表。程阳桥的著名在
于其桥体的长与大，它是桂北
侗族第一大的风雨桥。桥上有
五座木构架、灰瓦顶的亭子。
从整体造型上来说，程阳桥采
用了对称的形式。桥下是砖砌
的桥墩，竖立于流水之中。桥
以山为依，以水为镜，以花木
为饰，风韵无限

地方风格，它的最大特点就是桥上不但有廊还有亭，可以说是创造性地将桥、廊、亭完美地结合。

侗族风雨桥的桥墩大多由青条石垒砌而成，其余部分都是木结构，采用榫卯、凿眼穿插、连接，相互勾连形成严密的整体，坚固耐久。桥身不加粉饰，保留木、石本色，朴雅大方，与当地淳朴的民风浑然相应。桥亭顶部有一些特色装饰，主要是顶部中心的彩色宝葫芦装饰，此外就是檐脊多用洁白的粉刷饰。

桂北侗族最具代表性的风雨桥当属程阳风雨桥，它是桂北地区最大的一座风雨桥，是当地的一个象征，位于广西三江林溪镇的程阳寨。程阳桥又名程阳永济桥，始建于

图9-5-8 侗族鼓楼 桂北侗族村寨中的公共建筑除了风雨桥之外，还有一种独特的民族建筑形式，名为鼓楼。这里的鼓楼与我们在北京等各大城市中所见到的鼓楼在功能与造型上都有很大的差别。侗族鼓楼是亭的形式，外观看来又有如塔，它的形式大多是攒尖顶，有层层的楼檐，上下紧密相连，灰瓦白脊，形如宝塔，而里面的鼓是"桦鼓"，是旧时款首召集寨民时用的

1912年，全长77米多，为石墩木面翘式桥型。整个桥由两台、三墩、四孔、五桥亭、十九间桥廊组成，极为壮观雄伟。两台就是桥两头亭下的石台，三墩就是中间三亭下的石墩，两台三墩中间有四个桥洞称四孔，而墩台上共建有五座亭子称五桥亭，连接五座桥亭的是十九间廊子。

程阳桥上的五座桥亭呈对称分布，即中央桥亭是一个样式，两侧两个桥亭是一个样式，再外侧两个桥亭又是一个样式。亭体最高的中央桥亭最为突出，它的下面是两层正方形亭檐，上为一层六角檐，攒尖顶，造型富于变化而又极有韵律。五座桥亭的顶部均以彩色宝葫芦装饰，在侗族这象征着风调雨顺、五谷丰登。桥亭的檐脊都粉饰得洁白，使整座桥在稳重中不失轻灵之风。

程阳风雨桥成功运用了对比、对称、起伏等构图手法，具有很高的艺术性，也丰富和发展了风雨桥的形式（图9-5-7）。

侗族风雨桥除交通功能之外，还有娱乐、观赏与标志作用，是侗族村寨内一个极好的集会娱乐场所。

鼓楼同样是侗族重要的特色建筑，与当地的风雨桥一样，非常突出而形象地表现了当地的建筑风格与特色。不过，两者明显有不同之处，鼓楼是高耸、独立的多层建筑。如果说风雨桥展现的是建筑的横向之美，那么，鼓楼表现的则是建筑的竖向之美。

侗族鼓楼大多平面为方形，形体似古塔，造型优美，被称为"塔式鼓楼"。另有部分平面为长方形，造型更接近于当地的民居，比较灵活、自由，朴素、简单，被称为"阁式鼓楼"。鼓楼是侗族村寨的中心，也是村寨的标志，每一个村寨都有一座鼓楼。鼓楼与广场相连，是村寨的多功能聚集中心：节日时人们在这里歌舞、看戏；村中有事时也在这里聚众议事；闲时人们也可以在这里休息、小坐或谈天；过去鼓楼还是击鼓报信之处，因为世道乱常有盗贼骚扰。

鼓楼在侗语中是"寨胆"的意思，包含有崇高的精神意义，非常受到人们的重视。鼓楼外观独立、高耸，内部也具有极强的内向性与凝聚力，强烈地体现了其作为村寨中心的地位与寓意。了解了鼓楼的建筑艺术特征、空间、结构等，也就基本了解了侗族其他建筑的形态、结构和艺术特征（图9-5-8）。

城市建设工程语言

城市建设工程语言的发展

城市是随着社会分工和阶级的出现而出现的，时间大概在原始社会向奴隶社会的过渡时期。夏代是奴隶社会的形成期，不过当时的城市发展还处在萌芽阶段。

到了商代，随着冶铜技术的发展，铸造了很多青铜器，说明了商代工业有了重要发展，同时，商业、农业、手工业、畜牧业也都相应出现与发展，并逐步兴盛。它们的发展自然促进了交流与买卖，也促进了城市的建设与发展。

城市建设发展到周代更为进步，特别是王城的建设，成为后世王城建设的模式与依据（图10-1-1）。城市渐渐不再只是为适应生产与生活需要，更是统治者进行臣民管理的一个手段，其中的城墙等更是统治者自我保护和对外防御的重要设置。

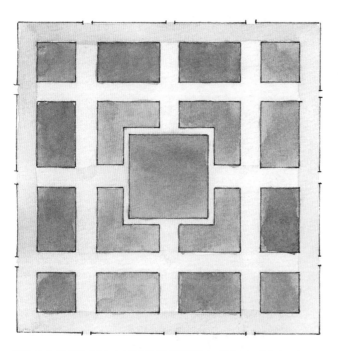

图10-1-1 周王城 图10-1-1是周代王城的平面图，城的平面形式为四方形，中心为宫城，宫城四面设置市，市由外围的城墙围绕，墙上辟有门。四面墙上每面各开三个门，门与城内的街道相通，便于出入通行。周王城的设计形式是后代帝王城的模板

"邑"的解释有二：一为城市，一为古时县的别称。而在殷周时期，虽然有"邑"字，也包含一定的城市的意思，但它并不仅仅指的是"城市"，而是泛指所有的居民点，比如《尔雅》中的"邑外谓之郊，郊外谓之牧，牧外谓之野，野外谓之林"的"邑"就相当于现代一般意义上的村落。

一般中等的邑有时候会设市，称为"有邑之市"。当然这里的"市"的意义偏重于"集市""市场"，如《周易》中即有"日中为市，致天下之民，聚天下货物，交易而退，各得其所"的内容。

城墙、邑等经过发展、融合，才逐渐形成后来的真正意义上的城市，兼有居住、生活和防御等多种功能，即内部为居住、生活之处，外围的城墙为防御设施。

纵观中国整个城市的发展史，奴隶社会初期的夏到商、周，只是城市发展的初级阶段，并且还只是指帝王都城，后来到了秦、汉，及至隋唐宋元，都城的发展逐步完善，除了都城之外的一般城市也跟着发展、成熟起

来。例如，唐宋时，除了作为皇帝居住与使用的都城和陪都外，还发展出了一些较为著名的商业城市、州县城市：宋代除都城汴梁（图10-1-2）外，扬州、广州等，也都是当时重要的商业城市。

在中原地区城市之外，由于各地交流的频繁，一些边地少数民族经过对中原汉族文化与生产技术的吸收、引

图10-1-2 北宋汴梁 纵观中国的整个发展历史，唐宋两朝是经济、文化等各方面都很发达的时代，当时的建筑与城市建设也不例外。图10-1-2为北宋时的东京汴梁城市规划图，城市由内至外分为宫城、内城、外城三重，每重城皆有围墙围护，也各有城门通行。宫城四门，内城十门，外城有近二十个门，其中包括数个水门

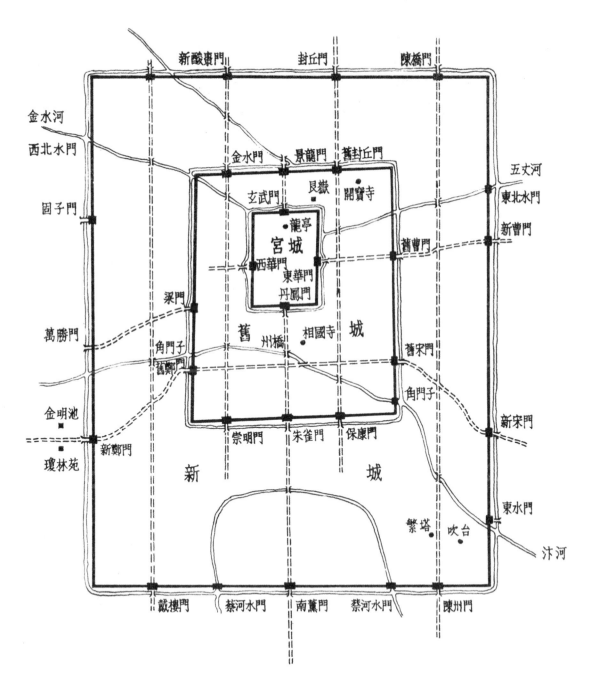

进,生产力有了较大的提高,也发展与形成了一些城市。这些少数民族对中原文化的吸收、引进,是有一个长期过程的,从中国历史的发展来看,比较突出的起始时代应该说是在汉代,也就是汉武帝派张骞出使西域时。唐代时,西域地区城市发展更成熟,数量也更多。这些少数民族地区的城市带有显著的地方特色与民族风格。

唐代时,长安、洛阳分别是都城与陪都,扬州是其地方城市的代表,而少数民族城市则以高昌城、交河城等为代表。洛阳城和扬州城经过不断的发展,至今它们仍然是两座名城,当然面貌与当初已是千差万别。而唐代时的高昌城等少数民族城市,却和当时的长安城一样,消失在历史长河中,如今只剩下遗址。唐代之后的宋、辽、金和元也基本如此,很多城市大都消失不见或仅存遗迹(图10-1-3)。

元代之后的明清两代,是中国封建社会的最后两个王朝,所建城市有相对多一些的实例留存。最著名者莫过于明清的都城北京城和明清时边防重镇辽宁的兴城。当然,这也仅仅是指"城",而"市"已因现在的生活需要而被改变与代替了。

中国古代的城市建设与工程,可以说是当时的经济、政治、军事乃至思想意识的突出反映者,尤其是帝王居住的都城,更集中地体现了社会的这些方方面面,并且为了需要逐渐形成了一套特有的布局方法。

中国历代城市的建设,不但都选择经济发达、交通便利之地,而

且也非常注意军事防御上的优越性，可见城市建设是很注重自然条件的利用的。中国城市设计与建筑，从初期直到唐代，帝王都城基本都在北方中原地区，如秦、汉、隋、唐代的都城都是建在陕西境内。这就是利用了这些地方在当时有利于发展的条件，因为这些地方开发比较早，经济较为发达，也有军事防御上的优点。

唐代以后，全国的经济与政治中心逐渐向南移动。北宋时就将都城定在了汴梁，也就是现在的河南开封，因为在五代、北宋初时这里交通发达，是南北交流与交通要地，在这里建都更便于经济的发展与财富的集中。但宋代的汴梁在军事防御上条件并不好，所以宋代之后的辽、金、元，乃至明、清代，均选在北京建都。北京从建都后的意义上来说是全国的中心，并且这里是京杭大运河的起点，也便于和南方地区相互沟通（图10-1-4）。

图10-1-4 元大都瓮城　瓮城是建在大城外部的小城，是为了增加城市防御性而营造的。图10-1-4是元代都城大都的瓮城，城的平面近似方形，城墙外部下大上小，呈梯形，以增加墙体的稳定性。城墙的中部沿轴线各辟有城门一座，上建城楼。城内四角依墙建有曲尺形的附属用房

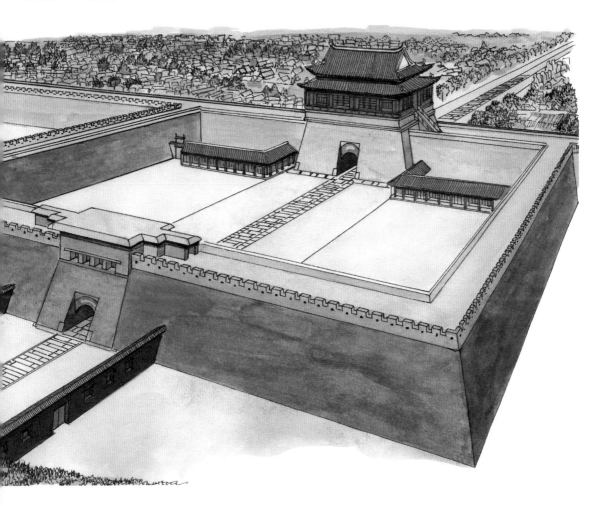

城市出现了以后，就成了统治者管理与自我保护的最佳设施，所谓"筑城以卫君"，因此，不论是哪一朝哪一代的统治者，在城市规划中都非常着重考虑军事作用，或者说是防御性。不但都城防卫系统严密，即使是地方城市也一样严于防御。城墙是一座城市最重要的防御设施，都城的城墙一般都有三到四重，最内部为宫城，其外为皇城、内城、外城等；城墙上还多设有敌楼、角楼，以便于巡视、瞭望；墙体下部开设城门，有专人把守。除了坚固的城墙，一座城池往往还会在墙外挖掘壕沟，以增强城的防御性。

城市内居民点的设置与规划，从战国时代就出现了闾里制度，至隋代时发展成熟，称为里坊制，唐代基本沿袭。但是唐代之后，因为经济的发展，里坊制渐渐不能适应城市规划。到了宋代，里坊制便被打破，城市出现了商业街道，这在著名画家张择端的《清明上河图》中就有很好的反映（图10-1-5）。

城市防御的薄弱环节是城门，因为城门是一座城市的出入口，堪称城市的咽喉，所以各代各城对城门的防御都尤为重视，在其构造和材料使用上都颇为讲究坚固性（图10-1-6）。

图10-1-5 宋代城市中的街道 《清明上河图》是宋代画家张择端的名画，图10-1-5是其中的一段，描绘的是当时的东京汴梁的街道景象，图中热闹的街道、来往的行人，形象地反映了宋代城市的繁华景象

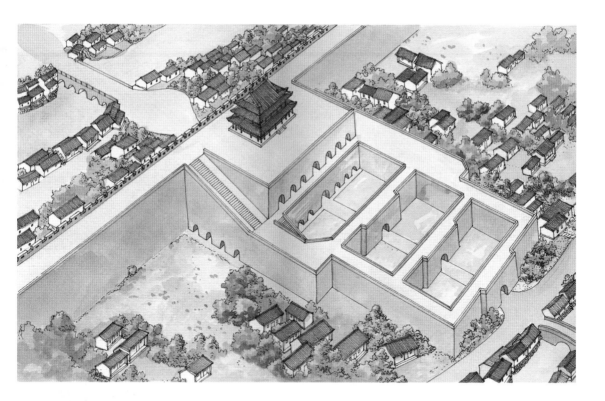

春秋时代的思想家墨翟就曾提出采用悬吊式的
城门，利用绞车启、闭，也就是说，在城内人
出入时吊起城门，有敌人进攻时放下城门，这
种做法在其后的很长一段时间内被采用，并有
所发展。

图10-1-6　明南京城的聚宝门　明代开国之初，都城建在南京，当时的南京城包括外郭城、应天府城和皇城、京城等四重。其中的应天府城就是现在的南京城，当时共有十三座城门，聚宝门即是十三座城门之一，也是十三座城门中最重要、最坚固的一座，设有四重城门，最后一座城门台顶上建有高大的重檐城楼

　　为了加强防御，有很多的城门都在上部设
有射击孔，用来抵御敌人。为了防止火攻，城
门的门板还多包有铁片，或是在城门洞上方设
置水槽，在敌人用火攻门时放水护门。

　　在以上各种方法皆备的基础上，有很多城
市的城池还要设置瓮城。瓮城就是附建于大城
门外的小城，又称月城，是专为增强城市的防
御性而建。瓮城一般为半圆形或方形，城门多
开在两侧。瓮城在汉代时已经出现，一直沿用
到明清时代。现在的山西平遥古城、北京的德
胜门等处都有瓮城留存。

　　城池的防御在古代虽然是一个城市建设

工程的重中之重，但城市内的某些设施也是极
为重要而不可或缺的，尤其是水的供需。水是
生命之源，它对人类的生存起着至关重要的作
用，因此，每个城市建设工程中，供水系统必
是其中首要的部分。一般可以利用天然河流、
湖泊，圈护修筑，为城市所用，也可以人工挖
掘水井，这主要是解决城中人的吃用水问题。
而为了方便交通、航运等，城市工程水系设计
中，往往还会有开凿水渠一项，唐代的长安城
就开有龙首渠、永安渠等漕运渠。

总之，中国的城市建设工程，既有对传统的继承，又有新的发展，是一个逐步完善、巩固的过程。

典型的城市建设工程语言

自从原始社会末期渐渐出现城市，其后各朝各代都建有或多或少、或大或小的城市。这些城市在具体和细致程度方面，多少有些区别，有着各自的特点。但从总体来看，它们又有着更多的相似性、沿袭性与继承性。那么，纵观中国城市发展的整个历史，最具代表性的古代城市工程实例，主要有周王城、隋唐城、明清城等。

周王城就是周代时的王城。周王城现已没有实物留存，大多情况只能据文献记载而得，其中《周礼·考工记》就是一本对周王城有着较为详细记述的书籍、文献，它对周王城的大小、布局、方向、道路等，都有较为清晰的记载。

《周礼·考工记》中所记载的周王城形制是："方九里，旁三门，国中九经九纬，经涂九轨，左祖右社，面朝后市，市朝一夫。"《三礼图》中有一幅周王城图，此图方正严谨，东西南北四面各设有三座城门，城中有九经九纬街道，也就是有九条横向街道和九条纵向街道，城的正中是宫室。市与朝各方为百步。同时，还建有左祖右社，即帝王家庙和社稷坛（图10-2-1）。

《考工记》所记这座周王城的布局形式，方正、完整，中心突出，非常明显地反映了"居天下之中"的王权至上思想。而"方九里"与"九经九纬"中的"九"也有一定的寓意，因为九是单个数字中最大的一个，常用来表示"天"和指代"帝王"，如帝王就被称为"九五之尊"。作为九五之尊使用的城用"九"这个数字自然是理所应当的，符合其地位。

而《周礼·考工记》中关于周王城道路的记载是"经

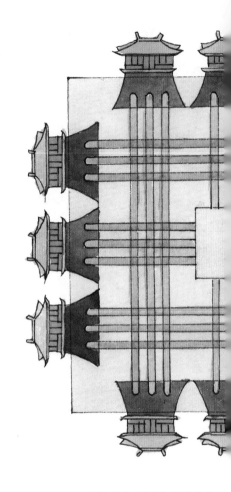

图10-2-1 周王城 图10-2-1 是周代王城平面复原想象图。图中主要表现的对象是街道和城楼，街道为九经九纬形式，即横竖各有九条街道，三条为一组，每组街道的两端都连着一座城门，每座城门有三个门洞，道路正从城门洞下经过。每座城门上都建有城楼

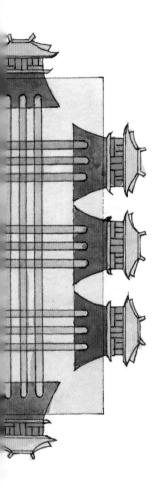

涂九轨，环涂七轨，野涂五轨"，清楚地说明位于城市不同地位的道路，其等级也不同，宽度也不同，即市内最宽，环城稍窄，城郊的更窄。城市大小又与道路宽窄相应，城小则道路窄，城大则道路宽。关于城市方向的定位，已有简单科学的天文知识的运用，内容记载为："匠人建国，水地以县，置槷以县，眡以景，为规，识日出之景，与日入之景，昼参诸日中之景，夜考之极星，以正朝夕。"

从城市发展的成熟程度上来说，周王城并非是多么成熟，但是周王城的布局形式等对后世影响极大、极为深远，如对称的布局、方形的平面、城墙四面各有三门、宫城居于城的中心，以及左祖右社的设置等，后代的大多都城都采用了这些做法，尤其是隋、唐及其后的宋、元、明、清几个朝代（图10-2-2）。

在中国城市发展史上，极成熟而有代表性的城市建设工程，首先要数唐代的长安城。唐代的长安城是在隋代大兴城的基础上改造、增建而成。长安城南对终南山，北临渭水，东有灞水，西为平原，东北部较高处称龙首原。龙首原也就是唐初增建的大明宫所在的位置。这

图10-2-2 周王城的平面布置
图 图10-2-2是周王城中宫城与相关建筑的平面布置图，宫城整体布局方正、对称，宫的前方分列太庙和社稷坛。周代的王城对于后世都城的建设有着非常深远的影响，这仅从宫前列太庙与社稷坛这一点上就能看得出来，明清时的北京城依然是宫前建左祖右社的形式

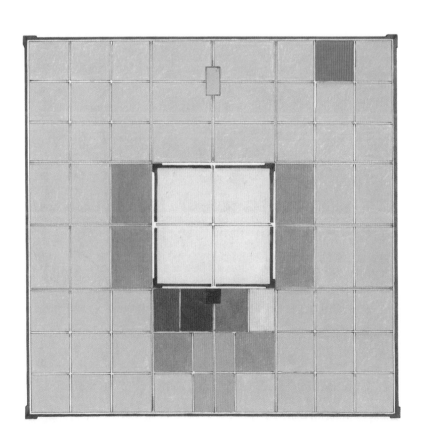

图10-2-3 唐代长安城 唐代时的长安城，在中国城市建设史上，其设计具有一定的典型性。城的整体设计比较规整方正。北部居中为皇城，皇城的北部中心为帝王宫城，宫城以太极宫为主，另有掖庭宫和东宫。皇城外即为城市民居所居住的里坊，规划极为严谨。而建在城的东北部高地上的则是大明宫

座长安城，包括大明宫在内，面积达到8700公顷，是中国古代史上最大的城市。

长安城的布局、建置经过精心的规划与设计，总结了前朝各代城池建设的优点，是中国都城中布局严谨的典型。其南面城墙上设有安化门、明德门、启夏门；北面设有芳林门、玄武门、兴安门；建大明宫后，又开设建福门、丹凤门、光化门、景耀门；东面设有通化门、春明门、延兴门；西面设有开远门、金光门、延平门。

长安城内东、西、南为里坊与集市，不过，在东部春明门内、里坊之间有一座唐玄宗所建的兴庆宫。长安城中部偏北为皇城，正门为朱雀门，左右是含光门和安上门。皇城南部建有坛、庙和府衙，皇城北为宫城。宫城由中部的太极宫和左右的掖庭宫和东宫组成，正门为承天门。承天门和朱雀门、明德门都在长安城的中轴线上（图10-2-3）。

南北与东西城门各自连通，在城内形成十字交叉的主要街道，之间又有一些较窄的街道。在这些街道中，最宽的要数芳林门街、丹凤门街、承天门与明德门连通的轴线街。

长安城从郭城到皇城，再到宫城，建筑由小到大、色彩由平淡渐浓郁、布置由疏变密、城墙也逐步增高，气氛越来越庄严，节奏越来越紧促，由此可以看出整个长安城组织的有序，也反映了中国封建社会帝王的至高无上的地位。

不过，这样一座规模巨大而完整的城池现已不复存在，仅存部分遗址。目前保存较为完整的古代都城是明清的北京城。它是在总结前朝各代都城建设的经验的基础上建造而成的。

明初北京城的内城，是在大将徐达改建的元大都基础上兴建起来的，相对于元大都来说，内城向南移动了一些，而东西城墙没有太大的移动。城墙上门楼的设置不再是每面三座，而是只有南面为三座，分别是宣武门、正阳门、崇文门；东、西、北三面城墙上，只各设两门，东为东直门、朝阳门，西为西直门、阜成门，北为德胜门、安定门，因此，俗称"九门"。

内城中部设皇城，包括中海、南海、北海和宫城，及前部的太庙、社稷坛。皇城的正门为承天门，也就是今天的天安门。

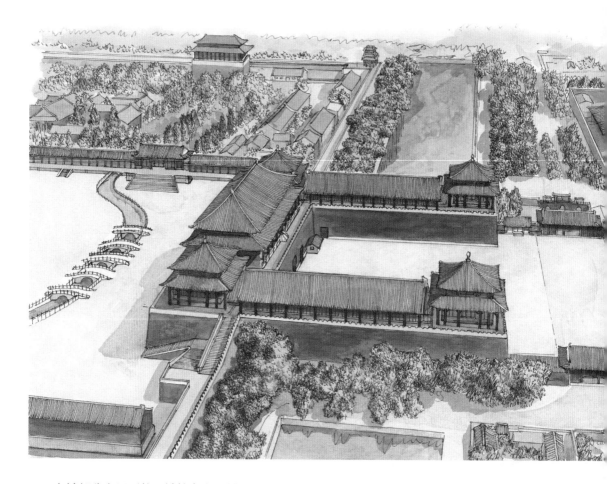

宫城部分布局严整，城墙高大，并且四角均建有角楼。宫城外围还开挖有护城河，防御工事更为完备，防御性当然也就更强。宫城的正南门为午门（图10-2-4），东为东华门，西为西华门，北为玄武门。不过，现在的故宫却看不到有"玄武门"匾额，因为清代的康熙皇帝名为玄烨，为了避讳而将它改为神武门了，所以我们现在看到的宫城北门匾额是"神武门"。

图10-2-4 北京午门　北京午门是北京故宫的南大门，在北京故宫的四座城门中，午门最为壮观，形式也最为特殊。它的平面呈倒凹形，下为城墙，上为楼阁，居于北部城墙上的城楼是主楼，重檐庑殿顶，两侧如翼般的城墙上则各建有廊庑一道，廊庑两端都建有重檐攒尖顶的亭式楼阁，形成五楼共立的景观，所以午门也称五凤楼

北京城的外城建于明嘉靖年间，其设置非常特别，只南部有城墙与城门，东、西、北三面却没有，据说，这是因为南城当时发展比较快，商业经营比较集中的缘故。另一说，是因为当时财力不足，原计划修筑一圈的城墙，只实际修筑了南面的一部分。外城共有七门，分别是永定门、左安门、右安门、广渠门、广宁门、东便门和西便门。

北京城的城墙高度多在10米左右，顶宽11米，底部的宽度达15~21米不等。墙的剖

面都呈梯形。墙体由整齐的方砖砌筑，墙的顶部平面更是由大砖铺墁。如此厚实、坚固的墙体，可以很好地防止入侵者的破坏。

城墙顶面的外侧，建有带垛口的矮墙，这样的矮墙被称作"雉堞"。当有人攻城时，守城的人可以借雉堞来掩护自己，进行反击。北京城墙上的雉堞高近2米，间距约0.5米。雉堞的下面墙体上都开有方形的小口，是专为防御而设置的射击孔。

城墙顶面的内侧，建有女儿墙，一般高不到1米，下部也开有方形小口，不过它却不是射击孔，而是雨天用来排水的。

北京城墙的顶部多不是水平的，而是外侧高、内侧低，只有少数墙顶是中间高、两边低。所以雨天排水时，雨水多从墙头向内流，冲刷着内墙皮。因为追求墙的稳固性，所以墙体是上小下大的梯形，这样一来，内外墙面必然是斜坡形，而出于防御目的，外墙面倾斜度又不能太大，那么内墙面的倾斜度必然要加大。平时倒没什么，但一到雨天就显出它的缺点来了。雨水冲刷墙皮，自然是倾斜度大的内墙面受到的冲击力大，并且雨水很容易渗进砖缝中，久而久之墙面就会酥裂，所以城墙要经常加固或重修。

图10-2-5 平遥古城城墙与马道 古城城墙在隋、唐、宋时延续为夯土墙，直到明代初年才改筑为砖石城墙。在这些高大的砖墙内侧，往往设有一条可以上下的梯道，梯道下部有门可以开合，这样的梯道在古代是供守军上下和运输守城物品的，称为马道

作为防御设施的城墙，自然少不了防御器械与用品，为了方便将所需物品运到城上，城墙上下必然要有通道，这个通道就建在城墙内侧城楼处，被称作马道（图10-2-5）。

城墙还有一个重要的部分叫作马面（图10-2-6）。马面其实就是突出于墙体之外，而又与墙体相连的另一段墙，也就是城垛。马面的建筑，自然更好地加固了墙体，而更为重要的是，站在马面上更方便射击来犯的敌人。也恰是这个原因，每两个马面之间的距离一般不超过120米，因为当时的弓箭射程是60米，这样就不会有防御缺口了，即从理论上说，任何一个敌人都别想躲过弓箭攻进城。

除了城墙本身外，箭楼和角楼更是城墙上重要的、极有效的防御设施。北京目前尚存的箭楼只有正阳门箭楼和德胜门箭楼两座了。前门箭楼始建于明代正统四年（1439年），是正阳门原有瓮城上的城楼，它是北京

图10-2-6 平遥城马面 在很多城市的城墙上，都建有雉堞、敌楼、马道，还有马面。其中的马面就是凸出于城墙墙面之外，又与城墙相连的部分，它的作用可以加固城墙，同时也能更好地抵御敌人。图10-2-6是山西平遥古城的城墙，以及城墙外部凸出的马面，马面的顶部建小形屋子，四面开有窗洞，便于射击敌人

图10-2-7 德胜门箭楼 明清北京城有外城、内城、皇城、宫城四重城，其中的内城共有九门，分别是正阳门、宣武门、阜成门、西直门、东直门、朝阳门、安定门、德胜门、崇文门。德胜门箭楼是德胜门防御体系的一部分，现在保存仍然完好，它的下部是梯形的城墙，上面是重檐歇山顶的城楼，城楼的墙体四面都设有密集的箭窗，以便于打击敌人

原有箭楼中最高的，通高38米。箭楼墙体全部为灰砖砌筑，墙体上除前部外，东、西、南三面均开有方形箭窗，共有94个，便于防御。每面每层方形箭窗上部，都有贯穿左右的、漆成朱红色的过梁，在色彩上与山花部分相呼应。整座箭楼坐落在高高的城墙上，气势挺拔雄伟。德胜门箭楼在功能、造型上与前门箭楼相仿（图10-2-7）。

北京城的角楼目前也仅存东南一座。角楼的平面呈直角曲尺形，通高29米，下为城墙，上为楼体。楼体共有四层，灰砖墙体。东南角楼是箭楼的形式，因此，墙体上开有成排的、整齐的箭窗，除前部抱厦处是门与墙体外，其余各面都是箭窗，这从城外部看尤其明显，共有四层，均为方形。

箭窗和门框上部也和箭楼一样有横向的过梁，外表漆成朱红色，与门板、隔扇、山花的色彩相呼应。楼顶为歇山式，屋面上覆盖着灰色筒瓦，带绿色琉璃剪边。每层檐下都绘有青绿色彩画。东南角楼比较特别的地方，在两段

角楼的相接处。此处屋顶部特意建有两面小歇山，也做成朱红色山花，仿佛是两段楼体外侧歇山的对应部分。在这中间的两面歇山之间脊上还装饰有宝顶。

东南角楼与城楼和箭楼一样位于高高的城墙上部。角楼内铺设有楼板，并有木制楼梯相连，可供上下。

虽然角楼向内有门板等较大面积的朱红色，但整座角楼的外观还是较灰暗的，尤其是从城外部看，几乎全为灰色的砖墙，加上楼体由下至上呈微微的内收形式，所以东南角楼建筑，依然显示出了城楼建筑特有的敦实、稳

图10-2-8　东南角楼　北京城的东南角楼是一座箭楼式的角楼，墙体也是青砖砌筑，对内的墙面中部设有门洞，安装木质板门，可以方便守城者进出。角楼对外的墙体上设有密集的箭窗，与箭楼一样是作为射击敌人的射击孔使用。东南角楼的楼顶为重檐歇山式，楼面覆盖灰瓦带绿剪边，是城楼最常用的色彩

重、肃穆、冷静的风格（图10-2-8）。

高墙围绕内有外城、内城、皇城、宫城，外城和内城居住着官员、商人和一般居民，皇城主要包括左祖、右社和宫城，宫城内就是帝王办公与居住的外朝和内廷，也就

是古代时一般百姓不得靠近的紫禁城。

虽然根据现代城市发展与生活需要，明清北京城的城墙大部分拆除，由于宫城还在，所以它依然是现今保存最好的一座古代都城。

除了都城外，明清时还有一些重要的，现存也较好的地方城市，山西的平遥古城和辽宁的兴城即是其中两座较突出者。相对来说，平遥古城的历史更悠久一些，在北魏时即有"平遥"之名。平遥城墙在隋、唐、宋时延续为夯土墙，直到明代洪武三年（1370年）才重新扩建，改为砖石城墙，所以现存古城即被看作是明代城市（图10-2-9）。

而辽宁兴城则是真正的明清时期城市。虽然它在990年的辽圣宗耶律隆绪时即设置郡县，而有了"兴城"这个名字。但真正作为辽西走廊上的政治和经济中心，城防、官府、商贸、交通乃至书院，尽皆发展、兴盛，则是在明、清时期。明代在这里设卫治，清代在这里设州治。元末明初时，辽西走廊成为连接关内外的生命线，因此，明王朝建立以后，便沿线广设屯堡烽燧，派驻大量军队，开辟辽东驿道，修筑宁远卫城。

图10-2-9 平遥城的街市 山西的古城平遥，是中国目前保存最为完好的县级城市之一，城的外围有坚固的墙体围护，高耸、森严，城内街道纵横，人来人往，车水马龙。街市的中心建有城市的标志性建筑——市楼，名为金井楼。与金井楼的地面层相通的就是平遥城的主街道。虽然这里已是现代人的生活之地，但建筑仍然保持着以往的样子，古朴典雅，韵味悠长

参考
文献 Reference

〔1〕 刘敦桢.中国古代建筑史[M].2版.北京：中国建筑工业出版社，1984.

〔2〕 郭黛姮.中国古代建筑史：第三卷[M].北京：中国建筑工业出版社，2003.

〔3〕 刘大可.中国古建筑瓦石营法[M].北京：中国建筑工业出版社，1993.

〔4〕 中国科学院自然科学史研究所.中国古代建筑技术史[M].北京：科学出版社，1990.

〔5〕 楼庆西.中国传统建筑装饰[M].北京：中国建筑工业出版社，1999.

〔6〕 苏宝敦.北京文物旅游景点大观[M].北京：中国人事出版社，1995.

〔7〕 王其钧.古今建筑[M].北京：北京少年儿童出版社，1993.

〔8〕 傅清远.避暑山庄[M].北京：华夏出版社，1993.

〔9〕 萧默.中国建筑[M].北京：文化艺术出版社，1999.

〔10〕 赵立瀛，何融.中国宫殿建筑[M].北京：中国建筑工业出版社，1992.

〔11〕 寒布.故宫[M].北京：北京美术摄影出版社，2004.

〔12〕 彭措朗杰.布达拉宫[M].3版.北京：中国大百科全书出版社，2002.

〔13〕 楼庆西.中国古建筑小品[M].北京：中国建筑工业出版社，1993.

〔14〕 杨正兴，杨云鸿.唐乾陵勘查记[M].香港：天马图书有限公司，2003.

〔15〕 拜根兴，樊英峰.永泰公主与永泰公主墓[M].西安：三秦出版社，2004.

〔16〕 刘庭风.中国古园林之旅[M].北京：中国建筑工业出版社，2004.

〔17〕 戴吾三.考工记图说[M].济南：山东画报出版社，2003.

〔18〕 董鉴泓.中国城市建筑史[M].2版.北京：中国建筑工业出版社，1989.

〔19〕 吴靖宇.拙政园[M].南京：南京工学院出版社，1988.

〔20〕 徐文涛.网师园[M].苏州：苏州大学出版社，1997.

〔21〕 陈珍棣.网师园[M].南京：南京工学院出版社，1988.

〔22〕 张橙华.狮子林[M].苏州：古吴轩出版社，1998.

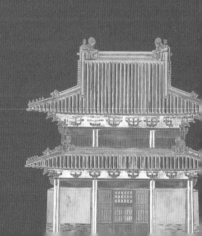

〔23〕 施放.留园[M].南京：南京工学院出版社，1988.

〔24〕 蒋康.虎丘[M].南京：南京工学院出版社，1984.

〔25〕 清华大学建筑学院.颐和园[M].北京：中国建筑工业出版社，2000.

〔26〕 林健、谷芳芳.颐和园长廊画故事[M].北京：中国电影出版社，1992.

〔27〕 张富强.皇城宫苑：一～六册[M].北京：中国档案出版社，2003.

〔28〕 天津大学建筑工程系.清代内廷宫苑[M].天津：天津大学出版社，1986.

〔29〕 扈石祥.洪洞广胜寺 [M].北京：中央民族学院出版社，1988.

〔30〕 河北省正定县文物保管所.隆兴寺 [M].北京：文物出版社，2003.

〔31〕 王其钧.中国民间住宅建筑[M].北京：机械工业出版社，1993.

〔32〕 朱良文，木庚锡.丽江纳西族民居 [M].昆明：云南科学技术出版社，1988.

〔33〕 叶启燊.四川藏族住宅 [M].成都：四川民族出版社，1992.

〔34〕 黄汉民.福建土楼：中国传统民居的瑰宝 [M].北京：三联书店，2003.

〔35〕 陆翔，王其明.北京四合院 [M].北京：中国建筑工业出版社，1996.

〔36〕 陆元鼎，魏彦钧.广东民居[M].北京：中国建筑工业出版社，1990.

〔37〕 云南省设计院《云南民居》编写组.云南民居[M].北京：中国建筑工业出版社，1986.

〔38〕 大理白族自治州城建局，云南工学院建筑系.云南大理白族建筑[M].昆明：云南大学出版社，1994.

〔39〕 黄为隽，尚廓，南舜薰，等.闽粤民居 [M].天津：天津科学技术出版社，1992.

〔40〕 严大椿.新疆民居[M].北京：中国建筑工业出版社，1995.

〔41〕 侯继尧，任致远，周培南，等.窑洞民居[M].北京：中国建筑工业出版社，1989.

〔42〕 舒恩，王小平，李瑞芝，等.永乐宫[M].太原：山西人民出版社，2002.

〔43〕 萧军.永乐宫[M].北京：文物出版社，2015.

〔44〕 宋昆.平遥古城与民居[M].天津：天津大学出版社，2000.

〔45〕 王星明，罗刚.桃花源里人家：徽州古村落[M].沈阳：辽宁人民出版社，2002.

〔46〕 李长杰.桂北民间建筑[M].北京：中国建筑工业出版社，1990.

〔47〕 马炳坚.北京四合院建筑[M].天津：天津大学出版社，1999.

〔48〕 麦积山石窟艺术研究所.天水麦积山[M].北京：文物出版社，1998.

〔49〕 宫大中.龙门石窟艺术[M].北京：人民美术出版社，2002.

〔50〕 昝凯.云冈石窟[M].太原：山西人民出版社，2002.

〔51〕 王恒.云冈石窟[M].太原：北岳文艺出版社，2003.

〔52〕 樊锦诗.敦煌石窟[M].北京：中国旅游出版社，2004.

〔53〕 汪建民，侯伟.北京的古塔[M].北京：学苑出版社，2003.

〔54〕 张德宇，徐有武，业露华.中国佛教图像解说[M].上海：上海书店，1992.

〔55〕 李焰平，赵颂尧，关连吉.甘肃窟塔寺庙 [M].兰州：甘肃教育出版社，1999.

〔56〕 全佛编辑部.佛教的莲花[M].北京：中国社会科学出版社，2003.

后记 Postscript

中国古建筑语言是一个包容量非常大的概念，从学习者的角度来说，要理解这一概念，需要懂得工程与艺术两个层面的内涵。解释建筑艺术的书籍较多，但是，用较为浅显、平直的语言把中国古建筑技术层面上的一些特点加以分析总结，并予以评说的书籍就较少了。

介绍中国古建筑语言不同于介绍中国古建筑史的书籍，从我自己学习中国古建筑的体会来说，学习中国古建筑语言的过程必须在老师当面指导下才能圆满完成。也就是说，学习建筑学，尤其是学习中国古建筑的工程与技术，还必须采用"师傅带徒弟"的古老方法，更适宜"面授"，而不宜"函授"。或许电子传媒的手段更加先进，我的这种看法落伍老套了，成为年轻人嘲笑的谬论了。但至少目前建筑学专业招生，在教师的亲自指点下，学生学习专业知识的这种方式还是没有被改变的。

从我本人的学习过程来说，最主要的是先要懂得其技术概念，说得更具体一点，就是要懂得其专业术语，并参与古建筑调研与测绘。这对于其后是否有底气去解释、去评说古建筑语言，是一个最基本的要求。

我于20世纪80年代在重庆建筑工程学院建筑系攻读建筑设计专业硕士学位时，最想得到的一张"门票"就是能懂得一些在高校中国建筑史课程中永远都不涉及，而研究中国古建筑语言又必须懂得的一些名词与概念。正是由于这种自身知识的不足，我在重庆建筑工程学院读书时，就只仅仅写书、写文章去谈论民居，而不去涉及概念复杂的官式建筑。

清华大学建筑学院在中国古建筑的研究方面占有相当领先的学术地位，这是我一直敬仰和羡慕的。

为了能够更进一步地学习中国古建筑，我用尽全部力气考入了清华大学建筑学院，在建筑历史与文物建筑保护研究所攻读博士学位。我的导师是吴焕加教授，当时任建筑历史与文物建筑保护研究所所长的是楼庆西教授。楼先生担任清华大学建筑系领导工作多年，因此形成了思维严谨、领导有方的个人特点。他不仅把研究所的教学与科研工作管理得井然有序，而且在建筑摄影方面也颇有造诣，称得上是一位艺术家。近年来，楼先生丰富的论著也证明了他在中国古建筑研究方面的不凡实力。徐伯安教授是清华大学建筑系参与梁思成先生著写的《营造法式注释·卷上》的执笔者之一。徐先生对于宋式营造很有研究，是我常常请教与拜访的老师。与徐先生的交往，使我对于中国古建筑的理解深入到了完全不同的另外一个层面。郭黛姮教授是我所尊敬的另一位好老师，尤其是我随郭教授于1995年去香港中文大学参加中国古建筑国际学术会议，使我与郭黛姮教授有了一个师生交流的非常好的机会。郭教授的教学、设计经验给我留下了相当深刻的印象。

在清华大学读书期间，对我的中国古建筑学习起到巨大帮助的还有我的师兄王贵祥教授。贵祥比我长几岁，当时跟随吴焕加教授攻读博士学位的只有我和贵祥两人，我们同于1993年9月进入该校，但贵祥兄三年后就顺利通过了答辩。我的论文初稿完成后交给吴焕加教授审读时，吴先生认为我的论文涵盖的内容太多，应该把焦点集中，只分析民居厅堂的传统文化这样一个很小的范畴。吴先生还要求贵祥兄对我进行帮助，从此贵祥不仅是我的师兄，也成为我的老师，他融汇中西的学识给了我很大的帮助。我于1996年10月下旬参加了博士学位论文答辩并得以顺利通过，对于贵祥兄的这份具体、真诚的帮助，我感激不尽。

吴焕加教授请著名的古建筑理论家王世仁先生担任我的博士论文答辩委员会主任，并请来著名的北京四合院研究学者王其明教授作为答辩委员，他们对于我的古建筑研究都起到了相当大的指导性帮助。以上恩师的鼎力帮助使我受益匪浅，终生难忘。

学习中国古建筑，理解其建筑的语言含义，仅有老师的指导还不够，还需要大量的实地考察。

我真正开始古建筑调查是到中国建筑工业出版社以后才密集型地展开的。当时的中国建筑工业出版社社长是周谊先生，他要求我攻读硕士学位一结束，便到中国建筑工业出版社工作。我于1989年年底来到北京，到北京后，就接手了古建筑图书的写作任务。现在回想起来，这是我学术成长的一个极好的机会，曾在清华大学担任过建筑史课程的冯伟菁，现为居住美国纽约的建筑师，致力于古建筑研究，是徐伯安教授门下的硕士研究生。她给我谈到留校后她自己不太满意的主要一点，即学校安排她教本科生中国建筑史，但她自己亲自考察过的古建筑仅限于北京一地而已，还未远足其他地区，觉得实地调研素材较少。她还利用一次暑假的机会，自费去河北承德考察了一下避暑山庄与外八庙，这样来充实自己的知识，以适应教学。相比许多院校教授建筑史的教师来说，中国建筑工业出版社给我提供的这种条件，是我深入了解中国古建筑极其难得的机会。

尽管现存的早期木构殿堂式建筑并不是很多，但要将具有代表性的建筑都考察一遍，没有相当多的时间和经费也是不可能的。作为作者及摄影者，我每年会去许多从前从未到过的地方考察、拍摄。中国古建筑语言的包容量极大，这绝不是一两本书就能完成的、囊括的。傅熹年、杨鸿勋、罗哲文、王振复等学者都在这方面著述很多，萧默先生在用浅显的语言描述复杂的建筑内涵方面做了大量的工作，出版了相当多的著作。这些学者的成果，如一盏盏指明灯，引导着我的学生继续在这条道路上前行，它们照亮了中国古建筑的种种词汇，为后人开启新的曙光做了充分的准备。关于中国古建筑的深刻语言也并不是我的这样一本书就能完全解释的，期待后人能踏着前人的足迹再慢慢前行。

王其钧

中国古建筑核心的结构形式是木构架，在历史进展过程中，中国发展出一套复杂的营造系统，与中国人的哲学、美学与文化融为一体，迥异于西方建筑，成为一种奇迹。中国古建筑从城市防御、公共建筑、宫殿庙宇或乡土建筑都而自成一体。本书以建筑材料和建筑类型划分章节，对中国古建筑语言予以阐述。语言简洁明了、插图生动形象，文字与插图有机结合。可以使读者轻松地阅读这些词句语言，了解中国古建筑语言的真谛。

北京市版权局著作权合同登记号　图字：01-2022-3917。

图书在版编目（CIP）数据

木构架的奇迹：伟大的中国古建筑/（加）王其钧著．—北京：机械工业出版社，2023.2（2024.4重印）

（建筑的语言）

ISBN 978-7-111-72581-7

Ⅰ.①木… Ⅱ.①王… Ⅲ.①古建筑—建筑艺术—研究—中国 Ⅳ.① TU-092.2

中国国家版本馆 CIP 数据核字（2023）第 024349 号

机械工业出版社（北京市百万庄大街 22 号　邮政编码 100037）

策划编辑：时　颂　　　　　责任编辑：时　颂
责任校对：丁梦卓　李宣敏　　责任印制：张　博
装帧设计：鞠　杨

北京利丰雅高长城印刷有限公司印刷
2024 年 4 月第 1 版第 3 次印刷
185mm × 250mm · 23.5 印张 · 530 千字
标准书号：ISBN 978-7-111-72581-7
定价：199.00 元

电话服务　　　　　　　　　　　网络服务

客服电话：010-88361066　　机 工 官 网：www.cmpbook.com
　　　　　010-88379833　　机 工 官 博：weibo.com/cmp1952
　　　　　010-68326294　　金 书 网：www.golden-book.com
封底无防伪标均为盗版　　　　机工教育服务网：www.cmpedu.com